U0277991

BLUE BOOK

智 库 成 果 出 版 与 传 播 平 台

气候经济蓝皮书

BLUE BOOK OF CLIMATE ECONOMICS

全球碳市场发展报告
（2024）

ANNUAL REPORT ON DEVELOPMENT OF GLOBAL CARBON
MARKET (2024)

组织编写／中国社会科学院大学
中碳登研究院

总顾问／潘家华　陈志祥
主　编／陈洪波　段茂盛
副主编／黄　岱　李　萌

社会科学文献出版社
SOCIAL SCIENCES ACADEMIC PRESS (CHINA)

图书在版编目（CIP）数据

全球碳市场发展报告. 2024 / 陈洪波，段茂盛主编；黄岱，李萌副主编. -- 北京：社会科学文献出版社，2024. 7. --（气候经济蓝皮书）. -- ISBN 978-7-5228-3839-7

Ⅰ. X511

中国国家版本馆 CIP 数据核字第 2024LM8028 号

气候经济蓝皮书

全球碳市场发展报告（2024）

主　　编 / 陈洪波　段茂盛
副 主 编 / 黄　岱　李　萌

出 版 人 / 冀祥德
责任编辑 / 高　雁　颜林柯　贾立平
责任印制 / 王京美

出　　版 / 社会科学文献出版社·经济与管理分社（010）59367226
　　　　　地址：北京市北三环中路甲 29 号院华龙大厦　邮编：100029
　　　　　网址：www.ssap.com.cn
发　　行 / 社会科学文献出版社（010）59367028
印　　装 / 天津千鹤文化传播有限公司

规　　格 / 开本：787mm×1092mm　1/16
　　　　　印张：21　字数：313 千字
版　　次 / 2024 年 7 月第 1 版　2024 年 7 月第 1 次印刷
书　　号 / ISBN 978-7-5228-3839-7
定　　价 / 158.00 元

读者服务电话：4008918866

《全球碳市场发展报告（2024）》
编　委　会

主要编撰者简介

潘家华 经济学博士，研究员，博士生导师，中国社会科学院学部委员。国家气候变化专家委员会副主任、UN 可持续发展报告（GSDR2023）独立专家组成员、政府间气候变化专门委员会（IPCC）评估报告（减缓卷，2021）主笔。曾任中国社会科学院城市发展与环境研究所所长、外交政策咨询委员会委员、UNDP 高级项目官员、IPCC 高级经济学家。享受国务院特殊津贴、入选中宣部"四个一批"人才、国家 973 项目首席科学家。发表论文 350 余篇（章），出版学术专著 20 余部，获中国社会科学院优秀科研成果奖、孙冶方经济科学奖、中华宝钢环境（学术）奖等重要学术奖项 20 多项。

陈志祥 武汉大学经济学博士、国际经济法学博士后，中国碳排放权注册登记结算有限责任公司董事长、中碳登研究院院长。中国环境科学学会碳交易专委会副主任委员、武汉大学全球发展智库绿色金融特聘专家、湖北省现代金融业领军人才、湖北省优秀青年企业家。主要研究方向为现代金融制度、金融公司治理、金融市场创新、证券监管、"一带一路"、碳交易及气候投融资理论与实践等。

陈洪波 经济学博士，教授，博士生导师，中国社会科学院大学应用经济学院副院长，兼任中国城市经济学会秘书长、中国社会科学院可持续发展研究中心副主任，主要研究方向为气候变化经济分析与政策、气候金融、新能源经济学等。先后发表论文 60 余篇，出版著作 5 部，主持国际国内课题 50 余项，获国家科技进步奖二等奖等省部级以上奖项 5 项。

段茂盛 清华大学能源环境经济研究所副所长，研究员，博士生导师。牵头编写《碳排放权交易管理暂行办法》《碳排放权交易管理条例》（送审稿）等。自 2001 年起作为中国政府代表团成员负责碳市场问题的联合国谈判。2006 年至今，先后担任《京都议定书》下联合履行监督委员会委员和清洁发展机制执行理事会委员（2012 年任主席）以及《巴黎协定》第 6.4 条机制监督委员会委员等。主要研究方向为国际国内碳市场、碳税、碳关税政策和碳足迹等。曾在 *Science*，*Energy Economics* 等国际国内期刊上发表论文数十篇。

黄 岱 武汉大学经济学博士，中国社会科学院应用经济学博士后，高级经济师，中国碳排放权注册登记结算有限公司副总经理、中碳登研究院执行院长。先后在工信部赛迪研究院、金地集团、招商局集团担任所长、院长等职。主要研究方向为碳中和产业、气候金融和零碳城市建设与发展等。

李 萌 经济学博士，中国社会科学院生态文明研究所研究员。主要研究方向为可持续发展相关问题。主持主研国家社会科学基金项目、国家自然科学基金项目、国家部委委托研究项目、国际合作项目等 57 项。在权威及核心期刊上发表学术论文 50 余篇，出版专著 8 部，提交咨政建议 70 多篇，获省部级信息对策奖 20 余项。

摘　要

应对气候变化已经成为世界各国共同面临的挑战。碳市场是以市场化手段应对气候变化的重要工具，在气候治理进程中扮演着越发重要的角色。《全球碳市场发展报告》以全球视野、中国视角，全面、系统地呈现了全球碳市场发展的各个方面。全书分为总报告、分报告、专题报告三部分，共9篇报告。

第一部分为总报告，分别从国际、国内两个视角呈现了碳市场机制的实践历程。《全球碳市场最新进展、面临挑战与发展趋势》从国际气候治理的最新进展出发，审视全球碳市场发展历程，指出过去十年全球碳市场规模显著提升、覆盖范围不断扩大、市场活力明显增强，但各国利益的多样性和市场机制的差异性进一步加剧了碳市场割裂。随后，进一步探讨了全球碳市场发展面临的挑战和趋势，并提出持续完善市场机制、强化监管体系、推动国际合作等关键措施建议。《中国碳市场调查报告（2024）》基于中碳登在碳市场建设方面的经验总结和一线调研数据，全面梳理总结了全国碳市场建设背景、制度体系建设和运行情况，着重探讨了CBAM对我国的重要影响，并首次公布全国碳市场重点排放单位问卷调研结果，为全面评估全国碳市场建设成效、厘清未来建设思路提供参考。

第二部分为分报告，分别从碳排放权交易机制设计、全球自愿减排市场发展、中国试点碳市场建设回顾与评价、全球碳金融发展动态四个角度，全景式地呈现了碳排放权交易机制在国际国内不同领域的实践与发展。《全球碳排放权交易机制发展趋势》纵向回顾了目前成熟的碳交易体系和新兴碳

市场的发展历程，通过选取覆盖范围、配额总量、配额分配等机制设计的核心要素展开横向对比分析，探究各国在机制要素设计过程中的主流思路和实践做法，进一步提出全球碳排放权交易机制创新趋势；《全球自愿减排市场现状与展望》立足数据对全球自愿减排市场的发展趋势进行分析，并详尽回顾了中国自愿减排市场建设历程，通过总结全球自愿减排市场建设经验，揭示了中国自愿减排市场在应对发展方面面临的挑战与机遇；《中国碳排放权交易试点建设回顾与评价》系统梳理了我国试点碳市场的运行成效，根据配额分配、履约、换手率等指标对各地方碳市场的运行效率展开评估，并对未来地方碳市场的转型发展方向做了前瞻性讨论；《全球碳金融发展动态》首次对碳金融、气候金融、绿色金融等概念做了界定和区分，借助对国际国内碳金融体系建设实践的分析，预测和展望了中国碳金融的发展趋势。

第三部分为专题报告，主要以碳市场为核心延伸开来，分别探讨了碳市场发展中的关键技术、新兴领域和人才培养等相关话题。《碳市场动力机制下的 CCUS 技术发展路径研究》分析了 CCUS 技术在碳市场动力机制下的发展路径，探讨了碳市场及其所提供的激励政策如何推动 CCUS 技术进步；《碳交易视角下蓝碳生态价值实现研究》分析了中国蓝碳交易市场的潜力和面临的挑战，提出了促进蓝碳市场发展的策略建议。《中国碳相关人才培养情况研究》则主要关注中国碳相关人才培养的情况，指出了当前存在的"人才缺口"问题，并提出了加快人才培养的政策建议。

总体而言，本书系统呈现了全球碳市场及其相关领域的发展动向与实践进展，其中，大量的参考信息、案例和数据供读者理解应用，为政策制定者和市场参与者提供了实用的建议指导，为优化我国碳市场机制及相关政策、大力推进我国绿色低碳经济转型提供了理论依据和实践参考。

关键词： 碳市场　碳金融　自愿减排　全球碳市场　全国碳市场

目　录　⟫

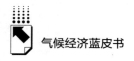
Ⅲ　专题篇

皮书数据库阅读**使用指南**

序 一

气候变化已经成为人类实现可持续发展的第一大挑战。联合国政府间气候变化专门委员会（IPCC）的报告指出，2011～2020 年，人类活动因素对全球地表温度提升的影响占 98% 以上。2015 年第 21 届联合国气候变化大会之后，《巴黎协定》的签署开启了全球气候治理和应对的新阶段，碳中和逐渐成为全球应对气候变化的主要方向，越来越多的国家和地区以不同形式提出了碳中和目标或者愿景，并逐渐在国际上形成了碳中和目标的倡议网络。2023 年 12 月，在阿联酋举办的联合国气候变化框架公约第二十八次缔约方大会（COP28）首次对应对气候变化的进展开展了全球盘点，并基于全球盘点的结果达成了《阿联酋共识》。这一落实《巴黎协定》目标的国际新共识，要求各缔约方进一步提振应对气候变化的雄心，提交 2035 年国家自主贡献新目标，因此零碳转型的现实紧迫性持续加大。

《阿联酋共识》明确全球盘点的对标目标是全球温升目标控制在 1.5 摄氏度以内，较《巴黎协定》确立的温升弹性目标更具雄心和约束力。同时，《阿联酋共识》明确提出"转型脱离"化石燃料，较 2021 年格拉斯哥协议谈判中"减煤退煤"的争论，这一表述更有力度、更有魄力。"转型脱离"化石燃料意味着退出的焦点从煤炭扩大到所有化石能源，尽管谈判过程多方博弈，几经波折，但最终形成的"转型脱离"这一表述仍是一个巨大的成功和超越。《阿联酋共识》勾画出明晰的 2050 年全球碳中和的路线图。规定 2025 年各缔约方对标温升 1.5 摄氏度目标，提出 2035 年国家自主贡献新目标。以二氧化碳为重点进行分析，按照全球盘点技术对话的评估，相对

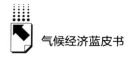
2019 年，2030 年二氧化碳要减少排放 48%，2035 年减排 65%，2050 年减排99%，这也就意味着 2050 年应基本上将化石能源燃烧排放的二氧化碳清零。从 2023 年到 2050 年，27 年间要实现全球化石燃料大略归零，所有缔约方都感受到了巨大的压力，但气候危机倒逼人类必须在长远利益和当前利益之间做出选择。

中国作为负责任的大国，一直以来都积极倡议并践行碳中和目标，参与全球碳中和治理体系建设。为落实联合国 2030 年可持续发展议程，推进碳中和目标的实现，中国立足本国特色，逐渐架构了"1+N"碳达峰、碳中和的政策体系，并将"双碳"目标作为驱动经济社会发展的新增长点。作为全球经济增长的重要贡献者，中国经济高质量发展也为应对多重全球危机、复苏世界经济提供了新机遇。近年来，我国新能源发展取得了举世瞩目的成就。2020 年 12 月，国家主席习近平在联合国气候雄心峰会上宣布，到 2030年，风电、太阳能发电总装机容量将达到 12 亿千瓦以上。但 2023 年仅光伏装机就突破 2 亿千瓦。按照当前风光新能源的装机增长速度，我国 2030 年的风光装机不仅完成 12 亿千瓦的目标毫无悬念，甚至可望达到 18 亿~25 亿千瓦的规模。海关总署统计数据显示，2023 年，我国电动汽车、锂电池和太阳能电池等"新三样"产品合计出口 1.06 万亿元，首次突破万亿元大关。这是我国零碳产业跃升发展、引领全球的又一例证。此外，风机、热泵等各类零碳产品在产能、产量、市场竞争力等方面都稳居世界前列，有足够的实力和底气支撑我们在应对气候变化方面发挥引领作用，构建自己的话语体系。

近年来不断恶化的国际环境，严重阻碍了中国零碳产品在全球 1.5 摄氏度温升目标管控进程中发挥应有的作用和贡献。美国、欧盟等以所谓的供应链安全为名对我国光伏产品、动力电池、电动汽车进行限制。2023 年，欧盟碳边境调节机制（CBAM）已开始试运行，以应对气候变化为名，高筑碳关税壁垒，使广大后发国家的制造业出口陷入被动。中国零碳产业的发展优势，使我们有条件成为应对气候变化的引领者，而非跟随者。中国具有展现自己在"转型脱离"化石燃料方面的优势，应抓住主动权，引领全球气候变化行动。

尽管"双碳"工作在开局三年颇见成效，中国净零碳发展仍然存在发展模式、技术以及机制体制方面的障碍。从长期来看，净零碳转型的推进还需综合评估转型成本，消除负面影响，并兼顾就业、增长、安全、环境等多元发展需要。当前采取的措施（如不断降低传统煤电、机械化锚定碳排放数量等）很可能并不是效率最优的转型路径，净零碳目标实现的核心抓手应该是经济社会发展所需要的能源服务，而非碳本身。换句话说，只聚焦碳排放的绝对数值并不是中国碳中和发展的核心要义，应该放弃碳思维，加快释放零碳转型的发展动能，以寻求实现零碳能源革命性突破的方式，为推动中国碳中和进程提供根本保障。

中国零碳转型发展，不仅需要政府解决体制机制障碍问题，也需要发挥市场在资源配置方面的优势。节能降碳不能依靠"运动式减碳"，而应该激发市场主体主动减碳、自觉减碳的内在动力，构建全社会实现绿色低碳转型的长效机制。有效的碳市场能够有效发挥市场规则、市场价格、市场竞争的调节作用，促进市场主体承担起生产或消费所产生的环境责任，实现"排放有成本"，以成本效益最优的方式推动构建激励和约束机制，实现控制和减少碳排放、保护环境的目标。要积极落实习近平总书记提出的"建设更有效、更有活力、更具国际影响力的碳市场"指示要求，分阶段稳步推进全国碳市场建设。一是扩大行业覆盖范围。明确全国碳市场行业扩容的路线图和阶段性目标，按照成熟一批、纳入一批的原则，逐步将钢铁、建材、有色、石化、化工、造纸等碳排放重点行业纳入全国碳交易市场，适时引入非履约主体，进一步扩大碳市场的覆盖范围和参与主体。二是健全制度体系。完善碳排放权交易法律制度，建立统一规范的碳计量体系和碳核算体系，建设碳排放在线监测与应用数字化公共平台，提升碳排放统计核算能力。建立碳足迹管理体系，尽快实现产品碳足迹全生命周期可信记录。加强碳市场与绿电交易、绿证交易等市场政策工具之间的有效衔接。三是活跃交易市场。推进碳排放权配额分配方式改革，逐步开展碳配额有偿分配，建立健全排放权交易流通二级市场，引入公开市场操作、调节抵消指标等市场调节机制。

四是加快建立碳金融市场体系。明确碳排放权的法律属性，鼓励以碳排放权为标的开展碳质押等碳金融业务，探索开展碳期货等衍生品创新，同时建立多层次、体系化、跨部门的碳金融监管机制，做好碳金融风控统筹管理，促进碳市场与金融市场联通，以碳市场为依托形成协同发展、功能齐备、稳妥有序的中国特色气候金融体系。

"道阻且长，行则将至；行而不辍，未来可期。"本书对中国碳市场建设的阶段性最新成果进行了系统总结，具有权威性、系统性，值得认真研读，是以为序。

潘家华

2024 年 5 月 5 日

序 二

党的十八大以来，在习近平生态文明思想指导下，我国坚定不移地走生态优先、绿色低碳发展道路，着力推动经济社会发展全面绿色转型，取得了显著成效。"十四五"时期，我国生态文明建设进入以降碳为重点战略方向、促进经济社会发展全面绿色转型的关键阶段。2020年9月22日，在第七十五届联合国大会一般性辩论上，习近平主席庄重地宣示"中国将提高国家自主贡献力度，采取更加有力的政策和措施，二氧化碳排放力争于2030年前达到峰值，努力争取2060年前实现碳中和"。这是以习近平同志为核心的党中央统筹国内国际两个大局做出的重大战略决策，事关中华民族永续发展和构建人类命运共同体，是实现绿色发展、深入推动生态文明建设的重要战略路径。

"积极稳妥推进碳达峰与碳中和"不仅是我国可持续发展的内在要求，更是我国未来重要的国家竞争战略：从资源约束的角度看，"双碳"战略是破解发展与资源约束的突出问题、实现高质量发展的需要。生态本身就是经济，生态环境问题归根结底是发展方式和生活方式的问题。要从根本上缓解经济发展与资源环境之间的矛盾，就必须改变长期以来依靠物质资源消耗、规模粗放扩张、高耗能高排放的发展模式，构建科技含量高、资源消耗低、环境污染少的产业结构，有效降低发展的资源环境代价。从地缘政治的角度看，"双碳"战略是体现中国负责任的大国担当、推动构建人类命运共同体的需要。当前，气候问题因其特性影响周边国家，政治博弈色彩越发明显，世界各国纷纷提出碳中和目标，以绿色转型发展为支柱，新的规则制定权正在成为国际社会博弈和竞争的焦点，全球地缘政治格局也面临着重新洗牌。面对全球性的气候变化问题，中国既要从自身情况出发去积极应对，也要从战术应对转向战略布局，加强气候变化南南合作和绿色"一带一路"建设，在气候治理中发挥引领作用。从发展路径的角度看，"双碳"战略是推动能源转型、发展新质生产力的需要。习近平总书记指出，"绿色发展是高质量发展的底色，新质生产力本身就是绿色生产力"。"双碳"的落脚点在能源结构变革，能源结构变革在于技术突破和产业循序渐进式的发展，推动能源系统和经济社会全面绿色转型，是实现碳达峰、碳中和目标的必然选择，也是加快形成新质生产力的重要路径。

碳排放权交易市场即碳市场，是引入市场手段控制和减少温室气体排放、推动绿色低碳发展的一项重大制度创新，也是落实中国碳达峰、碳中和目标的核心政策工具之一。碳市场机制通过释放价格信号构建经济激励机制，将资金引至更具减排潜力的部门，为缓解资金缺口、加快产业结构转型和提高低碳能源消费提供了市场化方案，有利于实现环境效益和经济效益双赢。以碳市场机制为核心的碳定价工具正在成为各国达成气候治理目标的普遍选择，借助市场化机制实现公共资金对社会资本的撬动和放大，也正在全球碳中和实践中发挥着越来越重要的作用。

我国碳市场建设始于 2011 年，当年 11 月国家主管部门批准了北京、上海、湖北等七省市开展碳排放权交易试点工作。湖北是中部唯一的试点省份，面临产业结构偏重、资源约束偏紧、绿色转型压力较大的发展格局，在试点建设期，湖北始终坚持碳交易试点先行先试定位，日均交易量、市场履约率等有效指标连续多年保持全国前列，以完善的交易规则、科学的配额分配、严格的数据核查为基础构建起成熟的市场体系，碳配额"双二十"损益封顶机制等被全国碳市场采纳借鉴，为全国碳市场高质量发展积累了丰富的"湖北经验"。正是得益于湖北试点时期对碳市场机制的深刻理解和务实探索，2017 年 5 月，经公开征集评选，湖北省获批牵头承建全国碳市场注册登记结算系统（中碳登）。2021 年 7 月 16 日，全国碳排放权交易市场正式启动，年覆盖二氧化碳排放量 45 亿吨，覆盖排放规模远远超过欧美等发达经济体所建立的碳交易体系。作为落户荆楚大地的全国碳市场基础设施和核心功能平台，中碳登也开始为全球最大规模碳市场发展保驾护航。中碳登全称为中国碳排放权注册登记结算有限责任公司，是经国务院批准、由湖北省政府牵头组建的功能保障类国有企业，是生态环境部唯一授权建立和运营的中国碳市场注册登记结算机构，承担着中国碳市场账户注册、配额分配、确权登记、资金结算、清缴履约等重要的业务和管理职能。中碳登在全国碳市场运行管理多个关键环节中承担了关键职能，既是"碳资产大脑"和"碳交易枢纽"，也是市场交易和碳金融资源配置的"底层数据库"。根据全国碳排放权注册登记机构的数据，截至2024年3月31日，中碳登累计为全国碳市场开立注册登记账户2540户，服务市场运行656个交易日，成交量4.5亿吨，成交额255.92亿元，累计清算金额突破510亿元。高效准确支撑全国碳市场第一个履约周期和第二个履约周期配额分配、履约抵消等管理工作，助力全国碳市场前两个履约周期圆满收官。注登系统自上线运行以来，实现"零故障、零中断、零差错"，各项业务处理实现"零投诉"，为全国碳市场平稳运行提供了坚实的支撑。

碳市场及其衍生领域尚属新生事物，也是交叉学科，在实践中不仅要以经济学理论为支撑，还往往涉及金融市场、能源管理、环境科学、工商管理等多个领域。在"双碳"战略的实践发展中，碳市场及其外延不断拓宽，不仅要求对碳市场机制进行进一步深化与完善，也要基于碳定价体系积极培育碳中和产业，探索碳金融、气候金融、绿色金融三大圈层发展新范式，推动碳中和产业融合化、集群化、生态化发展。目前已出版的关于碳市场的著述，或聚焦于对环境经济学或气候变化经济学的原理分析与量化研究，或着眼于对国内国际碳排放权政策的梳理解读，或重在阐述排放监测等碳市场管理技术问题，尚缺乏打通碳交易理论与碳市场建设实践的对比评估，也缺少纵向挖掘碳交易机制构建与横向扩展碳中和产业外延相结合的讨论。中碳登是从试点到全国十余年"碳"路发展的亲历者，也是我国碳市场一线建设者，在试点碳市场探路、支撑全国碳市场发展等方面积累了丰富的实践经验；中国社会科学院大学陈洪波教授、李萌研究团队长期从事可持续发展经

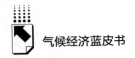

济学、气候变化经济学等相关领域的研究，为研究生开设了"碳交易与碳金融"等系列课程，对国内外碳交易设计实践、碳金融理论发展等有着深刻、系统的研究储备。鉴于此，中碳登联合中国社会科学院大学共同组建团队，组织了本书的编写。

本书成稿于全国碳市场上线启动交易三周年之际，也是中碳登支撑全国碳市场圆满完成第一个、第二个履约周期各项工作之时。综观国内外实践历程，碳市场建设从来就不是一蹴而就的事，从书本中提及的经济学理论逐步发展为推动社会碳达峰、碳中和转型的政策工具，碳市场相关理论和实践始终处于飞速发展和演变之中。作为"气候经济蓝皮书"全球碳市场第一本报告，本书还有很多不尽如人意甚至错漏之处，学术性、规范性和系统性等方面还有待进一步改进完善，敬请各位读者批评指正。

"积力之所举，则无不胜也；众智之所为，则无不成也。"我们殷切希望本书的出版能够为投身碳市场事业的同行者提供一些启发和参考，也希望与来自政府、企业、高校、机构等的各方朋友携手并进，共同为推动全球实现绿色、包容、可持续发展贡献力量。

陈志祥

2024 年 5 月 5 日

总 报 告

B.1
全球碳市场最新进展、面临挑战
与发展趋势

陈洪波　牛岚甲　赵雨　张琨　李昊哲*

摘　要：　应对气候变化是人类共同的事业，气候变化引致的生态系统和经济社会风险已经连续十年被认为是在未来发生概率最高、影响力最大的五大风险之一。碳市场是以市场化手段应对气候变化的重要工具，通过释放价格信号、优化资源配置、促进低碳技术研发和应用，从而引导行业企业控制和减少温室气体排放、加速绿色低碳转型，实现碳达峰目标和碳中和承诺。过去十年全球碳市场规模不断提升、覆盖范围显著扩大、市场活力明显增强，同时，各国利益的多样性和差异性已对落实《巴黎协定》构成重大挑战，各国在碳定价机制、配额分配和市场监管等方面的差异进一步加剧了碳市场

* 陈洪波，经济学博士，教授，博士生导师，中国社会科学院大学应用经济学院副院长，兼任中国城市经济学会秘书长、中国社会科学院可持续发展研究中心副主任，主要研究方向为气候变化经济分析与政策、气候金融、新能源经济学；牛岚甲，中国社会科学院大学博士研究生，主要研究方向为零碳微单元、气候金融；赵雨，中国社会科学院大学硕士研究生，主要研究方向为气候金融、绿色金融；张琨，中国社会科学院大学硕士研究生，主要研究方向为气候金融、碳金融；李昊哲，中国社会科学院大学硕士研究生，主要研究方向为碳金融、碳市场。

割裂，欧美等发达经济体引入碳边境调节机制负面效果开始显现。全球碳市场需要持续完善市场机制、强化监管体系、整合社会力量、深化国际合作，推动强制（合规）碳市场和自愿碳市场耦合发展，推进各类碳市场部署，优化碳定价机制；健全碳市场系统，构建标准化体系，提供政策保障，提升碳市场透明度、准确性、可信度；鼓励个人、公共机构和企业支持低碳发展，参与减排治理；加强国际碳市场政策协调、标准互通、数据共享、技术合作；发挥好碳市场资源配置优势，补贴低碳技术，扩大碳金融规模，提升市场活力，保障公正转型。

关键词： 全球碳市场　国际协同谈判　碳市场体系　碳定价机制

一　全球气候治理最新进展

（一）全球气候变化的现状和趋势

当前全球气候变化形势严峻，全球气候正在以前所未有的速度变化，全球平均温度逐渐升高、极端天气事件增多、海平面上升、冰川和冰盖融化加速，对生态和人类社会造成深远影响。根据政府间气候变化专门委员会（IPCC）第六次评估报告（AR6）[①]，人类活动使全球平均升温 1.1 摄氏度，不利的气候影响已经比预期的更深远和极端。人类必须摆脱化石燃料，增加气候减缓和适应资金，加速系统转型，迈向更具气候韧性的净零未来。

（二）全球气候治理的主要机制和进展

自 1997 年《京都议定书》发布以来，各国对气候变化的重视程度日益

---

① IPCC, 2023, AR6 Synthesis Report Climate Change 2023, https：//www.ipcc.ch/report/ar6/syr/.

提升，《联合国气候变化框架公约》（UNFCCC）的影响力也逐步增强。2015年12月COP21通过的《巴黎协定》明确了以"将全球平均气温较工业化时期上升幅度控制在2摄氏度以内，并努力将上升幅度限制在1.5摄氏度以内"作为长期目标；COP26达成的《格拉斯哥气候公约》，首次明确表述减少使用煤炭的计划并承诺为发展中国家提供更多资金以帮助其适应气候变化；而2023年在阿联酋迪拜召开的COP28则标志着根据《巴黎协定》对世界应对气候变化努力进行的首次"全球盘点"的结束。盘点结果表明，从减少温室气体排放，到增强应对气候变化的韧性，再到为脆弱国家提供资金和技术支持，所有气候行动领域的进展都过于缓慢。对此，各缔约方决定在2030年前加快所有领域的行动，包括呼吁各国政府在下一轮气候承诺中脱离化石能源，加快由化石燃料向风能和太阳能等可再生能源的转型。

除此之外，各国际组织也正在积极推动减缓气候变化事宜：IPCC致力于提供有关气候变化的科学技术和社会经济认知状况、气候变化原因、潜在影响和应对策略的综合评估，其发布的AR6报告指出了全球温室气体排放不断上升造成的全球变暖所导致的毁灭性后果，呼吁通过减少温室气体排放、扩大碳移除规模、增强气候韧性等行动，确保人人拥有更宜居、更可持续的未来。国际碳行动伙伴组织（ICAP）搭建了一个面向全球各地政府和公共机构的国际交流和合作平台，以便于实施或规划建立碳排放权交易体系。

（三）当前全球气候治理存在诸多挑战和障碍

虽然各国已经逐渐开始重视气候治理，但仍面临众多困难与挑战。全球气候治理的资金缺口仍未得到弥补，IPCC指出，到2030年，仅发展中国家每年就需要1270亿美元来适应气候变化，到2050年这个数字将达到2950亿美元。2017年至2018年，用于应对气候变化的资金只有230亿到460亿美元，仅占所追踪气候资金的4%~8%。气候行动仍存在众多不平等现象，特别是发达国家与小岛屿国家利益冲突不断。收入排在前10%的家庭（其中绝大多数来自发达国家）排放的温室气体占全球排放总量的45%以上，而收入最低的

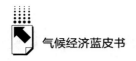

50%的家庭排放的温室气体仅占全球排放总量的15%。COP28 对小岛屿发展中国家予以特别关注，为回应全球范围内要求制定加强高排放工业战略问责制框架的呼声，2022 年建立的"损失和损害专项基金"（Loss and Damage Fund）于 COP28 上正式启动。国际气候技术转让仍存在壁垒，虽然 COP27 强调发达国家应加强对发展中国家的技术转让和资金支持，但其容易受到多方法律制度的羁绊，且在实施过程中缺乏透明、可行的操作机制，导致转让效果不佳。此外，中国"十四五"进程过半，能源强度和碳排放强度下降进度远远不及预期，也使中国应对气候变化面临越来越大的国际压力。

（四）碳市场成为全球气候治理的重要舞台之一

碳排放权交易市场（碳市场）是利用市场机制实现特定减排目标的政策工具，为缓解资金缺口、加快产业结构转型和低碳能源消费提供市场方案，以实现环境效益和经济效益双赢，在气候治理中发挥着越来越重要的作用。碳市场通过释放价格信号提供经济激励机制，将资金引至减排潜力大的行业企业，并利用丰富的交易品种和交易方式带动绿色技术创新和低碳产业发展，同时为排放企业提供配额交易和碳金融渠道，促进企业实现绿色低碳转型。碳排放权交易（碳交易）基于污染者付费原则，采用自愿碳市场和强制（合规）碳市场相结合的方式将外部污染转化为内部成本，利用市场对资源配置的决定性作用，通过一级市场和二级市场分配、拍卖或交易碳排放配额，运用碳抵销机制促进可再生能源的发展和实现生态补偿。碳市场为处理经济发展和碳减排的关系提供了有效的方案。

二 全球碳市场发展历程回顾与最新动态

（一）全球碳市场的起源和市场基本结构

碳市场的理论基础可以追溯到 20 世纪 60 年代美国经济学家保罗·戴尔斯（Paul Dales）提出的排污权交易理论。而实际的碳市场起源则是在《京都议定书》的背景下，该协议规定了三种市场机制来解决气候变化问题：国际排放贸易机制（IET）、联合履行机制和清洁发展机制。发达经济体如欧盟、加拿大、美国等较早地建立了碳市场。全球碳市场可分为强制（合规）碳市场和自愿碳市场。强制碳市场也称为合规碳市场，是由政府或相关监管机构依据相关法律法规建立的，旨在限制特定行业的温室气体排放量。在这个市场中，企业必须遵守政府设定的排放上限，并通过购买排放配额来满足这些要求。如果企业的排放量超出了其持有的配额，就必须在市场上购买更多的配额以达到法定标准。这种市场的典型例子包括欧盟碳排放权交易体系和中国的全国碳市场。自愿碳市场是企业或个人自愿参与的市场，用于购买碳信用以抵销自身的碳排放或支持减排项目，这个市场为企业实现减排提供了灵活性。自愿市场上的碳信用来自各种减排项目，如森林保护、可再生能源发展等。企业通过购买这些碳信用，可以支持更多的减排活动，同时提升自身的环保形象。自愿市场的参与者包括项目开发者、企业、非政府组织等。合规碳市场和自愿碳市场在全球减碳努力中扮演着重要角色，合规碳市场确保了企业的基本合规性，而自愿碳市场则为那些寻求额外减排或支持环保项目的企业和个人提供了平台。两者的结合有助于实现更广泛的环境保护目标，并推动向低碳经济的转型。

（二）全球碳市场发展现状

过去十年是全球碳市场重要的成长与发展期，自 2010 年起，众多国家和地区开始构建碳排放权交易系统，以市场化手段应对气候变化。欧盟排放交易体系作为行业的先驱，通过不断优化运作机制，强化了其在全球碳市场中的作用。同时，美国加利福尼亚州和加拿大魁北克省通过建立互通的碳市场，展示了区域合作的成效。中国推出的全国碳市场也迅速崛起，成为规模巨大的碳交易平台。再如，区域温室气体倡议（RGGI）这样的合作模式在美国多个州成功运行，为其他地区提供了参考。全球碳市场的多样化发展，涵盖了碳配额、碳信用及抵销项目等多种定价机制，为未来的国际协同和市场整合奠定了坚实的基础。

1. 全球碳市场版图不断扩大

碳市场数量的增长和覆盖范围的扩大：根据国际碳行动伙伴组织发布的《2024 年全球碳市场发展报告》，自 2014 年以来，全球实际运行的碳市场数量增加了近 2 倍，从 13 个增加到 36 个，另有 22 个碳交易体系正在筹建。①碳市场体系覆盖的排放量占全球温室气体排放总量的比例从 2014 年的 8% 跃升至 2013 年的 17%，截至 2023 年末，总碳排放量从 2014 年的不足 40 亿吨增加至超过 90 亿吨。全球主要碳市场覆盖范围占自身总排放的比例如图 1 所示。

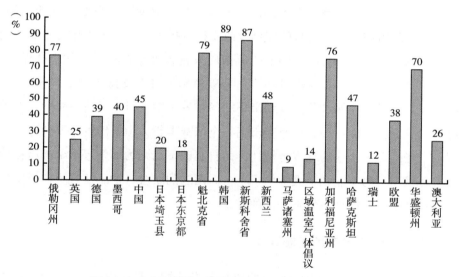

图 1　全球主要碳市场覆盖范围占自身总排放的比例

资料来源：作者整理。

具体来看，全球碳市场版图的扩大主要体现在两个层次。一方面，来自既有碳市场覆盖范围的扩大。为了与国家自主贡献目标保持一致，已经建立的碳市场也在进一步扩大 ETS 的覆盖范围、降低免费配额比例和削减配额总

---

① ICAP, 2024, Emissions Trading Worldwide: 2024 ICAP Status Report, https://icapcarbonaction.com/en/publications/emissions-trading-worldwide-2024-icap-status-report.

量。欧盟计划从 2024 年起将海事部门纳入覆盖范围，并为建筑、道路运输和工业中使用的燃料建立单独的碳排放权交易体系（EU ETS 2）；加拿大联邦在 2023 年 12 月宣布将在石油和天然气行业引入总量控制与交易机制以支持其实现净零排放目标；中国的全国碳市场在 2024 年颁发了新的上位法《碳排放权交易管理暂行条例》，即将启动行业扩围工作，中国的试点碳市场如上海、广东、湖北等也通过纳入数据中心、港口、建筑等非工业行业或降低准入门槛等方式不断扩大现有碳交易体系的覆盖范围。另一方面，来自新兴碳市场的启动与筹建。除已经运行的 36 个碳交易体系外，目前尚有 14 个碳交易体系正在筹建中，8 个地区和国家正在计划引入碳交易体系，其中拉丁美洲、非洲、亚洲的新兴经济体表现尤为活跃：奥地利、黑山和美国华盛顿州在 2023 年 1 月前启动了碳市场；土耳其计划于 2024 年 10 月启动碳交易试点；美国科罗拉多州于 2023 年 10 月出台了针对州内制造企业的碳交易法；智利以 2022 年颁布的《气候变化框架法》为基础又在 2023 年 11 月公布了《温室气体与短期气候污染物排放限额规则草案》，着手建立覆盖能源行业的碳排放交易计划；巴西关于建立碳排放交易计划的法案草案已进入国会审议后期阶段；印度、菲律宾、马来西亚、印度尼西亚、越南等地均在启动碳排放交易体系的建设工作，部分碳交易体系建设情况将在分报告中详细阐述。总体而言，全球碳交易体系发展势头迅猛，各个国家和地区越来越倾向于优先选择碳市场体系作为应对气候变化、实现碳中和目标的核心政策工具。

2. 全球碳市场拍卖收入再创新高

2023 年，全球碳市场的收入达到 740 亿美元，刷新了历史纪录，其中欧盟作为最早开启、最成熟的碳市场，2023 年取得了 470.98 亿美元碳排放收入，约占全球碳市场收入的 64%。自 2008 年以来，全球碳交易体系已筹集超过 2240 亿美元资金，通过拍卖等方式获得的收益呈逐年上升趋势，其中一半以上来自 2021 年和 2022 年。[①] 2023 年全球碳市场收入如图 2 所示。

---

① World Bank, 2023, State and Trends of Carbon Pricing 2023, https：//openknowledge.worldbank.org/handle/10986/39796.

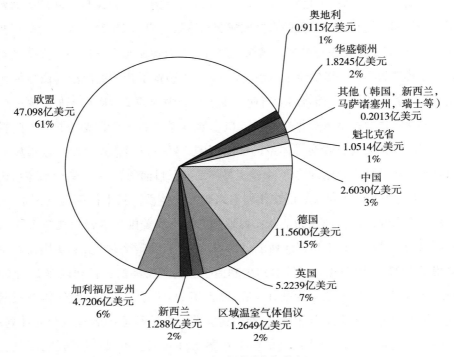

图2　2023年全球碳市场收入

注：其他类占比较少，暂不显示。

资料来源：作者整理。

3. 碳配额价格总体呈上升趋势

图3展示了全球主要碳市场自2010年起至今的碳价变动趋势，可以看到，全球碳市场的碳价整体呈现上升趋势，2010~2020年，欧盟碳市场、新西兰碳市场、RGGI以及WCI碳市场、韩国碳市场的碳价均在40美元/吨以下振荡波动，自2020年后，随着其他新兴碳市场的加入，全球碳市场的碳价大幅上升，其中欧盟碳排放权交易体系的碳价水平最高，围绕80美元/吨上下波动。碳配额价格的升高意味着企业的排放成本上升，一方面激励企业采取措施减少温室气体排放，另一方面也反映了市场参与者对未来碳市场建设的信心，从而吸引更多投资者参与碳市场建设。

欧洲碳配额价格整体高于其他地区，英国碳配额价格达93美元/吨，瑞

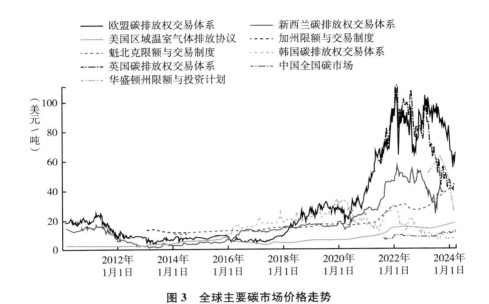

图3 全球主要碳市场价格走势

资料来源：ICAP，https://icapcarbonaction.com/en/ets-prices。

士和欧盟的碳配额价格分别为 81 美元/吨和 83 美元/吨。碳配额价格水平较高在一定程度上反映了碳市场的活跃程度，同时欧洲受俄乌战争影响，在面临能源危机的情况下，碳价也会有所波动。全球主要碳市场配额拍卖比例如图 4 所示，2023 年全球主要碳市场碳配额平均价格如图 5 所示。

4. 市场机制设计不断完善

全球碳市场的发展呈现多样化趋势，反映了各国在应对气候变化和推动低碳经济转型方面的努力。从已经建立成熟的碳市场体系的国家，到正在积极探索和规划实施碳交易机制的新兴经济体，每个国家和地区都在根据自身的国情和发展目标制定相应的策略和措施，不断完善碳交易体系机制设计。这些碳市场的建立和完善，不仅有助于推动全球温室气体排放的减少，也为国际社会提供了合作和交流的平台，以共同探索可持续发展的路径。本部分将简要介绍全球主要碳市场的最新建设进展，其具体发展历程将在分报告中予以详细阐述，全球主要碳市场发展情况如表 1 所示。

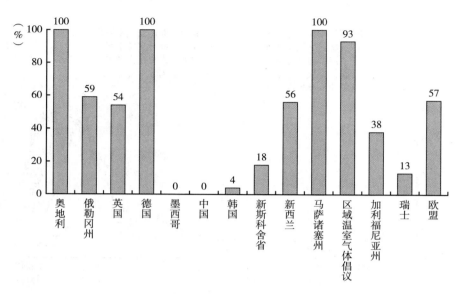

图 4　全球主要碳市场配额拍卖比例

资料来源：作者整理。

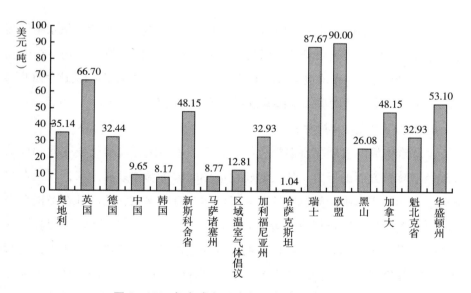

图 5　2023 年全球主要碳市场碳配额平均价格

资料来源：作者整理。

表 1　全球主要碳市场发展情况

碳市场	开始年份	覆盖范围 覆盖温室气体	覆盖范围 行业	最新覆盖比例	市场特征	碳配额分配情况	碳配额变动情况	2022年碳价情况	实际总排放量（MtCO₂e）	排放总量上限（MtCO₂e）
欧盟碳排放权交易体系	2005	CO_2 N_2O PFCs	电力行业、航空业和工业等	覆盖欧洲约38%的温室气体排放	总量控制与交易型	免费+拍卖：拍卖比例高达57%	使用总量削减因子，目前处于第四阶段，以每年2.2%的线性速减系数减少碳配额。上限同比约减少4300万个配额	碳价信号较强，平均碳价85.11美元	1335	1529
加州－魁北克省限额与交易制度	2013	CO_2 CH_4 N_2O SF_6 HFC PFCs NF_3	电力行业、工业、运输业和建筑业	覆盖加州约77%的温室气体排放	总量控制与交易型	免费+拍卖：2021年后拍卖比例高达65%	碳排放免费分配额度自2024年起逐步降低，上限下降系数为2.34%	碳价相对稳定，平均碳价28.08美元	56.1	52.8
美国区域温室气体倡议（RGGI）	2009	CO_2	电力行业	覆盖参与州约14%的温室气体排放	总量控制与交易型	100%拍卖	使用总量削减因子：2.5%（2014~2020年），3%（2021~2030年）	13.46美元	595.4	88
中国全国碳市场	2021	以CO_2为主	电力行业	覆盖中国约44%的温室气体排放	强度控制型	免费分配	碳配额总量基于强度设置法，根据企业实际碳排放量加总形成	8.20美元	1230.1	4500

续表

碳市场	开始年份	覆盖温室气体	行业	最新覆盖比例	市场特征	碳配额分配情况	碳配额变动情况	2022年碳价情况	实际总排放量（MtCO₂e）	排放量总上限（MtCO₂e）
日本东京都碳市场	2010	CO_2	建筑业、工业	覆盖东京都约20%的温室气体排放	总量控制与交易型	以免费分配为主，基于祖父法则和基准年排放量配额数逐年下降	碳配额总量自下而上设置，各主体碳排放量由基准年排放量和履约系数决定	4.94美元	11	11
韩国碳排放权交易体系	2015	CO_2 CH_4 N_2O PFCs HFC SF_6	航空业、运输业、建筑业、工业、废弃物部门	覆盖韩国约74%的温室气体排放	总量控制与交易型	免费+拍卖：拍卖比例不少于10%	随着纳入行业的增多，碳配额总量逐步增大	17.99美元，二级市场拍卖价格15.97美元	554	589.3
新西兰碳排放权交易体系	2008	CO_2 CH_4 N_2O SF_6 HFC PFC	林业、航空业、运输业、建筑业、工业、电力行业和废弃物部门	覆盖新西兰约48%的温室气体排放	总量控制与交易型	免费+拍卖：拍卖比例为54%	根据活动符合的排放密集程度按不同比例进行分配：高排放密集型活动可获得90%的免费分配，中等排放密集型活动可获得60%的免费分配	碳价波动较大，一、二级市场平均价格38.30美元	36.90	27.9

资料来源：作者整理。

欧盟：欧盟碳排放权交易体系（EU ETS）于 2005 年启动，从交易量和交易额来看仍是世界上最大的碳市场，并以其先期探索和成功实践而成为各个碳交易体系建设的典范。欧盟碳市场是典型的总量控制与交易型市场体系，通过免费分配和拍卖的方式来进行配额分配，后者为欧盟成员国带来了显著的财政收入。欧盟碳排放权交易体系历经四个阶段，覆盖范围持续扩大、排放上限逐步收紧，目前市场运行良好，价格保持在较高水平（2022 年平均碳价 85.11 美元）。2023 年，为落实"fit for 55""一揽子"计划，欧盟实施了对 EU ETS 框架的重大改革，包括总量收紧、覆盖范围扩大、引入碳边境调节机制、强调市场稳定储备机制（MSR）、建立社会气候基金等措施。

西部气候倡议（WCI）：美国尚未建立全国性碳市场，但从地方州层面参与了区域性碳减排计划，如加利福尼亚州建立了碳交易体系，并与加拿大魁北克省实现了跨区域连接。加州空气资源委员会（CARB）宣布计划于 2024 年启动对碳交易体系的评估和完善，其中包括更新成本控制机制、规范委托拍卖收入使用以及引入碳泄漏保护措施等。为与加州碳交易计划相协调，魁北克省也于 2023 年下半年启动了对排放上限、市场控制、数据发布和抵销额度等机制的更新修订。

区域温室气体倡议（RGGI）：由美国东北部的康涅狄格州、特拉华州、缅因州等十个州自愿组成的区域性碳市场，于 2009 年启动，是北美首个强制性碳排放权交易体系，主要针对电力行业减排。其突出特点之一是全部采用拍卖形式分配，并将拍卖所得用于支持能源效率项目和可再生能源发展。RGGI 的运作框架基于 2005 年各州签订的 RGGI 备忘录（MOU），各州拥有自愿加入或终止的权利，弗吉尼亚州于 2022 年废除了其碳排放权交易计划法规，并于 2023 年底正式退出 RGGI 体系。目前，RGGI 正在经历第三次审查评估，预计将对排放上限、基准线等进行更新。

中国：中国的全国碳市场自 2021 年起正式启动交易，是全球覆盖温室气体规模最大的碳市场，已纳入发电行业企业 2500 多家，全部采用基准线法实施免费分配。2024 年，随着全国温室气体自愿减排交易市场（CCER

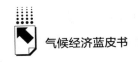

市场）正式重启和《碳排放权交易管理暂行条例》的正式实施，全国碳市场建设工作将进一步提速。同时，地方试点碳市场继续与全国碳市场保持并行运作，各试点持续扩大覆盖范围、完善配额分配方法，并在碳金融、碳普惠体系等方面展开积极探索。

韩国：韩国碳排放权交易体系自2015年1月正式启动，是东亚地区首个全国性碳排放交易体系，主要覆盖了能源密集型行业，约覆盖韩国74%的温室气体排放。2023年9月，韩国颁布了新的市场法规，提出了提升市场流动性的一系列措施，其中包括提高做市商持仓上限、放宽配额结转限制、鼓励开发碳价挂钩金融产品以及引入委托交易模式并向个人和金融机构进一步开放。

日本：日本目前建有东京-琦玉区域型碳交易体系，覆盖了建筑、工业等部门，其突出特点为采用自下而上的总量确定方法，纳入设施的排放限额由基准年排放量和履约系数共同决定。东京—琦玉区域型碳交易体系已进入第三个履约周期（2020~2024），并于2023年10月公布了第四个履约周期设计要素，其中包括根据"2030年碳减半"目标更新的履约系数、可再生能源消纳激励措施等。同时，日本也在国家层面开始了碳定价体系的建设探索，于2023年4月启动了"GX-ETS"，该体系初期拟采用自愿减排和信用交易形式，有570余家企业参与，计划从2026年第一个履约期结束后逐步过渡为强制碳市场。

新西兰：新西兰以农业为支柱产业，新西兰的碳市场也是目前唯一覆盖林业和农业部门的碳市场。新西兰碳市场采取免费分配+拍卖的形式，排放密集型行业和贸易脆弱性行业可获得不同的免费配额，农业部门只需履行排放报告义务而无须进行履约清缴。2023年，新西兰的碳交易体系进一步收紧配额分配，并提高了拍卖底价和成本控制机制CCR的触发价格；同时，受政府换届影响，原定2026年对农业部门实施碳价管理的计划将推迟。

（三）全球主要碳市场最新动态

基于10余年碳市场的发展，随着未来全球气候变化问题日益突出和严峻，碳市场作为减少温室气体排放的关键工具，对解决气候变化问题尤为重要，根据最近的全球碳市场发展动态，我们预测未来碳市场发展将向着更严格、更包容、更高效的方向前进。

1. 各国减排目标和政策将更加明确和严格

随着全球应对气候变化形势的日益严峻，各国政府将加大减排力度，制定更为明确和严格的减排目标和政策，这将进一步提升碳市场的需求并推动其发展。EU ETS 于 2021 年 12 月达成的临时协议成为推进《欧洲绿色协议》谈判进程的一部分。临时协议强调到 2030 年，欧盟碳排放交易体系部门的减排水平将提高到比 2005 年水平低 62% 的水平；2024~2027 年的线性减少系数提高到 4.3%，2028~2030 年提高到 4.4%；到 2026 年逐步取消航空业的免费配额；2026~2034 年逐步取消新碳边境调节机制所涵盖行业的自由分配等。① 中国于 2022 年 11 月由生态环境部发布了关于碳排放配额分配方案草案，制定了更严格的燃煤电厂基准值，明确了两年间的履约流程，履约截止日期为 2023 年 12 月。经公开征求意见后，最终分配方案于 2023 年 3 月正式公布。种种政策均表明，各地碳市场的减排目标和管控日趋严格。

2. 碳市场连接和合作将加强

随着各国减排政策的实施，碳市场之间的连接和合作将更加紧密。预计将出现更多的区域性、跨区域性甚至全球性的碳市场连接，提高碳市场的流动性和效率。目前，比较成功的跨区域碳市场案例为加州-魁北克限额与交易制度，是北美最早的跨区域碳市场之一。这两个地区的碳市场通过配额交易的互通性连接在一起，共享相同的市场规则和价格信号。欧盟和瑞士碳市场的连接也比较典型，瑞士虽然不是欧盟的成员国，但是其碳排放交易体系与 EU ETS 实现了成功连接，瑞士碳市场内的企业和 EU ETS 内的企业和组织可以互相参与到对方的碳市场中进行交易。

3. 碳市场覆盖的行业范围将更广、企业主体数量将更多

随着碳市场的发展，全球碳市场覆盖的主体数量将更多、各碳市场覆盖

---

① United Nations Climate Change, 2022, 2022 NDC Synthesis Report, https：//unfccc.int/ndc-synthesis-report-2022.

的行业范围也将更广，如欧盟临时协议提到，从 2024 年起，欧盟碳排放交易体系中包括海事部门的排放量；为建筑、道路运输和工业中使用的燃料建立单独的排放交易体系，即 ETS 2；RGGI 作为一个区域性的碳市场也在不断扩张其覆盖州的范围，自 2022 年 4 月起，美国宾夕法尼亚州逐步开始计划纳入碳市场，4 月宾夕法尼亚州发布了其 CO_2 预算交易计划条例，根据该条例，宾夕法尼亚州的受保实体必须从 7 月开始核算其排放量。由于立法机构持不同意见，宾夕法尼亚州暂未纳入 RGGI。

4. 碳市场参与主体将更加多元化

随着碳市场的成熟和发展，预计将有更多的企业、金融机构和个人投资者参与碳市场，形成更加多元化的市场参与主体。各国碳市场为了吸纳更多的参与主体，也采取了一系列激励措施，如韩国为企业提供激励机制，同时加强对小企业和新进入者的支持。

5. 碳市场产品创新将不断深化

碳市场纳入更多的金融产品，可以使碳市场与金融市场更好地结合，而碳期货、碳远期等结构化金融产品不仅为市场参与者提供了更多的风险管理工具和策略选择，同时也提高了市场的流动性和效率。欧盟碳市场提出将扩大创新和现代化基金的规模，这将支持低碳技术和创新，促进经济的现代化转型。

6. 各国碳市场发展将与各自国家自主贡献保持一致

未来碳市场将更加注重适应国际政治和经济的变化，维护全球碳市场的稳定和发展。同时，各国碳市场也逐步向国家长期发展目标靠拢。例如，韩国于 2022 年 11 月宣布了一系列关于碳市场发展的变动，其中包括在 2026 年第四阶段来临时，除了制定新规则，还会促进长期变革，包括制定路线图，以更好地使上限与韩国更新的国家自主贡献（NDC）保持一致。

我们可以期待，未来碳市场的发展将更加注重市场效率、创新能力、国际合作和社会参与，共同推动全球向可持续发展目标迈进。随着政策支持力度的不断加大和市场需求的不断增长，碳市场有望在全球气候行动中发挥更加核心的作用。

三 全球碳市场发展面临的挑战

（一）《巴黎协定》背景下的国际气候变化合作困难重重

在国际气候变化谈判的背景下，各国利益的多样化和差异性对《巴黎协定》的细化落实构成了重大挑战。《巴黎协定》作为全球气候治理的新框架，旨在通过国家自主贡献的方式，鼓励各国根据自身国情制定并实施减排目标。然而，这一机制在实际操作中遭遇了多种阻力和障碍。发达国家与发展中国家之间在减排责任、资金支持和技术转移等问题上存在显著分歧。发达国家往往要求发展中国家采取更多的减排措施，而发展中国家则强调发达国家应承担更多的历史责任，并提供必要的技术和资金支持。这种利益的不一致性使得谈判复杂化，导致《巴黎协定》的具体实施细则难以达成一致。发展中国家普遍认为，发达国家应提供足够的资金和技术支持，帮助其应对气候变化的挑战，而发达国家则倾向于强调市场机制和私营部门的作用。2022 年初，俄乌冲突则更加凸显了当前化石能源的重要性和稀缺性，以及欧洲对化石能源的依赖程度，此次事件极大影响了欧盟未来一段时期内的气候政策，同时也使得其他国家制定碳政策变得更加谨慎，给碳市场发展带来一定影响。

国际碳市场是推动全球减排的重要工具，但目前尚未形成有效的国际协同机制。碳市场的活力受限于各国政策的不一致、市场准入门槛高以及缺乏国际协调和合作，流动性不足，积聚力度偏低，各国均将发展重心转向内部。国际社会如何确保碳市场的透明度和公平性，如何避免市场操纵和欺诈行为，以及如何确保碳市场的稳定性和可预测性，都是碳市场制度设计和实施将面临的挑战。解决这些问题需要国际社会的共同努力，需要建立更加完善的国际法律框架和合作机制。国际社会探索建立一个全球性的碳市场监管机构，制定统一的碳市场规则和标准，促进各国碳市场的互联互通，面临艰难的博弈过程。国际社会在推动《巴黎协定》的细化落实和国家间减排机

制建立的过程中，需要克服碳关税、碳泄漏、市场发展不均衡等多重阻力和障碍。各国在维护自身利益的同时，也需要寻求建立更加公平、有效的国际合作机制，促进全球气候治理的完善。

（二）宏观经济下行给碳市场发展带来不利影响

宏观经济通过经济周期、产业结构转型以及技术创新对碳排放权交易体系产生影响。宏观经济的波动性直接影响能源消费模式和温室气体排放，从而对碳市场的需求和价格产生影响。在经济扩张期，能源需求和工业产出的增加可能导致碳排放的上升，进而提升碳市场的活跃度和价格水平。相反，在经济下行期，由于生产活动的减缓，碳排放和碳市场的需求可能会下降。[1]

1. 新冠疫情

新冠疫情导致全球经济活动有所减缓，对全球经济和碳市场都产生了影响。随着疫情期间工业生产和交通运输的减少，全球能源需求和温室气体排放也出现了下降。以 EU ETS 为例，疫情期间的碳排放减少对碳市场产生了显著影响。由于航空和工业部门的排放大幅下降，这些行业的碳配额需求减少，导致碳价格短期内承压。根据欧洲环境署（EEA）的数据，2020 年欧盟的温室气体排放比 2019 年下降了约 10%。[2] 疫情还影响了国际合作和气候政策的执行，例如原定于 2020 年举行的联合国气候变化大会（COP26）被推迟到 2021 年，导致全球气候行动的重要决策和合作被延迟。此外，疫情也给企业的财务状况带来了压力，影响企业在减排技术和能效提升方面的投资能力。许多企业为了维持运营，可能会推迟或减少对环保项目的投入。

2. 区域冲突

对碳价的影响：区域冲突导致的能源价格上涨影响了碳市场价格。能源

① 段玉婉、蔡龙飞、陈一文：《全球化背景下中国碳市场的减排和福利效应》，《经济研究》2023 年第 7 期，第 121~138 页。

② European Environment Agency（EEA），EEA 2021：The Year in Brief，2022 - 06 - 14. doi：10. 2800/0156. 4.

价格的上涨通常会导致碳配额的需求增加，企业需要更多的碳配额来覆盖其增加的排放，但是需求增加可能会被冲突带来的经济不确定性和下行风险所抵销。在经济下行的情况下，工业生产可能会减少，从而导致总体排放的下降，减少对碳配额的需求，进而压低碳市场的价格。对能源安全的担忧：区域冲突可能导致各国对能源安全的关注增加，影响各国的气候政策立场和碳市场发展。例如，一些国家可能会加大对可再生能源的投资以减少化石燃料进口，这类政策可能提高碳市场活力，但也有国家可能会加强争夺化石能源，导致碳减排被推迟。碳市场投资者可能会更加谨慎：区域冲突影响了碳市场的正常运行，导致市场交易量下降、碳价波动，因而投资者会减少投资。同时，区域冲突使各国政府重点关注国家安全和社会稳定，造成国际合作和气候行动的搁置。区域冲突导致部分国家经济状况恶化，这些国家可能会重新考虑其气候承诺和减排目标，进而对国内、国际碳市场的运行和发展产生负面影响。

3. 政府、居民和市场等经济主体

在宏观经济下行期间，政府通常会采取一系列措施来刺激经济发展，碳市场会随政策走向而波动。经济下行时政府通常会增加公共支出，特别是投资于基础设施建设和清洁能源项目，以促进低碳技术的发展和应用。同时，为减轻企业负担，政府可能暂时降低或免除与碳排放相关的税收，这会削弱碳市场的激励机制，减缓企业的减排努力。企业作为碳市场的微观主体，其减排积极性受到碳定价、合规成本、市场准入条件及长期发展战略等因素的影响。当大环境较差时，企业往往优先考虑生存而非减碳，这将导致碳市场波动增加、碳政策失效等问题。碳定价通过提升企业成本从而增加居民的生活成本，因此制定碳政策时必须考虑中低收入群体，尤其是针对生活必需品的碳定价政策。市场参与者具有多样性和保持活跃度是碳市场健康发展的关键，提升投资者、企业和金融机构等市场主体的参与度可以提高市场的流动性和确保其发挥价格发现功能。[1] 当宏观经济下

① Zhang, K. Q. , Chen, H. H. , Tang, L. Z. and Qiao, S. , 2022, "Green Finance, Innovation and the Energy-Environment-Climate Nexus", *Front. Environ. Sci.* 10：879681. doi：10. 3389/fenvs. 2022. 879681.

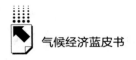

行时，随着交易成本和准入门槛的下降，更多投资者可能涌入碳交易市场，但信息不对称和预期回报率的下降也会导致投资者对市场的信心不足，进而降低活跃度和交易量。因此，宏观经济下行对市场参与者的影响是多层次、多方面的。

（三）欧美等发达经济体引入碳边境调节机制的负面效果开始显现

碳关税等跨境碳减排管控政策的出台旨在激励全球减排，减少碳泄漏，但也可能给全球气候治理格局带来新的摩擦，影响南北国家在气候议题上的合作与互信。碳边境调节机制，最早由法国于2006年提出，2007年时任法国总统希拉克提出欧盟应当针对那些没有签署《京都议定书》的国家进口产品征收"碳关税"。2009年美国众议院通过了《美国清洁能源与安全法案》，其中提出美国应对进口碳排放密集型产品征收二氧化碳特别排放税，从2020年1月1日起开始征收"碳关税"。由于碳关税涉及能源集团的利益，代表能源集团的共和党在参议院占多数，该法案最后没有提交共和党审批而没能付诸实施。

2019年12月，欧盟委员会将碳关税列入未来三年工作计划并稳步推进。2021年3月，欧洲议会通过设立CBAM的原则性决议；2022年6月22日，欧洲议会通过CBAM立法修正意见；2022年12月12日，欧盟委员会、欧盟理事会和欧洲议会就CBAM未决的几个关键问题达成协议，确定了CBAM关键细节问题，为最终通过CBAM立法奠定了基础。2023年4月18日，欧洲议会投票通过了CBAM草案；2023年4月25日，欧盟理事会批准了CBAM草案。至此，欧盟的CBAM走完了全部立法程序，全球第一个货真价实的碳边境调节税即将正式出台。欧盟通过这一立法，开启了推进全球碳减排的另一条重要通道，而且这条通道完全绕过了《联合国气候变化框架公约》的相关原则和要求。

2022年6月7日，美国参议员谢尔登·怀特豪斯（Sheldon Whitehouse）联合其他三位参议员在国会上提出了一项碳税立法——美国版的碳边境调节机制，《清洁竞争法草案》（*Clean Competition Act*，CCA）。CCA与欧盟CBAM

在实施路径上有一定的相似性，它以美国产品平均碳排放水平为基准，对进口产品超过基准线排放的部分按照 55 美元/吨征税，涉及行业更加广泛（碳税的征收对象主要是能源密集型行业和初级产品），包括石油开采、天然气开采、煤矿开采、造纸、炼油、沥青制造、石油化工制造、工业气体制造、乙醇制造、氮肥制造等行业以及玻璃、水泥、石灰、钢铁、铝等产品。如上所述，征收对象既包括上述的进口产品，也包括美国本土生产的上述产品。2024 年和 2025 年，不论是美国生产的高碳产品还是进口的高碳产品，如果其碳含量低于基准线（即美国同类产品的平均水平），则无须缴纳碳税。如果碳含量超过基准线，则对超出部分按 55 美元/吨的标准征税。此碳税标准往后每年上浮 5%。从 2026 年起将扩大征收碳税产品的范围：如进口的加工产品中含有 500 磅以上的涉税初级产品，也要被征收碳税（如一台进口设备的钢铁含量达到 500 磅以上，就需要缴纳碳税）。到 2028 年将进一步降低到包含 100 磅的初级产品就要缴纳碳税。但由于美国国内尚未形成统一碳价，CCA 推进的正当性仍然存疑。《清洁竞争法草案》原计划于 2024 年实施，但截至目前该法案并未取得显著进展。

受欧盟和美国推进碳边境调节税立法的影响，其他发达国家也积极响应，建立它们的碳关税制度。英国、加拿大、日本等国政府在不同场合表达了对碳关税的支持与肯定。时任英国首相约翰逊曾提出应由 G7 牵头建立七国碳边境调节计划，创建一个强大的碳关税联盟；加拿大政府表示将积极与相关国家展开合作，通过碳关税应对全球碳泄漏；日本政府表示将探讨实施包括碳边境调节机制在内的美欧日贸易体系联合措施的可行性。

欧美等发达国家提出的碳关税，名义上是为了解决"碳泄漏"问题，实质上是强行使发展中国家承担与发达国家同样程度的碳减排义务，从政治上抹杀《联合国气候变化框架公约》确立的发达国家与发展中国家在应对气候变化上"共同但有区别的责任"这一基石和原则。因而，发展中国家至今都对以欧盟为主提出的碳关税持反对态度。

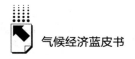

（四）全球主要碳市场发展面临的困难和阻碍

全球碳市场在发展中遇到了多种问题和挑战，各国国内碳市场构建的复杂性与国际合作的艰巨性共存，发达国家与发展中国家之间的交流合作困难重重。EU ETS作为全球最大的碳交易系统在实施过程中遇到碳配额过剩和价格波动等问题，降低了市场对低碳投资的激励作用。欧盟对碳排放交易体系的改革面临着成员国间的分歧，碳边境调节机制的实施可能引发与非成员国间的贸易摩擦。美国在构建全国统一碳市场方面的步伐相对缓慢，而是一些州率先采取区域性的碳交易措施。政治立场的分歧和法律层面的挑战成为阻碍美国碳市场发展的关键因素，尤其是在涉及碳定价和碳税等议题方面。此外，美国碳市场的法律和监管体系尚不完善，缺少政策指导和市场监管机制。加拿大各省采取了不同的碳定价策略，包括碳税和碳排放权交易体系，但缺乏全国性的统一政策，这种分散的模式导致了市场分割，影响了碳市场的效率和统一性。WCI和RGGI等区域合作组织也给碳市场的协同发展带来挑战，对区域间达成政治共识、协调气候政策、改变经济结构等提出了很高的要求。韩国碳市场近年来面临供过于求的情况，导致碳价长期低迷。2023年韩国碳配额价格大幅下跌，反映出市场活跃度不足和企业对碳配额需求的减少。日本东京都碳市场虽然设定了明确的减排目标，但市场主体较为单一，市场规模较小，碳价格信号略显低迷。日本的碳市场缺乏专门的碳价格调节机制，仅通过出售碳抵销信用进行价格调节，这限制了市场灵活性和效率的提升。

中国全国碳市场虽然在2017年启动，但仍处于起步阶段，面临市场规模有限、交易制度不完善、法律体系不健全等问题。中国碳市场价格相对低迷，市场流动性不足，且尚未建立碳价格稳定机制及相关风险防控机制。[①]中国碳市场的参与者目前仅有电力行业，层次相对单一，金融机

---

① Zhao, F., Bai, F., Liu, X., Liu, Z., "A Review on Renewable Energy Transition under China's Carbon Neutrality Target", *Sustainability* 2022, 14, 15006, https://doi.org/10.3390/su142215006.

构等其他市场主体的参与度有限。中国碳市场仍处于起步阶段，交易活跃度分布不均、重点排放企业的配额分配方式不能真实反映碳排成本、企业减碳意愿低等因素导致当下碳市场活力不足。印度碳市场发展较为缓慢，主要依赖于可再生能源证书（RECs）的交易，市场规模较小，流动性不足，且缺乏有效的价格发现机制和国际合作。印度在碳市场建设方面缺乏足够的政策支持和资金投入，尚未建立碳市场监管体系。全球碳市场面临许多操作性和结构性难题，缺乏国际合作，政策机制与市场体系仍需完善，普遍存在市场监管不足和价格波动等问题。

（五）发展中国家推动碳市场发展存在困难

在全球碳市场发展的背景下，发展中国家企业面临着一系列挑战，尤其是在碳核算和能力建设方面。碳核算是企业参与碳市场的基本前提，它要求企业准确地测量、报告和验证其温室气体排放。然而，对于发展中国家的许多企业来说，建立一个准确和可靠的碳核算系统是一项复杂且成本高昂的任务。首先，企业需要对各种排放源进行识别和分类，这项技术无论是对发达国家还是对发展中国家来说都面临巨大的成本支出和技术挑战。企业必须区分直接排放（Scope 1）和间接排放（Scope 2 和 Scope 3），并采用国际认可的核算方法和标准，如《温室气体核算体系》（GHG Protocol）和 ISO 14064系列标准（GHG Protocol，2001）。这些标准在不同国家和地区的实施程度不一，给跨国企业带来了额外的合规负担。

在发展中国家，企业在碳核算和碳市场参与方面面临更大的挑战，发展中国家企业往往缺乏建立复杂碳核算系统所需的技术基础设施和专业知识，高额的成本和技术困难使发展中国家难以大规模应用监测和报告温室气体排放所需的设备和服务。[1] 由于资金限制，企业难以投资于必要的监测和报告系统，这客观上造成了发展中国家企业参与碳市场的资金和技术门槛较高。

---

[1] Xu, X., He, D., Wang, T., Chen, X., Zhou, Y., "Technological Innovation Efficiency of Listed Carbon Capture Companies in China: Based on the Dual Dimensions of Legal Policy and Technology", *Energies* 2023, 16, 1118, https://doi.org/10.3390/en16031118.

同时，专业的碳核算和碳交易需要跨学科的知识和技能，包括环境科学、经济学、法律和信息技术等，这些领域的专业人才在全球范围内都相对匮乏，在发展中国家更是如此。数据的准确性和完整性对于碳核算至关重要，由于缺乏标准化的数据收集程序和经营管理不善等原因，许多企业在收集和验证排放数据方面存在困难。数据的不完整或不准确可能导致企业无法满足监管要求，或导致企业在碳市场中做出错误的交易决策。此外，高昂的技术成本、知识产权保护难、碳核算技术壁垒高和复杂的法律问题也一定程度上阻碍了技术的全球流动，限制了发展中国家企业获取和应用低碳技术的能力，导致发展中国家碳市场发展艰难。

（六）当前碳市场缺乏统一的标准和协调机制

碳市场的规则制定对于确保其有效性和效率至关重要，配额分配的不公正或不合理可能导致市场失灵，一些企业可能因获得过多的免费配额而缺乏减排动力。配额分配的不确定性也会影响企业的长期投资决策，抑制技术创新和低碳发展。缺乏有效的监管可能导致操纵市场和欺诈行为的发生，破坏市场的信任度和透明度。不同国家和地区之间的规则差异也增加了跨境交易的复杂性，阻碍了国际碳市场的整合。政策执行的有效性直接关系到碳市场功能的发挥。政策变动的频繁和不连续性可能导致市场参与者的预期不稳定，抑制市场的长期发展。政府对碳市场的干预和补贴政策可能会扭曲市场信号，影响价格机制的有效性。不同国家在减排目标、政策工具和市场设计方面的差异导致了国际碳市场的分割，阻碍了全球统一碳市场的形成。这种分割不仅减少了市场规模，也降低了市场效率，影响了碳减排全球协同效应的发挥。

目前，全球碳市场缺乏统一的标准和协调机制，不同国家和地区的碳市场规则和标准差异可能会导致跨境交易的复杂性增加，影响市场流动性和价格稳定性。一些国家的碳市场监测、报告和验证（MRV）系统存在缺陷，造成数据不透明或不可靠。MRV系统在国际层面也难以协调和统一标准，它需要较高的运维成本和资金、技术实力，许多发展中国家并未将政策和资金重心向其倾斜，因此 MRV 系统不完善、不成熟。碳市场的政策设计需要综合考虑经济、社会和环境等因素。政策设计过于复杂或不够灵活都会导致市场参与者的适应性问题，过于复杂的交易和报告规则会增加企业的合规成本，抑制市场的参与度。同时，政策设计需要考虑市场的动态性和不确定性，未来的技术进步和市场需求变化都需要政策具有一定的适应性和灵活性，以便及时进行调整和优化。另外，政策制定者还需要考虑社会公平和分配正义的问题，保护企业公正转型，防范出现马太效应和社会不平等问题。

（七）未来全球碳市场连接面临的挑战

在技术层面，尽管国际标准化组织（ISO）和《温室气体核算体系》等提供了核算框架，但在全球范围内统一实施仍面临挑战。不同国家在碳排放核算方法、数据收集和报告实践上依旧存在较大差异，使得国际碳市场存在信息不对称和市场效率低下等诸多问题。技术的快速发展和创新也会使现有的核算标准迅速过时，国际社会必须不断更新和完善相关政策、法律标准。

在政策和法律层面，各国在碳定价机制、配额分配和市场监管等方面的差异也使全球碳市场割裂化。碳税和碳排放交易体系在不同国家的设计和实施上存在显著差异，这些差异需要通过国际协议和协调机制来克服。各国之间法律框架的不一致增加了跨境交易的法律风险和市场的不确定性。在市场机制设计方面，需要重点考虑如何平衡效率和公平、如何激励正向的碳减排努力，以此促进全球碳市场的融合。不同国家的市场框架设计有可能扭曲碳价格信号，影响企业的减排决策，配额的过度分配会削弱市场激励减排的效果，降低企业减排意愿，使得碳价低迷。

国际政治经济因素对全球碳市场的融合构成挑战。不同国家间的政治利益冲突、经济发展水平差异以及对气候变化的认知差异，导致国家参与国际碳市场合作的意愿和能力下降。全球经济波动也可能影响碳市场的稳定性和可预测性，给碳市场的长期发展带来了不确定性。国际能源署（IEA）和世

界银行等机构强调了全球碳市场融合的重要性，并指出了实现这一目标的潜在障碍。IEA 在报告中提到，为了实现全球碳市场的融合，需要加强国际合作，建立统一的碳市场框架，以及提高碳市场的透明度和流动性等。①

四　全球碳市场发展趋势研判与建议

根据国际碳行动伙伴组织发布的《2024 年全球碳市场发展报告》，世界各地已经建立了 36 个碳排放权交易体系（ETS），还有 22 个处于不同的建设和规划阶段。全球碳排放交易市场持续创新发展，帮助工业、能源、交通运输等多部门转型脱离化石燃料、实现碳中和。欧盟等发达地区碳市场发展早、模式多、力度大、机制活，发展中国家碳市场发展迅速，其中中国碳市场建设走在世界前列，国际影响力稳步提升。发展中国家与发达国家需要持续深化合作，加强国际司法交流，推进多边政策协调，共同推进全球碳市场发展。当前，越来越多的国家开始重视碳市场建设，建立监管体系、提供政策保障、优化碳定价机制，推动碳市场发展，保护企业顺利实现安全公正的绿色转型。碳市场各项机制持续完善，补贴低碳技术，加大碳市场投融资力度，通过合理定价提升市场活力。碳市场自身需要持续改革，不断提升与政府、企业、国际的协同能力，尽快完善碳人才梯队建设。

（一）全球碳市场持续扩围扩容、配额总量逐渐收紧

尽管全球面临经济增长放缓、区域冲突和能源危机等重大挑战，但2023 年全球碳市场依然表现出显著的韧性和活力，碳市场规模和覆盖范围持续扩大，反映出国际社会通过经济机制应对气候变化的集体努力，合规碳市场和自愿碳市场在广泛的减排和气候投融资中都发挥了关键作用。伦敦证券交易所集团（LSEG）发布的《2023 年全球碳市场年报》显示，2023 年

---

① IEA, 2020, CCUS in Clean Energy Transitions, IEA, Paris, https：//www. iea. org/reports/ccus-in-clean-energy-transitions, Licence：CC BY 4.0.

全球碳市场交易规模达到 8810 亿欧元，相较 2020 年增加了 3 倍。① ICAP 发布的《2024 年全球碳市场发展报告》指出碳排放权交易体系发展势头良好，全球已建立 36 个碳排放权交易体系，包括拉丁美洲、亚太地区和非洲在内的 22 个碳排放交易体系处于规划和建设中，标志着全球碳市场的拓宽和深化。② 各类碳排放交易体系在 2022 年以来的全球能源危机中表现出了较强的韧性和较大的弹性，碳市场规模稳定增长，收益持续增加。2023 年，全球碳市场收益达到 740 亿美元，全球碳市场覆盖的排放量占全球总排放量的比例从 2014 年的不到 40 亿吨提升至 2022 年的 99 亿吨，占比从 8% 提高到 18%。碳市场在全球脱碳努力中扮演着重要角色，世界银行在《2023 年碳定价机制发展现状与未来趋势报告》中强调了碳税和排放交易体系的规模和效益不断提升，2022 年实现约 950 亿美元的收益，同比增长超过 10%，创历史新高。③

碳排放权交易体系一般优先纳入排放量、排放强度、减排潜力较大且较易核算的行业和企业。欧盟碳排放交易体系是全球最大的碳交易体系，占 2023 年全球碳市场总价值的约 87%。欧盟碳排放交易体系创新基金为碳市场扩围提供了范式，其创新基金通过拍卖排放配额获得资金，从而为低碳技术提供资金支持，帮助能源密集型工业脱碳。2023 年，该基金预算超过 357 亿美元，已向化学品、钢铁、水泥精炼、绿色氢气生产和可再生能源等多个行业约 70 个项目提供了超过 33 亿美元的资助。④ 欧盟碳排放交易体系和各种自愿碳市场发展迅速，采取控制温室气体排放额度的配额制度和企业自愿购买碳信用额度的碳抵销机制等，着力扩大碳市场规模和碳交易的多样性。

① LSEG, 2023, Carbon Market Year in Review 2023: Growth Amid Controversy, Refinitiv Eikon, https://www.lseg.com/en/data-analytics.
② ICAP, 2024, Emissions Trading Worldwide: 2024 ICAP Status Report, https://icapcarbonaction.com/en/publications/emissions-trading-worldwide-2024-icap-status-report.
③ World Bank, 2023, State and Trends of Carbon Pricing 2023, https://openknowledge.worldbank.org/handle/10986/39796.
④ World Bank, 2023, State and Trends of Carbon Pricing 2023, https://openknowledge.worldbank.org/handle/10986/39796.

截至 2023 年，欧盟碳排放交易体系已帮助能源和工业部门减排 34.6%，并筹集了超过 1050 亿美元的捐款。

全球主流碳交易体系几乎都将电力行业纳入监管，同时各交易体系根据自身特色纳入不同行业。新西兰等以农业为主的国家将林业、农业部门纳入碳市场。美国加州碳市场通过管控燃料供应商的方式覆盖排放最大的交通部门。东京都碳市场创新性地以城市设施为主要管辖对象，纳入了建筑、工业、供热等高碳排放行业。中国碳排放量较大，2023 年全国碳市场碳排放配额（CEA）成交量达 2.12 亿吨，成交额达 144.44 亿元，相较 2022 年成交量增加 3 倍，成交额增加 4 倍[①]，交易量和交易额均实现显著提升。中国碳市场已经纳入 2500 余家电力行业重点排放企业，在第三个履约周期中，全国碳市场行业覆盖范围将进一步扩大，水泥、电解铝、钢铁等行业都在积极准备加入碳市场，碳市场覆盖的温室气体种类也将逐渐增多。

配额总量直接决定了配额的稀缺性，进而影响碳价波动。欧盟碳市场、加州碳市场、RGGI 等都采取了事前总量确定的方法，一般是根据历史排放量设定基础排放量，根据政策力度设定逐年递减的总量削减因子。例如，欧盟碳市场第三阶段的配额总量每年线性递减 1.74%，第四阶段则为 2.2%。东京都碳市场根据减排目标为各管控设施设定排放上限，碳配额总量由各管控设施的碳排放上限自下而上汇总形成，且随减排目标逐年收紧。新西兰碳市场在 2020 年引入具体的年度排放上限。哈萨克斯坦碳市场在第五阶段（2022~2025）采用阶段总量加上年度总量确定配额总量，阶段总量为 6.498 亿吨，年度总量按每年上限递减原则设计。短期内，全球能源紧张和区域冲突等问题阻碍了全球碳市场健康平稳发展，碳市场价格受到不同程度波及，碳市场韧性受到严峻考验。总体看，全球碳市场长期发展趋势向上，碳市场规模和覆盖范围将持续扩大，覆盖行业和影响范围将逐渐增大，全球配额总量将持续收紧。

---

① 王科、吕晨：《中国碳市场建设成效与展望（2024）》，《北京理工大学学报》（社会科学版）2024 年第 2 期，第 16~27 页。

（二）以强制（合规）碳市场为主、自愿碳市场为辅

强制（合规）碳市场（CCM）与自愿碳市场（VCM）通过不同的机制和法规明确碳排放产权，通过市场化交易体系控制碳排放量。当前国际碳排放权交易以强制碳市场为主、自愿碳市场为辅，欧盟碳市场、美国 WCI 和 RGGI 碳市场、韩国碳市场、新西兰碳市场以及中国全国碳市场等主要采用强制碳市场机制，容纳高排放企业并规定碳排放配额。

然而，合规碳市场的价格主要是由政府和监管部门通过市场供需关系设定的，属于自上而下的方式，政府通过配额倒逼企业减排，容易忽视企业本身的发展规律和主观能动性。相比强制（合规）碳市场更注重特定部门内的减排，自愿碳市场迎合了更广泛的受众，包括希望自愿抵销排放的企业、公共机构和个人。自愿碳市场支持多样化的碳抵销（碳信用）方案，例如排放者可以通过在其他地方植树造林增加固碳来抵销其在本地的排放，也可以通过为可再生能源项目或者碳捕集、利用与封存技术捐款抵销碳排放。自愿碳市场可以促进更广泛的参与和提高可及性，兼顾企业低碳发展与履约负担，有助于企业实现公正转型。

自愿碳市场则强调自愿参与而非法律义务，企业根据自身社会责任和净零目标自愿购买和出售碳信用额度。国际自愿碳市场发展迅速，已形成多个国际自愿减排标准，包括清洁发展机制（CDM）、中国国家核证自愿减排量（CCER）、核证减排标准（VCS）、黄金标准（GS）、美国碳登记（ACR）、气候行动储备（CAR）、全球碳委员会（GCC）等。全球自愿碳市场的年交易量和平均价格波动较大，2021 年自愿碳市场总规模在 20 亿美元左右，相比 2019 年增长了 86%，2022 年与 2021 年基本持平，而 2023 年的交易量和价格均大幅下滑，总规模比 2021 年下降 25% 左右。全球最大的现货碳交易所 Xpansiv CBL 2021 年的交易量高达市场总交易量的 1/3，而 2023 年的现货交易量比 2022 年下降了 65%，碳抵销价格在 18～20 个月内下跌了 80% 多，由于一些碳抵销项目质量不高，买家趋于谨慎，市场信心不足，许多标准化合约的价格跌至 1 美

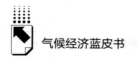

元/$tCO2e$ 以下。[1] 而中国重启 CCER 之后市场需求则出现大幅上升，2023年自愿碳市场总体成交量达 1530 万吨，较 2022 年涨幅达到 92%。[2]

自愿碳市场长期发展前景较为良好，自愿碳市场诚信委员会（ICVCM）和自愿碳市场诚信倡议（VCMI）已经发布新的指南，旨在提升碳信用的完整性、可信度、透明度，规范碳信用标准度，统一市场评价体系。未来自愿碳市场和强制碳市场将进一步融合，提供多样化碳信用方案，政府和监管部门将持续优化配额分配，完善机制建设。

（三）持续优化碳交易体系、不断完善碳交易机制

碳交易机制是碳市场发展的核心，包括覆盖范围、配额总量、配额分配、监测报告与核查、交易机制、抵销机制、履约机制、监管机制、法律体系等要素。碳市场可以实现对排放配额的优化配置、降低全社会的平均减排成本。碳交易机制设计是对施政目标的衔接、分解和落实。碳排放权交易市场本质是一项实现减排和发展目标的重要政策工具。引入碳市场最基本的施政目标是控制和减少温室气体排放、形成有效的市场价格激励机制。此外，还可以衔接多种环境、经济、社会目标，如引导产业实现绿色转型、激励低碳技术创新、增强贸易竞争力、发挥减污降碳协同效应等。各个国家和地区在建设碳市场机制时，以意图实现的政策目标为指导来选择和确定各项碳交易机制设计要素。例如，欧盟对 EU ETS 第四阶段分配方法、市场调节等机制设计要素的调整均是对最新出台的"fit for 55""一揽子"计划的具体落实，总量设定和覆盖范围的更新则是对"2030 年减排 55%"这一减排目标的直接分解和落实。换言之，碳交易机制设计体现了主管部门对碳市场这一政策工具的定位，是对政策目标的衔接、分解、执行和实施的重要过程。

碳交易机制设计为碳市场良好运转提供了框架和前提。碳市场能否运转

① Jennifer, L., "Abatable VCM Report Reveals Developer CCP Approval Rates for First Time," *Carbon Credits*, 2024-03-11.
② 王旬、崔莹、庞心睿：《2023 中国碳市场年报》，2024 年 1 月 30 日，https://iigf.cufe.edu.cn/info/1013/8404.htm。

得好，关键在于机制构建得好不好。总量设定和覆盖范围确定了将哪些排放源纳入排放权交易体系，以及所涉及的温室气体类型，是形成市场体量和交易规模的基础；配额分配方法则决定了碳市场的基本特征，既决定减排效果又影响市场供求；碳排放监测报告与核查能够为整个碳市场提供数据基石，是体系可靠、透明、公正的核心；履约环节为企业提供交易驱动和排放约束；市场调节监管机制则引导和维护市场秩序，增强市场体系的弹性；等等。上述机制设计要素环环相扣，共同决定了碳市场体系的成败。不适宜的机制设计则可能使碳市场"空转"而偏离政策目标，如黑山、土耳其等国所建立的 ETS 框架，为预备入欧而采用与 EU ETS 一致的机制设计，忽视了其在本土的适用性，导致纳入企业数量极其有限，无法自发形成交易需求，碳市场难以正常运转，实质上已陷入停滞。只有要素设计完备、契合地域发展特征的碳交易机制，才能更好地服务于减排目标，成为碳市场平稳起步和稳健运行的根本保障。

（四）进一步加强监管合作与技术支持、提升碳市场数据质量

公正准确的测量、报告和验证（MRV）系统在开发全球碳市场数据、提高数据质量、确保碳市场披露完整性等方面发挥着关键作用。MRV 系统通过提供透明、准确的减排数据确保碳信用额能够代表真正的减排量，避免重复计算等问题。《巴黎协定》第 6 条提出建立全球碳市场的设想，旨在通过建立碳市场信任、增强透明度和可信度的强有力机制构建碳市场框架，鼓励国际合作并促进各种碳市场的一体化，为更多的交易提供机会。

国际合作是提高碳市场数据质量的关键，《联合国气候变化框架公约》通过成立监督机构重点负责碳信用机制的实施和监管。《巴黎协定》第 6.4 条在 COP28 中达成共识，联合国将制定相关法规建立一个具有包容性、高度诚信的碳信用机制，以提高碳市场数据质量。[①] 世界经济论坛建议建立独

---

① UNFCCC, UN Body Charts a Path for Robust Carbon Market Rules ahead of COP28, 2023-11-03, https：//unfccc.int/news/un-body-charts-a-path-for-robust-carbon-market-rules-ahead-of-cop28.

立的国际治理机构来监督自愿碳市场的完整性，该机构将负责对碳市场信用设定规范、进行定义和批准项目，并确保碳抵销项目符合当前的环境完整性标准，同时，企业可以购买任意符合环境完整性标准的信用额度①，机构与企业的双向匹配可以有效提高碳减排效率和质量。

世界银行建议利用区块链技术构建测量温室气体减排放量的 MRV 系统，世界银行气候仓库计划领导开发了气候行动数据信托（CAD Trust）用于集成数据系统，使用 Hyperledger Fabric 平台、Kaleido 区块链软件和 Chia Network 网络等技术优化数据架构、增强碳信用透明度。② 区块链具有去中心化、公开透明、不可篡改以及高效交易等特性。通过智能合约，区块链可以帮助不同司法管辖区域提升数据合规能力、明确气候资产产权属性以及提升减缓气候变化成果的多样性等。利用物联网、遥感和地理信息系统等技术收集和分析土地利用、森林覆盖和碳排放等数据可以为验证碳信用提供更全面的信息，而利用人工智能技术能够进一步提高 MRV 的数据质量。③ 此外，发达国家和国际组织帮助发展中国家培训数据团队和提供技术支持，私营部门积极参与碳市场政策制定和数据管理，企业提供标准化的排放报告和采用更严格的验证标准等也是整合碳市场信息、提升碳市场数据质量的重要措施。

未来，促进全球碳市场数据合作可以采取开发更智能的 MRV 系统、提供标准化数据报告、吸引更多私营部门加入等方式提高数据的完整性、透明度和效率。从长远看，国际碳数据合作将朝着更加实质性和一体化的方向迈进，在促进碳市场发展和建立信用等方面发挥越来越大的作用。

（五）促进国际机制衔接、逐步完善碳市场调节制度

国家间加强政策协调、标准互通、数据共享、技术合作是保障碳市场平

---

① World Economic Forum, Better Carbon Credits on the Horizon? How Article 6 Can Build Trust and What it Means for Business Leaders, 2023, https://www.pwc.com/gx/en/issues/esg/better-carbon-credits-on-the-horizon.html.
② Gemma Torras Vives, Why data infrastructure is key for a transparent carbon market, 2023-03-07.
③ Regina Betz et al., The Carbon Market Challenge Preventing Abuse Through Effective Governance, 2022-09-12.

稳健康发展的核心策略。构建碳市场既要加强南南合作、南北对话，也要警惕美国等发达国家"撂挑子""掀桌子"，利用合作之名行垄断保护之实。事实上，也有部分发达国家重视气候变化国际合作，挪威和法国提供的国际气候资金规模超过其"公平出资份额"，韩国、日本、加拿大、新西兰等国家也已开展国际技术转让合作。发达国家缔约方承诺努力争取在 2025 年之前使气候适应资金在 2019 年水平的基础上至少翻一番。① 政府可以通过证书互认、信用互通、核算互联等方式推动碳交易机制连接，推动绿电交易、国际转让减缓成果（ITMO）和核证减排量（CER）等重点减排措施互认。

碳市场应逐步收紧配额总量，配额的供给应从免费逐渐过渡到收费，实现这一目标，赋予碳市场金融属性是必然趋势。欧盟碳市场利用稳定储备机制调整待拍卖配额供应，通过将一定比例的配额转入储备来应对配额不足或过剩。② 碳边境调节机制作为一种碳排放管制政策能够有效解决碳泄漏问题，实践中欧盟设立了碳边境调节机制对碳密集型产品征收关税，取得了一定的成效。然而，碳边境调节机制可能催生单边贸易保护主义行为，形成贸易壁垒，极大地损害发展中国家的利益，同时带来认证不同步、检验不匹配等问题。

（六）发展低碳技术，促进碳市场产品多样化

低碳技术有利于碳市场产品多样化，而碳市场又补贴和倒逼低碳技术发展。第一，当前国际技术转让领域存在硬技术占比偏低、非能源领域技术转让不足等问题，相对而言，以培训和能力建设为代表的软性支持占比过高。③ 第二，发达国家与发展中国家合作滞后，发展中国家布局落后，技术转让存在产权纠纷，缺乏有效资金支持。第三，碳市场在节能技术、绿氢技

---

① 《联合国气候变化框架公约》作为《巴黎协定》缔约方会议的《公约》缔约方会议第五届会议首次全球盘点，2023-12-13，https：//unfccc. int/documents/636608。

② 张晗：《全球主流碳市场概览与前沿趋势》，《可持续发展金融前沿》2021 年第 24 期，第 29 页。

③ 清华大学碳中和研究院：《2023 全球碳中和年度进展报告》，2023 年 9 月，https：//www. cntracker. tsinghua. edu. cn/report。

术和 CCUS 技术等领域的项目类别较少、资金支持较弱、技术发展较缓。国际能源署认为 CCUS 将成为全球向净零能源过渡的关键技术，强调 CCUS 能够直接减少排放和消除二氧化碳，近年来全球增加 30 多个 CCUS 设施的建设计划，潜在投资额约为 270 亿美元。[①] 虽然 CCUS 和可再生能源等技术为碳市场发展提供了大量机会，但控制成本以及确保可行性和环境完整性等挑战仍然存在。一方面，CCUS 与生物质能碳捕集封存（BECCS）和直接空气碳捕集封存（DACCS）等技术为实现负排放提供潜在途径，CCUS、BECCS、DACCS、先进电池和高效电解质氢装备将在 2030~2050 年为实现全球净零碳排放目标做出主要贡献；另一方面，巨大的研发投资和艰难的国际合作使净零之路障碍重重。[②] 目前，与可再生能源相比，化石燃料获得的补贴要高得多，这影响了清洁能源的竞争力，通过减小补贴差距可以促进向绿色能源的转变。CCUS、可再生能源和其他低碳技术的发展为减排和碳市场扩张提供了重要机遇。碳市场的收益可以用于补贴低碳技术，通过投资研发、提供资助、税收抵免等方式为企业和消费者提供正反馈。同时，也要加快机制建设，鼓励和引导碳市场投资低碳技术，加速低碳转型。

（七）健全全球碳定价机制、建立标准化碳信用额

碳定价包括碳税、碳排放权交易体系、碳信用和内部碳定价等机制，扩大碳定价范围需要覆盖更多部门和区域。制定通用标准和认证流程可以确保不同市场和项目之间碳信用额的一致性和可比性。实施价格下限和上限等机制有助于稳定碳价格，使企业的投资规划更具可预测性。[③] 国际可持续发展研究所在全球范围内持续推进标准化碳信用额认证，构建能确保减排量真实且可验证的严格准则。国际商会（ICC）强调制定有效碳定价的核心原则和

---

① International Institute for Sustainable Development, Carbon Pricing and Markets Update: Preparing Mechanisms for Rising Demand, 2019-11-21.

② Krysta Biniek et al., "Driving CO_2 Emissions to Zero (and beyond) with Carbon Capture, Use, and storage", *McKinsey Quarterly*, 2020-06-30.

③ International Chamber of Commerce, Principles and Proposals for Effective Carbon Pricing, 2023-12-03.

指南是减少碳泄漏并引导投资转向清洁技术。[①] 伦敦证券交易所集团的自愿碳市场举措帮助投资人了解高质量碳抵销项目，提高这些项目的融资额，增强市场透明度和投资者信心。[②]

碳交易机制设计决定着碳定价工具的政策成效。碳市场属于碳定价工具的一种，其核心内容之一是通过发现合理碳价格，激励企业和个人减少碳排放，促进低碳技术的发展和应用。碳交易机制设计直接决定碳市场的定价有效性，例如，如果存在碳排放配额分配不合理、碳市场参与者信息不对称等问题，就可能导致碳价格波动剧烈或市场流动性较差，无法形成有效价格，无法提供应有激励，进而影响碳定价工具的预期政策效用。在更加宽泛的政策工具箱中，碳市场机制往往需要与其他应对气候变化、能源、环境政策协同，如加州在引入 ETS 机制时对大气污染治理的考量，中国全国碳市场在对发电行业的配额分配中体现减排杠杆和参考能源转型要求等。碳交易机制设计反映了政府部门的施政倾向，体现了碳市场与其他政策工具间的协调权衡关系，直接决定着碳定价工具本身的运行成效，并深刻影响着与其他气候能源政策的协同运行效果。

（八）加大碳金融对碳市场的支持力度

碳金融是碳市场持续发展的重要动力，其主要功能是将资金引导至环境可持续项目，帮助扩大全球碳市场。碳金融通过碳排放权质押贷款、碳债券、碳排放权远期、碳指数、碳基金等金融工具支持碳减排举措、刺激技术创新和可再生能源的采用，实现低碳转型。碳金融可以通过碳市场支持减排项目，也可以通过买卖碳信用额投资清洁技术。同时，政府需要持续完善标准化建设，提升项目透明度，实施问责制，甄别虚假的宣传方案与可信的行

[①] Ian Parry, Five Things to Know about Carbon Pricing, International Monetary Fund, 2021-09.
[②] Allegra Dawes, Cy McGeady, Joseph Majkut, "Voluntary Carbon Markets: A Review of Global Initiatives and Evolving Models", *Center for Strategic and International Studies*, 2023-05-31.

动方案，防止企业"漂绿"等问题。[①] 发展基于碳市场的碳金融能够更好地发挥碳市场定价功能，有效吸引投融资。欧盟碳金融日益盛行，相关监管机制不断完善。北美碳金融产品创新与制度设计经验丰富，同时积极鼓励私人部门参与。英国、日本和新西兰等国也积极参与碳金融实践。同时，社会组织和国际组织也是积极碳金融创新的重要推手。中国碳市场建设处于初期，应注重总量控制和减少温室气体排放，随着碳市场逐步走向成熟，可以逐步引入和创新碳资产质押、碳资产预期收益质押、碳期货、碳期权等金融服务。

（九）加大双碳人才培养力度

全球碳市场的迅速崛起扩大了对高素质人才的需求，碳相关人才缺口凸显，人才供需失衡，建立碳人才培养体系迫在眉睫。各国纷纷通过财政拨款、高端智库建设、碳足迹管理体系建设、国际交流与合作，以及关键核心技术攻关和科技成果转化等方式，加大对重点行业员工职业技能培训的力度，加快培养高层次科技创新型人才，重视国际化人才培养。首先，加大对重点行业员工职业技能培训的力度，引导全社会形成低碳消费的行为方式，重点培训发电、钢铁、建材、有色、石化、化工、造纸、航空八大重点行业企业，以及大中专院校、碳核查机构、碳中和领域"专精特新"企业、相关行业协会和社会组织等。其次，邀请全球的实战专家和教授等为各行业碳市场从业人员提供碳资产管理、碳核算与核查、碳交易与碳金融、碳中和技术以及碳国际交流等培训，推动碳市场知识交流。

加快培养高层次科技创新型人才，突破碳减排、碳零排、碳负排关键核心技术，支持碳中和学院与相关行业的龙头企业合作建立制造业创新中心等创新平台；推动关键技术攻关，加强二氧化碳高效转化燃料化学品、直接空气二氧化碳捕集、生物炭土壤改良等碳负排技术创新；深化碳中和学院以及

[①] 陈明扬、向柳、叶倩倩：《高水平建设全国碳市场还需处理好八大问题》，《中国能源报》2024 年第 6 期。

能源、环境、化工、建筑、交通等学院加快碳减排、碳零排关键技术攻关和人才培养。同时，积极促进智库成果与高校科研成果转化，开办碳中和技术经纪人培训班，为交易者提供技术受理、公开交易、交易鉴证等服务，对接金融机构，提供绿色基金、知识产权质押融资等金融服务，赋能双碳技术创新团队发展，加速前沿技术产业转化。

重视国际化人才培养，积极参与国际组织工作和全球气候治理，支持优质企业设立研发机构和生产基地，汇聚国际高层次人才参与碳中和学科建设和科学研究，开展人才联合培养、清洁能源与气候变化科技创新和智库咨询等合作项目，推动先进新能源技术和产品落地应用，促进碳相关人才的全球化，实现各国碳相关人才的优势互补。聚焦气候、能源、环境、金融等领域的国际组织，鼓励高校加强与国际组织的合作，以相关自然科学或工学学科为基础，以国际关系、国际法、国际经济与金融、外语、国际传播专业为辅，培养跨学科的复合型、复语型人才。

B.2
中国碳市场调查报告（2024）

李全伟　吴　迪　周钟鸣　易欣飞　刘成琳　肖　林　陈宇轩　谢翎一*

摘　要：　全国统一碳排放权交易市场是我国利用市场机制控制和减少温室气体排放、推动经济发展方式实现绿色低碳转型的重要制度创新，也是加强生态文明建设、落实国际减排承诺的重要政策工具。2021年7月，全国碳市场正式上线启动，至今已持续运行两个履约周期，正在开展第三个履约周期的各项工作。本报告通过整理、总结全国碳市场建设背景、制度体系和两个履约周期工作、运行情况，基于重点排放单位问卷调研结果，全面评估了全国碳市场的建设成效，总结宝贵经验。同时，着重探讨了CBAM机制对我国的重要影响，并提出基于全国碳市场的应对思路。在此基础上，锚定建成更加有效、更有活力、更具国际影响力的全国碳市场目标，对未来全国碳市场在推进我国经济社会高质量发展中发挥的作用进行展望。

关键词：　全国碳市场　制度创新　绿色低碳转型

一　全国碳市场建设背景和制度体系

气候变化是全人类共同面对的挑战。气候问题具有超大时空尺度的外部

---

* 李全伟，中碳登战略总监，武汉大学经济学硕士，主要研究方向为碳市场制度设计、碳金融产品创新；吴迪，中碳登研究发展部负责人，日本同志社大学经济学博士，主要研究方向为气候投融资体系设计；周钟鸣，中碳登市场服务部负责人，中南财经政法大学公共管理硕士，主要研究方向为碳市场制度设计；易欣飞，中碳登登记业务部负责人，中南财经政法大学经济学硕士，注册会计师、中级经济师，主要研究方向为碳市场注登系统建设；刘成琳，中碳登结算业务部负责人，武汉工程大学经济学学士，主要研究方向为碳交易产品创新；肖林，中碳登法律合规部负责人，哥廷根大学理学硕士，主要研究方向为碳市场相关法律制度建设；陈宇轩，美国加州大学伯克利分校硕士研究生，主要研究方向为数量经济学和可持续发展经济学；谢翎一，中碳登研究发展部研究员，武汉大学法学硕士，主要研究方向为碳市场政策体系建设。

性，全球气候治理存在外溢效应，因此，应对气候变化需要建立公平、有效的全球协同治理体系。自 20 世纪开始，国际社会陆续通过《联合国气候变化框架公约》、《京都议定书》和《巴黎协定》等法律文书，推动应对气候变化国际合作机制的建立。碳市场具有较低的减排成本、较高的减排效率和可链接性等特征，因此正在成为全球应对气候变化的主要手段。截至 2023 年末，全球共有 36 个实际运行的碳市场，其 GDP 占全球 GDP 的 58%，碳市场体系覆盖的排放量占全球温室气体排放总量的 18%；与 2007 年相比，全球碳排放权交易体系收入增加近 3030 亿美元，有效推动了全球减排和社会公正转型。[1]

中国在第七十五届联合国大会一般性辩论上承诺，将提高国家自主贡献力度，采取更加有力的政策和措施，二氧化碳排放力争于 2030 年前达到峰值，努力争取 2060 年前实现碳中和。[2] 此承诺是在《巴黎协定》基础上，对碳排放达峰时间和长期碳中和问题设立的更高目标。中国积极参与并引领全球气候治理，充分展示了在应对气候变化问题上强有力的领导力、广泛的动员力和有效的行动力。其中，建设全国碳市场正是中国积极参与应对气候变化国际合作、展现负责任大国担当的具体举措。

2015 年 9 月发表的《中美元首气候变化联合声明》明确提出，中国计划于 2017 年启动全国碳排放权交易体系。2016 年 10 月，国务院印发的《"十三五"控制温室气体排放工作方案》就建设和运行全国碳市场提出明确要求。2017 年 12 月，《全国碳排放权交易市场建设方案（发电行业）》的印发标志着全国碳排放交易体系建设工作正式启动。2018 年以来，生态环境部根据"三定方案"新职能职责的要求，积极推进全国碳市场建设各项工作。2021 年 7 月 16 日，全国碳市场正式启动上线交易。2021 年 12 月 31 日，全国碳市场第一个履约周期清缴履约工作顺利完成；2023 年 12 月 31 日，全国碳市场 2021 年度、2022 年度履约工作顺利收官。总体来看，全国碳市场始终坚持政府引导与市场机制相结合，经过两个履约周期的建设运

---

[1] ICAP, Emissions Trading Worldwide Status Report 2024, p. 26.

[2] 《在第七十五届联合国大会一般性辩论上的讲话》，中国政府网，2020 年 9 月 22 日，https://www.gov.cn/gongbao/content/2020/content_ 5549875.htm，访问日期：2024-05-31。

行，制度体系不断完善、运行框架基本建立、管理体系协调有序，初步打通了各关键环节间的堵点、难点，有效发挥了市场机制在控制和减少温室气体排放以及实现碳达峰、碳中和方面的重要作用。

自全国碳市场启动上线交易以来，法治建设不断提速，形成了以直接立法为主、间接立法为辅、司法规范为保障的制度格局。截至目前，全国碳市场构建了以《碳排放权交易管理暂行条例》（以下简称《条例》）为法律基础，以部门规章、规范性文件、技术规范为支撑，涵盖碳配额分配、清缴履约、排放核算核查、登记、交易、结算等全环节的多元化制度体系。

（一）碳市场多元化制度体系

在直接立法层面，初步形成了以行政法规为统领、部门规章为基础，各类规范性文件、技术规范以及各地地方性法规、地方政府规章为补充的法律法规体系。《条例》是我国目前为实现碳达峰、碳中和出台的首部行政法规，奠定了全国碳市场的基本制度框架及准则。《碳排放权交易管理办法（试行）》（以下简称《管理办法》）作为部门规章性质的法律规范，对碳排放配额分配及清缴，碳排放权登记、交易、结算，温室气体排放报告与核查、监督管理等工作环节进行了系统规定，以保障全国碳市场有序运行。各地方出台的涉碳地方性法规、地方政府规章（如北京市出台的《北京市碳排放权交易管理办法》、湖北省出台的《湖北省碳排放权交易管理暂行办法》等），则为各区域碳市场运行提供了制度依据。此外，生态环境部出台的《碳排放权登记管理规则（试行）》《企业温室气体排放核算与报告指南 发电设施》等规范性文件为碳市场运行明确了具体操作规范。

在间接立法层面，在已经出台的相关环境法律条文中，有一系列与气候变化相关的内容，与碳市场制度体系共同构成我国双碳制度体系。如《循环经济促进法》《清洁生产促进法》涉及产业减排，《节约能源法》《可再生能源法》涉及能源低碳发展，但这些规定原则较为宏观、笼统，需要进一步细化。

在司法专门规范层面，最高人民法院、最高人民检察院就双碳领域的司法工作发布了系列司法解释与司法意见，指引司法审判工作。如2023年最高人民法院发布了《最高人民法院关于完整准确全面贯彻新发展理念 为积极稳妥推进碳达峰碳中和提供司法服务的意见》，为依法推进完善碳市场体制机制提供司法保障；最高人民法院、最高人民检察院联合发布了《最高人民法院 最高人民检察院关于办理环境污染刑事案件适用法律若干问题的解释》，规定中介机构碳数据造假行为入刑，充分发挥司法引导规范全国碳市场运行秩序的作用。

（二）《碳排放权交易管理暂行条例》发布

党中央、国务院高度重视碳市场建设工作。在被多次纳入国务院立法计划后，2024年1月5日，《条例》经国务院常务会议审议通过。前期，生态环境部协同司法部，结合全国碳市场建设情况，在充分总结地方试点经验，借鉴国外立法有益成果的基础上，提出了《条例》草案并进行了多轮修改。从内容来看，相较于《管理办法》，《条例》在碳市场制度体系构建、分工协作监管、数据质量监督等多方面做出了更加清晰、更加具体、更契合碳市场发展需要的规定，旨在构建一个科学、规范、有序的碳排放权交易市场。具体而言，《条例》具有以下特点。

第一，进一步厘清了部门职能和机构分工，在法规层面厘清相关主体的责任和义务。一是明确了监督管理分工和协作机制。碳市场是一个典型的跨学科交叉、跨领域融合的市场，对该市场的监督管理需要多部门协同发力。《条例》明确了相关部门的监管职能，并规定相关部门之间应当加强信息共享和执法协作配合，以进一步提高碳市场监管效能，降低监管成本；二是明确注册登记机构和交易机构的法律地位和职责。《条例》保持了《管理办法》采取的由注册登记机构和交易机构对碳排放权交易区分管理运行的模式，并延续了对注册登记机构和交易机构建立风险管理机制和信息披露制度的要求。在此基础上，《条例》还进一步细化了机构职能，如明确了注册登记机构和交易机构在提供登记和交易服务时可以收取费用。

第二，覆盖行业、交易产品和参与主体范围更加契合市场需要。一是新增国家发改委等有关部门参与行业覆盖范围研究。第六条第一款提出碳排放权交易覆盖的温室气体种类和行业范围，由国务院生态环境主管部门会同国家发改委等有关部门根据国家温室气体排放控制目标研究提出，报国务院批准后实施。二是交易产品确定为现货交易。第六条第二款提出碳排放权交易产品包括碳排放配额和经国务院批准的其他现货交易产品。三是参与主体不限于机构和个人。第七条第一款提出纳入全国碳市场的温室气体重点排放单位以及符合国家有关规定的其他主体可以参与碳排放权交易。《条例》采取适当"留白"的立法方式有力保证了政策法规的灵活性，有助于进一步满足碳市场扩容需要。

第三，强化了对现有区域碳市场管理的要求。《条例》第二十九条提出，《条例》施行前建立的地方碳排放权交易市场，应当参照《条例》的规定健全完善有关管理制度，加强监督管理。《条例》施行后，不再新建地方碳排放权交易市场，已纳入全国碳市场的重点排放单位不再参与地方碳市场，进一步明确了区域碳市场与全国碳市场之间的关系。

第四，构建并完善了数据质量管理体系。一是构建了数据质量横向部际联合监管和纵向分级监管机制。纵向上形成了国务院生态环境主管部门至省级生态环境主管部门分级监管体制，横向上明确了生态环境部门和其他相关部门的监管职责，这种跨部门、多层级的制度设计有助于充分集成各有关部门的资源与优势，构建全国碳市场的联合监管体系。二是建立了数据质量全流程控制体系。《条例》不仅强化了重点排放单位如实报告碳排放数据义务、数据原始记录和管理台账保存义务以及相关法律责任，还进一步规定了技术服务机构的责任和监管部门的监管职责，要求重点排放单位应委托技术服务机构开展温室气体排放相关检验检测、编制年度排放报告并向省级主管部门报送，同时省级主管部门需向重点排放单位反馈核查结果。

第五，违规行为处罚力度空前加大。《条例》对重点排放单位拒不履约、重点排放单位与技术服务机构实施碳排放数据造假的违法行为的处罚力度远高于《管理办法》，同时规定了市场主体操纵市场和扰乱市场秩序等违规行为的具体法律后果。例如，在惩处碳排放数据造假行为方面，加大了对第三方技术服务机构的处罚力度，罚款方式也从区间罚款变为倍数罚款，罚款数额大幅提高，行政处罚种类显著增加。对于重点排放单位未按时足额清缴碳排放配额的情况，将未清缴配额的数量与罚款数额直接挂钩，增强了清缴履约义务的严肃性和威慑力。

（三）制度体系已全面覆盖市场运行各环节

全国碳市场运行涵盖名录管理、排放报告核算及核查、配额分配、清缴履约、登记、交易、结算等各个环节，目前生态环境部针对每个环节均已建立配套制度，细化了相关方权责，明确了操作流程及要求。其中，登记、交易、结算三个环节的制度以规则的形式发布，自发布以来持续运行；其他各环节制度在每个履约周期均根据前期实际运行情况进行调整及更新。一是登记、交易、结算制度。《管理办法》出台后，主管部门配套出台了《碳排放权登记管理规则（试行）》、《碳排放权交易管理规则（试行）》和《碳排放权结算管理规则（试行）》三个规范性文件，对碳排放权交易的各个环节进行了规范。二是核算核查相关制度。印发了《企业温室气体排放核算与报告指南 发电设施》《企业温室气体排放核查技术指南 发电设施》，从科学性、合理性、可操作性出发，对重点排放单位编制数量控制计划、排放报告，以及核查机构进行全面核实、查证过程进行指导和规范。此外，印发了《关于做好2023—2025年部分重点行业企业温室气体排放报告与核查工作的通知》等相关工作通知，对重点排放单位名录确定、报告核查时间等相关要求进行了明确。三是分配、履约相关制度。先后印发了《2019—2020年全国碳排放权交易配额总量设定与分配实施方案（发电行业）》《2021、2022年度全国碳排放权交易配额总量设定与分配实施方案（发电行业）》，明确了配额分配及清缴履约量的计算等相关事项，印发了《关于做好全国碳排放权交易市场第一个履约周期碳排放配额清缴工作的通知》《关于做好2021、2022年度全国碳排放权交易配额分配相关工作的通知》等相关工作通知，对配额及履约通知书发放流程、履约时间要求、相关保障措施进行说明。全国碳市场法律法规和政策体系持续得到强化，相关配套制度和技术规范也将跟随市场发展需要不断完善。

全国碳市场政策体系架构如图1所示。

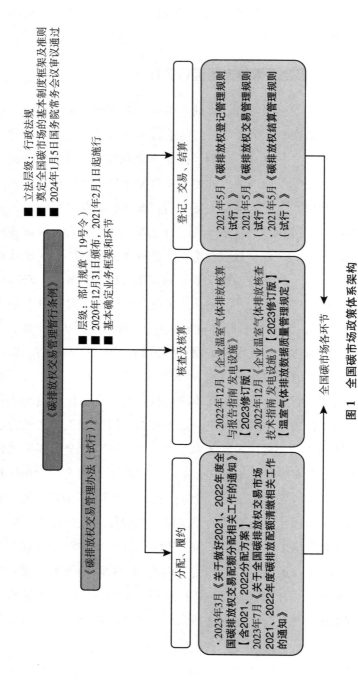

图1 全国碳市场政策体系架构

资料来源：全国碳排放权注册登记机构。

（四）两高联合发布司法解释，对数据造假进行严厉处罚

第三方造假对于全国碳市场数据质量影响较大，若不严厉惩戒，将带来不良示范效应和连锁反应。由最高人民法院、最高人民检察院、生态环境部共同修订的《关于办理环境污染刑事案件适用法律若干问题的解释》已由两高联合发布，2023 年 8 月 15 日起正式实施。该司法解释弥补了法规空白，将涉及碳排放数据造假的行为纳入刑事规制范围，明确"承担温室气体排放检验检测、排放报告编制或者核查等职责的中介组织的人员故意提供虚假证明文件"的行为情节严重的，可以认定为提供虚假证明文件罪，最高可处五年有期徒刑或者拘役，并处罚金。

二　全国碳市场运行工作的相关情况

全国碳市场参与主体主要包括生态环境部、省级生态环境主管部门、市级生态环境主管部门等主管单位，重点排放单位、符合条件的机构等市场交易主体，注登机构、交易机构等运行支撑机构，以及核查机构、咨询机构、检验检测机构等市场服务机构。从组织管理体系上看，全国碳市场采用自上而下、分层监管的管理方式推进各项工作。生态环境部负责全国碳市场的领导、建设及监督工作，与省级生态环境主管部门、各支撑单位之间建立起"生态环境部发布政策，组织协调推动数据报送与核查、交易和清缴履约等碳市场相关工作，省级生态环境主管部门根据生态环境部应对气候变化司要求组织推动本辖区内碳市场相关工作"的工作机制。

注登系统、交易系统和全国碳市场管理平台（以下简称管理平台）作为全国碳市场的重要基础设施，对全国碳市场平稳运行和健康发展起支撑作用。全国碳市场自启动上线交易以来，各基础设施平台均保持稳定高效运转，系统性能持续提升，技术体系不断完善，全国碳市场运行保持零差错、零中断，同时，各支撑平台也在持续新增各项业务功能支撑碳市场运行发展，有力保障了两个履约期圆满收官。

（一）数据质量提升相关工作情况

碳排放数据质量是全国碳市场的生命线。自 2013 年起，生态环境部组织发电、石化、建材等八大重点排放行业企业开展碳排放数据年度报送与核查。碳排放数据核算、报告与核查制度进一步完善。为强化数据质量管理，生态环境部从法律法规建设、制度完善、日常监管、工作调度与监督帮扶、能力提升及数智化管理六个维度，全面推进数据质量的提升工作，为全国碳市场的稳健运行奠定了坚实的基础。

1. 数据质量管理法律法规基础不断夯实

根据党的二十大精神、全国生态环境保护大会精神以及全国碳市场数据质量管理工作需要，生态环境部不断推进《条例》文稿的修改完善，并协同司法部开展《条例》审议发布工作。同时，生态环境部不断优化碳排放核算技术规范，针对发电行业的特性，专门制定了碳排放核查相关技术规范，以提高核查工作的规范性和准确性。此外，两高也发布了相关文件，以推进数据质量监管工作。这些措施有效提升了数据质量管理机制的法治化、科学性、合理性和可操作性，为审理涉碳案件和全国碳市场的有序发展提供了坚实的法律法规基础。

2. 数据质量管理制度体系持续完善

全国碳市场温室气体排放数据质量管理制度文件陆续出台。2022 年 12 月，规范性文件《企业温室气体排放核算与报告指南 发电设施》和《企业温室气体排放核查技术指南 发电设施》印发，强化了排放核算报告及核查技术的规范化。2021 年 10 月，《关于做好全国碳排放权交易市场数据质量监督管理相关工作的通知》发布，进一步明确了数据质量管理政策预期和重点任务，推动了全国碳市场数据质量管理长效机制的建立；2023 年 2 月，《关于做好 2023—2025 年部分重点行业企业温室气体排放报告与核查工作的通知》发布，首次明确了未来三年碳排放核算、报告与核查管理的相关工作任务，为重点排放单位提供了提前规划、合理安排时间以及按时完成任务的便利条件。

3. 数据质量日常监管工作机制逐步建立

为优化数据质量管理，生态环境部构建了"国家—省—市"三级联审长效工作机制。该机制明确了以下各级部门的职责：市级生态环境主管部门负责初步审查，省级生态环境主管部门承担技术审核任务，而国家层面则负责抽查。该工作模式确保了数据质量提升工作在重点排放单位名录管理、数据质量控制计划的编制与实施、月度数据与信息存证、排放报告与核查、核查技术服务机构评估等环节实现了全面覆盖。实施过程中，问题一经发现将迅速移交地方进行核实整改，形成了高效闭环管理工作机制。同时，自2023年起，所有省级和市级生态环境主管部门均积极参与了重点排放单位名录的确定、数据质量控制计划的编制修订以及数据和信息月度存证的审核工作，各省级生态环境主管部门还开展了核查技术服务机构工作质量评估并公开评估结果，不断压实企业碳排放数据质量管理主体责任。在这样的工作机制下，企业碳排放管理的意识显著增强。超过80%的重点排放单位配备了专职人员负责碳资产管理，另有15%的企业组建了超过10人的碳资产专业管理团队，推动碳排放月度信息化存证的及时率持续上升。

4. 工作调度和监督帮扶统筹推进

为提升企业碳排放数据质量管理能力，生态环境部在2021年5~6月组织开展了重点排放单位碳排放核查工作调研和监督帮扶，并在2021年10~12月组织了对401家全国碳市场重点排放单位开展监督帮扶工作。2022年9月，生态环境部组织召开全国碳市场数据质量监管工作调度会，听取各省级生态环境主管部门数据质量管理工作情况介绍，安排部署下一步工作。2023年，全国碳市场建设有关指标首次被纳入污染防治攻坚战考核体系。地方碳排放数据质量监管落实情况作为省级党委、政府的重要考核任务被纳入污染防治攻坚战考核指标，有效推动了地方监管力度加大，进一步强化了数据质量管理的工作导向。2023年，生态环境部统筹强化监督帮扶工作，对一些省份的发电行业重点排放单位开展现场监督帮扶。总体来说，生态环境部通过统筹推进工作调度、建立监督机制、开展帮扶系列工作，地方监管责任得到压实，执法检查严肃性提升，地方碳排放数据质量监督管理

能力得到强化，数据质量持续提高：全国碳市场自启动上线交易以来，数据质量管理类处罚案件数量占碳排放行政处罚案件数量的比例呈现先高后低的趋势，第二个履约周期相比第一个履约周期平均每家企业问题数量明显减少。

5. 数据质量管理能力建设持续开展

2023年，生态环境部为加强数据质量管理，多次组织开展专题培训活动，专题活动覆盖了各级生态环境主管部门、重点排放单位及第三方核查技术服务机构等主体，培训内容聚焦数据质量管理相关政策文件解读、排放核算报告及核查技术标准规范、管理平台操作实务、数据审核关键要点以及日常监管实践案例等，有效提升了数据质量管理水平。在省级和市级生态环境主管部门的积极推动下，2023年共开展了百余场次培训，覆盖人员超过6000人次，实现了重点排放单位的全覆盖，显著扩大了能力建设的覆盖面，为提升全国碳市场排放报告的规范性提供了有力支撑。

6. 数据质量数智化管理逐步实现

全国碳市场管理平台于2023年2月上线运行。管理平台、注册登记系统以及交易系统这三大核心基础设施的协同配合工作不断推进，全国碳市场支撑体系基本形成。管理平台能够结合数据校验规则，有效识别并校验异常数据，对存疑数据及时发出预警提示，推动了数据质量管理技术手段的不断升级。同时，管理平台为重点排放单位直报数据和核查机构开展排放报告线上核查提供信息化平台，为数据质量"三级联审"工作机制提供技术支撑，提升了全国碳市场数据质量管理的数智化水平和工作效率。

（二）配额分配情况

1. 制度研究及制定

为切实做好全国碳市场2021年度、2022年度配额分配相关工作，生态环境部充分吸取第一个履约周期工作经验及教训，遵循我国当前能源保供和经济发展要求，从总结评估、夯实数据基础、科学合理设定参数、测算不同方案影响等方面开展了大量前期准备和研究工作，多次召开专题会讨论基准值设定、配额结转、灵活机制等问题，多次组织召开研讨会听取相关部门、地方生态环境主管部门、行业协会、支撑机构、发电企业等各方意见。2023年3月15日，在报国务院审核同意后，《2021、2022年度全国碳排放权交易配额总量设定与分配实施方案（发电行业）》（以下简称《分配方案》）、《关于做好2021、2022年度全国碳排放权交易配额分配相关工作的通知》（以下简称《分配通知》）发布，明确了全国碳市场发电行业2021年度、2022年度配额核算与分配方法，对2021年度、2022年度配额预分配、配额调整、核定分配、配额预支等各项工作的时间节点、工作流程及工作要求等进行了具体安排部署。不同于第一个履约周期在后续履约相关通知中明确时间安排，2023年初的《分配通知》明确了所有分配、履约环节的具体安排，给市场主体提前释放稳定的政策信号，为重点排放单位制定全年交易、履约计划预留了充足的时间。

2. 配额发放及调整

在第一、第二个履约周期中，全国碳市场配额分配包括预分配及核定分配两个阶段。配额发放及调整工作由注登机构配合省级生态环境主管部门有序开展。在2021年、2022年预分配阶段，根据重点排放单位2021年经核查排放量的70%向其预发一部分配额，增加市场供给，确保市场的流动性，促进价格发现；在核定阶段，根据重点排放单位当年度实际生产排放情况核定其应发配额量，并对比预分配阶段多退少补。在第二个履约周期中，生态环境部全面推进、有效开展2021年度、2022年度配额发放相关工作，按照《分配通知》相关工作要求，组织31个省市（自治区）生态环境主管部门于2023年4月30日之前完成预分配文件的报送工作，于2023年8月4日之前完成核定分配文件的报送工作。注登机构协助省级生态环境主管部门通过注登系统高效、准确地完成了2257家重点排放单位预分配、核定分配、配额调整和配额预支工作，并根据全国碳市场整体从"履约周期"向"履约年度"转变的履约安排思路，分年度创建"2021年配额""2022年配额""2023年配额"等年度配额标的，为后续配额分配、数据统计分析管理、碳市场下一步深化发展等工作带来便利。

（三）交易结算情况

2021 年 7 月 16 日，全国碳市场正式上线启动交易。截至 2024 年 3 月 31 日，全国碳市场共完成 656 个交易日的清结算，累计成交 9907 笔，累计成交量 4.5 亿吨，累计成交金额 255.92 亿元。图 2 展示了全国碳市场自开市以来至 2024 年 3 月 16 日的总体成交量和成交价格趋势。

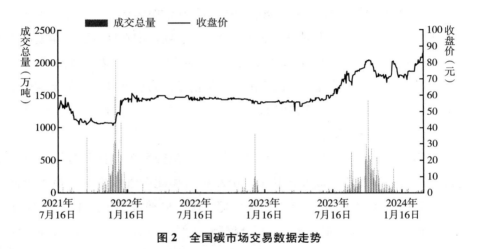

图 2 全国碳市场交易数据走势

资料来源：全国碳排放权注册登记机构。

2023 年，全国碳市场第二个履约周期共计顺利运行 242 个交易日，成交量 2.12 亿吨，较第一个履约周期增加 18.54%；成交均价 68.15 元/吨[①]，较第一个履约周期增加 59.04%，成交额 144.44 亿元，较第一个履约周期增加 88.53%，共有 1385 家重点排放单位参与市场交易，较第一个履约周期增加 25.79%。

1. 履约驱动交易活跃度提高

根据 2023 年 3 月 13 日发布的《关于做好 2021、2022 年度全国碳排放

---

① 本报告中所有均价的计算公式：均价＝成交金额/成交数量。

权交易配额分配相关工作的通知》中"确保 2023 年 11 月 15 日前行政区域 95% 的重点排放单位完成履约"的工作要求，第二个履约周期履约启动时间 和履约完成时间节点较第一个履约周期均有所提前，碳市场交易量在 2023 年下半年明显上涨。经过第一个履约周期的运行，大部分重点排放单位已掌 握交易履约流程，提前履约的意识不断增强，2023 年总成交量及成交金额 较 2021 年显著提高。①

2. 大宗协议交易成交量级较大

截至 2024 年 3 月 31 日，全国碳市场共完成大宗协议交易超 3.75 亿吨， 挂牌协议交易 7520 万余吨，成交金额分别超过 209.6 亿元和 46.4 亿元。图 3 和图 4 展示了自开市以来全国碳市场大宗协议交易与挂牌协议交易的对比 情况。

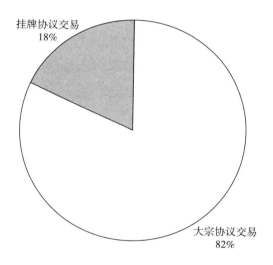

图 3　大宗协议交易、挂牌协议交易数量对比

资料来源：全国碳排放权注册登记机构。

---

① 由于 2022 年不含履约期，市场活跃度较含履约期年度整体下降，因此将含有履约期的 2021 年度交易数据与 2023 年交易数据进行对比分析。

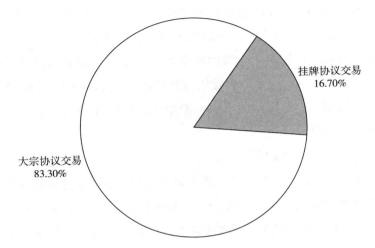

图4 大宗协议交易、挂牌协议交易金额对比

资料来源：全国碳排放权注册登记机构。

2023 年大宗协议交易比例显著提高，交易笔数占比从 2021 年的 10.37%提高到 2023 年的 21.47%，占据较大的交易份额。大宗协议交易涨跌幅度为±30%，给予了重点排放单位较大的议价空间，因此其交易均价相对挂牌协议交易方式低。重点排放单位更倾向于选择大宗协议交易方式进行交易买卖，以此降低交易频次和履约成本。

3. 交易价格稳中有升

全国碳市场整体运行平稳，价格发现机制作用日益显现，市场活跃度逐步提升。2023 年全国碳市场交易均价整体呈现上涨趋势，2023 年 12 月交易均价达到 73.25 元/吨，较 2023 年 1 月交易均价 55.72 元/吨上涨了 31.46%，较 2021 年交易均价 42.85 元/吨上涨 70.95%。图 5 对比了全国碳市场 2021 年 12 月、2022 年 12 月和 2023 年 12 月的交易均价，图 6 展示了三年间交易均价同比增长的情况，整体交易均价呈现平稳上涨的趋势，体现了配额总量控制对市场交易价格的引导作用，以碳市场为核心的碳定价机制正在逐步形成。

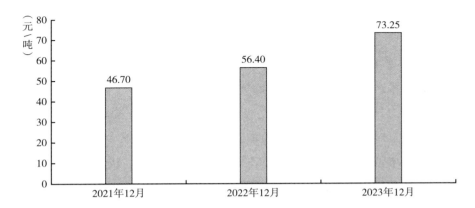

图5 2021年12月、2022年12月和2023年12月交易均价对比

资料来源：全国碳排放权注册登记机构。

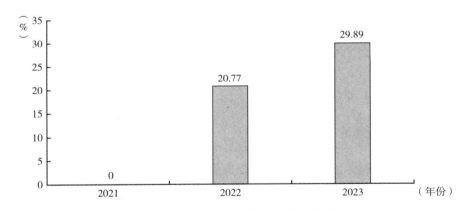

图6 2021~2023年12月交易均价同比增长

资料来源：全国碳排放权注册登记机构。

4. 多方清算对账机制保障结算零差错

为了保障结算业务的稳定运行，在生态环境部的指导下，全国碳市场借鉴证券市场运行经验，建立三方对账机制，由注登结算系统、交易系统、结算银行三方进行数据交互和核对，确认一致后，方可完成当日结算，保障清结算数据准确无误，有效防范结算风险。针对该结算模式下较为复杂的跨系统结算业务处理流程，构建"分步执行，双重复核"的业务机制，多方协

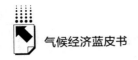

调配合，确保结算流程有序进行。2023 年，全国碳市场顺利完成 242 个交易日的清结算，共计清算 37030 笔，清算金额达 288.88 亿元，清结算工作"零失误""零差错"，保障每日交易市场平稳运行。

5. 持续推进"1+N"结算银行服务体系建设

根据《全国碳排放权注册登记系统建设施工方案》的相关要求，由注登机构与银行对接，为全国碳市场企业提供资金结算服务。考虑到全国碳市场重点排放单位分散在全国各地、较多重工业企业建设在较偏远地区、主流银行网点覆盖不全等因素，在生态环境部的指导下，注登机构搭建"1+N"结算银行服务体系，实现全国主要商业银行全覆盖。"1+N"结算银行服务体系指"引入一个支持'多银行'的结算渠道，再引入 N 个单银行结算渠道"。目前，"多银行"结算渠道行中国民生银行和单银行结算渠道行中国农业银行系统已上线运行，其他 9 家全国性商业银行联调测试也已经完成，即将上线运行。截至 2023 年 12 月 31 日，"1+N"结算体系共计为 2304 家企业提供结算服务，切实解决了偏远地区企业因主流银行网点覆盖不全而导致的开立银行账户难的问题。

（四）清缴履约情况

1. 开展制度制定研究，为履约工作提供指导

发布履约通知。为做好 2021 年度、2022 年度碳排放配额清缴相关工作，生态环境部着眼于降低可能存在的履约风险、提升各项工作的可操作性、解决重点排放单位的实际问题，结合各地方生态环境主管部门及企业在配额发放、清缴履约工作中面临的难点、堵点，组织注登机构等碳市场支撑单位全面梳理清缴履约各环节、各流程可能面临的问题和风险，制定并发布了《关于全国碳市场 2021、2022 年度碳排放配额清缴相关工作的通知》，明确了差异化配额分配、CCER 抵销、配额预支等工作流程以及相关要求。

2. 多次组织集中培训，强化提升履约能力

生态环境部分别于 2023 年 7 月和 9 月在湖北武汉、新疆乌鲁木齐举办了两场全国碳市场履约工作培训班，深入分析第二个履约期周期面临的形势与挑战，积极宣传优秀案例及先进经验，为参与全国碳市场的省级主管部门、相关支撑机构、重点排放单位解读清缴履约最新政策，强化重点排放单位履约意识，确保第二个履约周期清缴履约各项政策宣贯到位，推动履约清缴相关工作顺利开展。

3. 各地区积极落实要求，统筹协调履约工作开展

各省级生态环境主管部门建立工作调度机制，组织召开履约动员会及履约工作培训会，通过全面梳理重点排放单位配额盈缺情况、逐个实地走访、督促尽早制订履约计划、对存在配额缺口的重点排放单位开展专项帮扶、定期调度所辖区域内重点排放单位履约工作进展等多项举措，督促指导重点排放单位积极开展配额清缴。

（五）履约机制建设情况

1. 履约豁免机制

为有效减轻发电行业履约负担，2021年度、2022年度的《分配方案》延续了第一个履约周期的履约豁免机制，对燃气机组和配额缺口较大的重点排放单位实施履约豁免。与首个履约周期相比，2021年度、2022年度的《分配方案》不同点在于以增发配额量的形式实施豁免，并新增了灵活履约机制及个性化纾困机制。新的《分配方案》体现了全国碳市场对配额缺口率在10%及以上的重点排放单位和承担重大民生保障任务的重点排放单位的政策支持，有利于缓解重点排放单位履约负担，避免履约压力对部分重点排放单位的经营发展形成较大冲击。

2. 风险预警机制

全国碳排放权注册登记机构根据《关于全国碳排放权交易市场2021、2022年度碳排放配额清缴相关工作的通知》相关要求，设计了两个履约风险指数，目前两个指数均已于2021年度、2022年度履约期间通过注册系统实现自动化履约风险预警，每日及时向各省级生态环境主管部门报送重点排放单位履约风险情况，协助其开展履约风险监管。

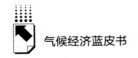
（六）总体履约情况

总体来看，全国碳市场第二个履约周期在配额分配从紧的情况下，履约完成率反较第一个履约周期提升。在第二个履约周期，重点排放单位履约时间与履约通知书发放时间及履约时间节点高度关联，共呈现两个履约高峰期。第一个高峰期为重点排放单位履约通知书发放初期。第二个高峰期为2023年11月15日前（《关于全国碳排放权交易市场2021、2022年度碳排放配额清缴相关工作的通知》要求此时各地区履约完成率达到95%）。《关于全国碳排放权交易市场2021、2022年度碳排放配额清缴相关工作的通知》明确了可使用不超过应清缴碳排放配额5%的CCER抵销2021年度、2022年度配额清缴的履约。

三　全国碳市场重点排放单位调研问卷分析

为了更全面地了解重点排放单位参与全国碳市场第二个履约周期的相关情况，进一步建立和完善符合市场需求的支撑服务体系，注登机构组织开展了第二个履约周期重点排放单位问卷调查。[①] 本次调查采用线上问卷的形式，于2024年1月25日正式发起。截至2024年2月28日，共收回有效问卷998份。[②] 其中中央企业、地方国有企业、民营企业和外资企业占比分别为31.96%、31.56%、25.95%和3.41%，涵盖4类机组的比例分别为22.65%、36.97%、36.67%和8.12%，调查结果具有一定代表性。调查内容包括重点排放单位参与第二个履约周期主要成效、对全国碳市场运行现状及下一步发展的看法和建议两部分，问卷调查结果具体情况如下。

---

① 调查问卷名称为《全国碳市场第二个履约周期重点排放单位问卷调查报告》。
② 其中，5大发电集团旗下共有618家重点排放单位，该部分企业由碳资产管理公司作为代表填写，故该问卷可覆盖70%以上的第二个履约周期重点排放单位调查意向。

（一）重点排放单位碳资产管理意识逐步提高

人员规模方面，近80%的企业在第二个履约周期配备了专人管理碳资产。其中，大部分（71.04%）受访企业的碳资产管理人员数量为1~10人。40家（4.01%）受访企业建立了超过100人的管理团队对碳资产进行集中管理（见图7）。

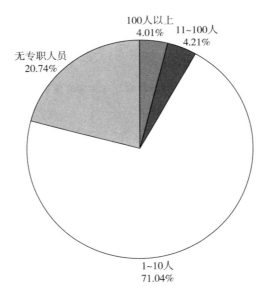

图7　企业碳资产管理人员规模情况

资料来源：全国碳排放权注册登记机构。

管理制度方面，超过90%的受访企业建立了数据质量管理、人员管理、资金管理等内部管理制度，相较于第一个履约周期上升12%（见图8）。总体来看，经过第一个履约周期的实践，第二个履约周期重点排放单位的碳资产管理意识显著增强，对参与碳市场工作的重视程度也有所提升。

（二）碳排放数据报送的准确性进一步加强

在碳排放数据关键参数检测方面，约93%的重点排放单位在第二个履约周

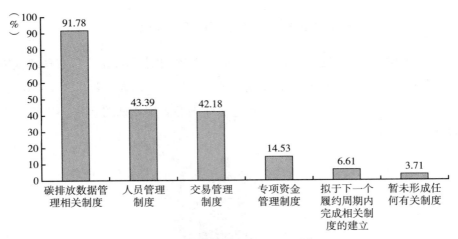

图8 企业碳资产管理制度建立情况

资料来源：全国碳排放权注册登记机构。

期按照《企业温室气体排放报告核查指南》要求委托符合要求的检测机构对元素碳的含量进行了实测，相较于第一个履约周期上涨21%（见图9）。

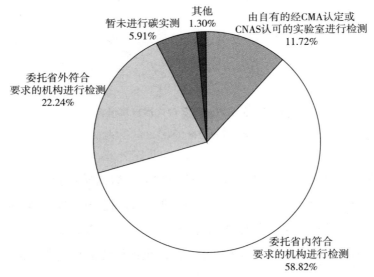

图9 企业碳实测方式

资料来源：全国碳排放权注册登记机构。

重点排放单位碳排放数据报送的准确性方面，超过96%的企业报送的第二个履约周期内的温室气体排放报告结论与最终核查结果基本一致，相较于第一个履约周期上涨1%（见图10）。这反映了第二个履约周期重点排放单位报送碳排放数据的准确性和真实性进一步提升。

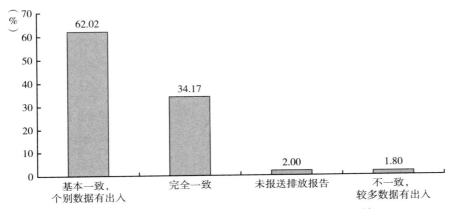

图10　企业温室气体排放报告中的结论与核查结果对比情况

资料来源：全国碳排放权注册登记机构。

（三）重点排放单位主动参与交易的意愿和能力有所提升

重点排放单位参与市场交易的意愿和能力是建成更有活力碳市场的重要前提条件。从市场交易情况来看，全国碳市场第二个履约周期碳排放配额累计成交量达到2.12亿吨，较第一个履约周期增加18.54%；成交额达到144.44亿元，较第一个履约周期增加88.53%。接近30%的受访企业在配额分配方案出台前即提前开展碳盘查，预测配额盈缺情况，并结合市场动向提前开展交易活动，还有约20%的企业在分配方案出台后能够通过主动评估配额盈缺情况，提前制订交易计划并开展交易活动（见图11）。这表明，通过近三年的实践，重点排放单位参与市场交易的主动性、积极性和能力均得到了提升。

同时，在配额管理方面，70%以上的受访企业会通过自主研究或委托专业机构的方式提前对拟分配的配额进行核算（见图12）；此外，还有23家受访企业通过配额质押实现了融资渠道的扩展。上述行为体现了重点排放单

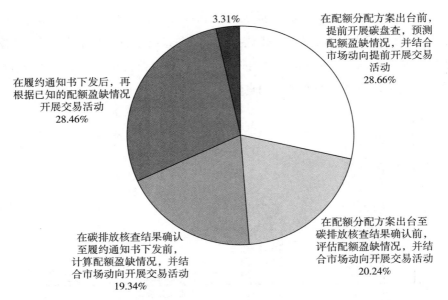

3.31%

在配额分配方案出台前，提前开展碳盘查，预测配额盈缺情况，并结合市场动向提前开展交易活动
28.66%

在履约通知书下发后，再根据已知的配额盈缺情况开展交易活动
28.46%

在配额分配方案出台至碳排放核查结果确认前，评估配额盈缺情况，并结合市场动向开展交易活动
20.24%

在碳排放核查结果确认至履约通知书下发前，计算配额盈缺情况，并结合市场动向开展交易活动
19.34%

图11 企业参与市场交易策略

资料来源：全国碳排放权注册登记机构。

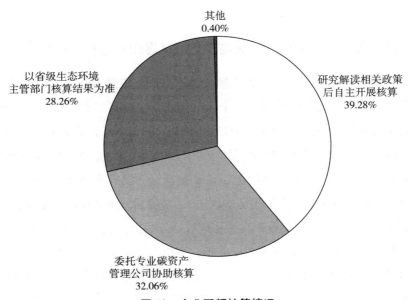

其他
0.40%

以省级生态环境主管部门核算结果为准
28.26%

研究解读相关政策后自主开展核算
39.28%

委托专业碳资产管理公司协助核算
32.06%

图12 企业配额核算情况

资料来源：全国碳排放权注册登记机构。

位在配额管理方面的积极态度和专业化趋势。

在履约管理方面，超过50%的受访企业在第二个履约周期尝试通过CCER抵销机制降低履约成本。由于市场供给不足，约28%的企业未能完成抵销计划，但反映了企业通过使用CCER等方式降低成本的履约管理意识初步形成。其中，8.42%的受访企业在碳配额盈余的情况下，仍然使用CCER抵销配额清缴，并保留盈余配额，实现了碳资产的保值增值（见图13）。

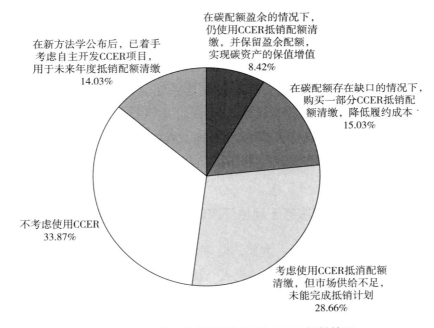

图13　企业第二个履约周期使用CCER抵销情况

资料来源：全国碳排放权注册登记机构。

在第二个履约周期履约完成情况较好的基础上，99%以上的企业表示会在履约截止日前完成第三个履约周期履约工作。其中超过60%的企业表示将提前准备并在履约相关要求明确后第一时间主动完成履约（见图14）。这表明，经过两个履约周期的实践，重点排放单位的履约意识和管理能力都显著增强，并且已初步建立了以目标和工作任务为导向的工作机制，为未来保障全国碳市场履约率提供了坚实的基础。

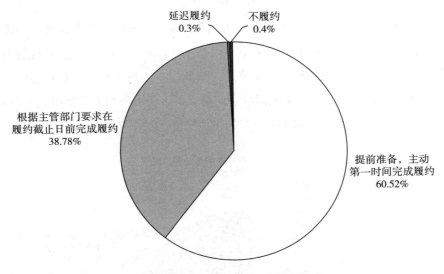

图 14　第三个履约周期企业履约策略

资料来源：全国碳排放权注册登记机构。

（四）初步建立了服务于绿色低碳转型的资金管理体系

在绿色低碳转型资金投入方面，近70%的受访企业在纳入全国碳市场管理后对绿色低碳转型进行了专项投入，其中近9%的企业投入金额过亿元（见图15）。

在交易专项资金设立方面，约24%的企业完成碳排放权交易专项资金的设立，为开展配额交易和履约清缴提供灵活性保障，另有约57%的企业将交易专项资金设立列入工作计划（见图16）。

在通过出售碳配额以及碳金融工具所获资金使用方面，约65%的受访企业将该部分资金用于加大节能减排相关投入，此外，该部分资金还主要用于补充日常运营流动资金和用作交易专项资金（见图17）。总体而言，纳入全国碳市场管理的企业已初步积累通过建立资金管理体系更好地服务于配额交易、履约清缴以及绿色低碳转型方面的经验。

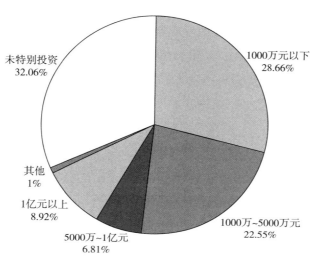

图 15　企业绿色低碳转型资金投入规模

资料来源：全国碳排放权注册登记机构。

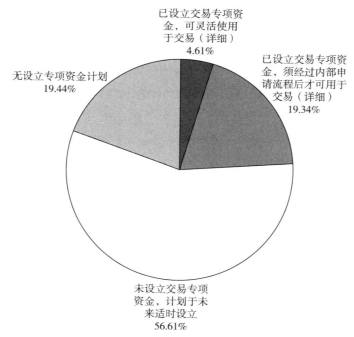

图 16　企业碳排放权交易专项资金设立情况

资料来源：全国碳排放权注册登记机构。

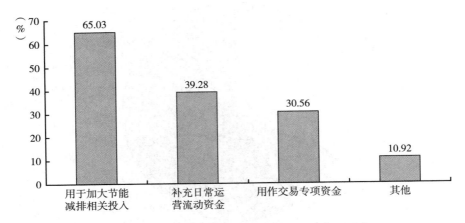

图17 出售碳配额及碳金融工具所获资金主要用途

资料来源：全国碳排放权注册登记机构。

（五）全国碳市场第三个履约周期有关安排

根据问卷调查结果，大部分受访企业（超过60%）建议在第三个履约周期尽早发放预分配配额、尽早发放履约通知书、尽早公布CCER抵销细则和流程（见图18）。部分企业呼吁在第三个履约周期纳入更多行业、允许非履约机构参与以及支持多元化碳资产融资工具发展。此外，部分企业也提出了希望在第三个履约周期建立合理的市场调节机制、刺激盈余企业出售配额、稳定市场价格以及通过政府拍卖为缺口企业增加配额购买渠道等方式解决配额惜售问题。

针对上述第三个履约周期广受市场关注的部分重点问题，本问卷进行了进一步调查。调查结果如下。

一是关于逐步推行免费和有偿相结合的分配方式的时机。约18%的企业希望早日推出该机制，认为免费和有偿相结合的分配方式将有助于促进企业转型发展；约29%的企业暂不希望引入该机制，建议在市场机制进一步完善后开展；约39%的企业不希望引入该机制，认为有偿分配会增加企业成本；剩余近14%的企业则对有偿分配对企业的影响缺乏了解（见图19）。

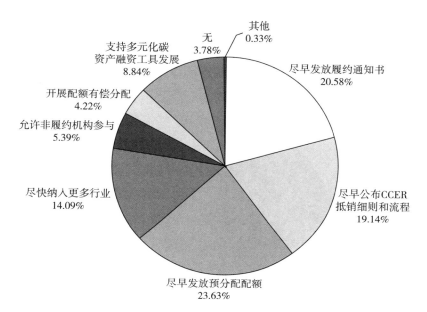

图 18 企业对第三个履约期全国建设的建议

资料来源：全国碳排放权注册登记机构。

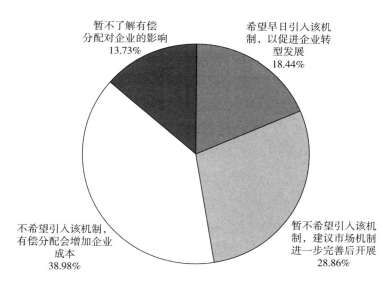

图 19 企业对有偿分配机制的看法

资料来源：全国碳排放权注册登记机构。

二是关于符合国家有关规定的其他主体参与交易的时机。约51%的企业支持尽快允许其他主体参与碳排放权交易，认为该举措可进一步提高全国碳市场活跃度；约16%的企业则建议行业覆盖范围进一步扩大后再行考虑；不支持其他主体参与交易或不了解其他主体参与影响的企业各占约16%（见图20）。

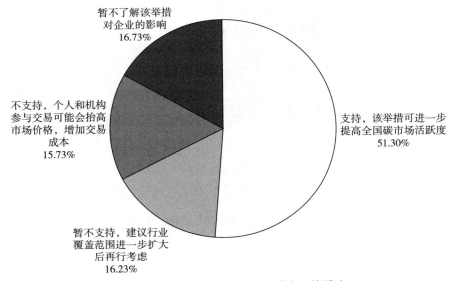

暂不了解该举措
对企业的影响
16.73%

不支持，个人和机构
参与交易可能会抬高
市场价格，增加交易
成本
15.73%

支持，该举措可进一步
提高全国碳市场活跃度
51.30%

暂不支持，建议行业
覆盖范围进一步扩大
后再行考虑
16.23%

图20 企业对机构和个人纳入碳市场的看法

资料来源：全国碳排放权注册登记机构。

三是关于全国碳市场扩大行业覆盖范围的进展和计划工作。其中大部分企业（近60%）认为应优先纳入排放量大、数据管理规范的行业，然后逐步完成八大行业的纳入；约19%的企业认为应当尽快一次性纳入八大行业；此外，有少量企业（约3%）认为全国碳市场无须进行行业扩容（见图21）。

四是关于碳排放权质押贷款等金融工具的规范开展。约36%的企业认为应通过全国碳市场注登机构实行集中统一质押登记，有效保障企业碳资产安全，降低信用风险，提高融资规模。约35%的企业认为应出台《碳排放权质押业务实施细则》，为全国碳排放权质押业务提供制度保障。同时，近35%的企业认为应提前进行配额分配，为碳排放权质押贷款等金融创新业务开展创造条件（见图22）。

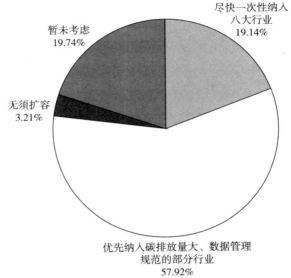

图 21　企业对行业扩容的看法

资料来源：全国碳排放权注册登记机构。

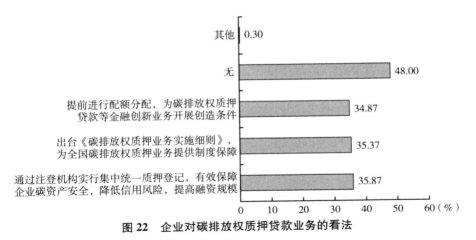

图 22　企业对碳排放权质押贷款业务的看法

资料来源：全国碳排放权注册登记机构。

　　综上所述，根据问卷调查结果，总体来说，大部分受访企业对于全国碳市场下一阶段扩大行业覆盖范围、允许符合国家规定的其他主体参与市场交易持相对积极的态度；而对推行免费和有偿相结合的分配方式的态度则相对

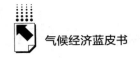

谨慎；在碳排放权质押贷款等金融工具的创新和应用方面，有关制度的缺失和注登系统的统一质押登记职能暂未实现则是现阶段难以满足企业融资需求的主要因素。

四　全国碳市场建设成效评估

（一）制度体系基本搭建，保障碳市场建设达到预期

自全国碳市场建设和上线运行以来，生态环境部通过制定发布《碳排放权交易管理办法（试行）》、配套市场规则、核算核查及分配履约方面的技术规范，基本明确了全国碳市场具体的工作要求和指导规范。同时，2024年《条例》的出台进一步完善了顶层制度设计，加强了对全国碳市场配额分配、清缴履约、排放核算核查、登记、交易、结算等全环节的公平性、公正性、透明性的保障。总体来说，全国碳市场已经构建了行之有效的制度框架体系，打通了各关键流程环节，制度体系建设工作已基本达到预期效果。

（二）全国碳排放数据质量管理体系逐步完善、管理水平显著提升

在数据质量方面，涉碳司法解释接连出台，立法进程不断加速，法治监管进一步强化，为司法机关审理涉碳案件提供了有力的审判指导，形成了有效的司法震慑。同时，全国碳市场核算报告和核查制度体系逐步完善，构建了数据质量管理"国家—省—市"三级联审长效工作机制，形成市级主管部门初审、省级主管部门技术审核、国家抽查的工作模式，碳排放月度信息化存证及时率持续保持100%，平均每家企业在数据管理方面存在的问题数量明显下降，数据质量问题被及时消灭在"萌芽"阶段。

（三）两个履约周期顺利结束，分配及履约机制更加完善

在第一个履约周期，市场配额整体存在富余情况。生态环境部通过

不断完善《配额分配方案》，实现了第二个履约周期配额的基本平衡。在第二个履约周期，全国碳市场共纳入发电行业重点排放单位 2257 家，年覆盖二氧化碳排放量超过 50 亿吨，履约完成率超过99%[①]，各项数据持续维持在较高水平。同时，经过第一个履约周期的运行，企业逐渐掌握了交易履约流程，提前履约意识不断增强。在第二个履约周期整体履约进度提前的情况下，企业参与交易的积极性明显提升，参与交易的企业占总数的82%，比第一个履约周期上涨了近 50%。预计在第三个履约周期，履约考核机制和履约管理机制将持续优化，履约监督将不断强化，国家层面主导、各部门通力协作、专业机构实施、地方和行业积极参与的良好局面将加速形成，全国碳市场的减排效率和市场运行的透明度也将逐步提高。

（四）交易价格稳中有升，价格发现机制作用初步显现

全国碳市场的配额分配逐年收紧对市场交易价格具有一定的引导作用。2021~2023 年，交易均价从 42.85 元/吨平稳上涨至 68.15 元/吨。整体来看，市场运行健康有序，交易规模逐渐扩大，交易价格稳中有升，价格发现机制作用初步显现，市场活力逐步提高。尽管如此，全国碳市场也存在一定问题：一是由于现阶段全国碳市场仅纳入发电行业，市场规模和需求均有限；二是二级交易市场暂未向重点排放单位以外的机构与个人开放，参与主体受限、市场活跃度不足；三是市场交易的履约潮汐现象较明显，日均成交分布差异极大，市场换手率偏低。针对以上问题，生态环境部正在制定丰富市场主体路线图，推进创新交易方式、推动基于碳排放权的投融资活动、进行符合中国实际的碳价格信号相关研究，分阶段、有序地完善市场机制和市场碳定价功能。

---

① 黄润秋：《深入学习贯彻全国生态环境保护大会精神 以美丽中国建设全面推进人与自然和谐共生的现代化——在2024年全国生态环境保护工作会议上的工作报告》，《中国生态文明》2024 年第 1 期。

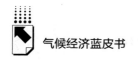
（五）提升社会减排意识，带动绿色低碳发展

全国碳市场推动重点排放单位树立了"排碳有成本、减碳有收益"的低碳发展意识，超80%的重点排放单位设置了专职人员负责企业碳资产管理，表明纳入全国碳市场的重点排放单位正在主动探索建立智能化、数字化的碳管理方式，及时关注市场动向，积极开展配额交易及清缴履约相关工作。同时，部分重点排放单位在积极完成清缴履约业务的基础上，加大力度履行社会责任，在注登系统自愿注销累计约8.87万吨全国碳配额，实现杭州亚运会、2023年六五环境日国家主场等24场重要活动碳中和，助力绿色低碳社会新风尚的形成。

（六）国际影响力进一步提升，树立全球减碳积极典范

经过两个履约周期的运行，全国碳市场的国际影响力稳步提升，为全球碳减排事业树立了积极典范，在国际上赢得了广泛的赞誉与认可。全国碳市场在一系列体制机制上的创新，如设定科学合理的碳排放权分配方案、进行严格细致的数据质量管理、统筹考虑碳减排和经济社会发展关系设计的履约管理机制等，展示了高度的透明度和规范性，提供了可信赖的机制设计范本，为全球碳市场体系贡献了宝贵的"中国经验"和"中国智慧"。同时，全国碳市场的建设充分体现了我国应对气候变化和推动绿色可持续发展的坚定决心和务实实践，成为我国积极参与、引领全球气候治理的有力见证。

五　全国碳市场与碳边境调节机制

欧盟通过的CBAM，涉及的贸易总量和碳排放总量表面上看并不多，但却开启了一条直接影响全球产业和企业的碳减排通道，对促进全球碳减排影响深远，应给予高度重视。CBAM的实施，初期和最直接的影响是能源密集型出口产品，主要是钢铁和铝。长期来看，CBAM的影响会非常深刻和复

杂，尤其是如果发达国家集团形成统一碳关税壁垒、碳关税覆盖行业和产品大幅度扩大，则对中国和其他发展中国家都会是一个不可忽视的重大挑战。如何完善我国全国碳市场机制，服务企业应对 CBAM 等绿色贸易壁垒将是我国面临的重大课题之一。

（一）CBAM 覆盖范围、核算方法及定价机制

在 CBAM 下，进口非欧盟国家碳密集型产品的欧盟进口商，需要依照每年进口商品碳排放总量购买等额碳排放权许可证（Carbon Certificates）。其中，欧盟碳市场覆盖的国家和地区和已与欧盟签订碳排放权交易系统链接协议的国家和地区无须缴纳碳关税。

1. 覆盖范围

CBAM 的范围以产品为基础，将确定设施排放的方法学转化运用到产品上，通过规则制定将系统边界从生产场所缩小到产品层面。覆盖的温室气体为二氧化碳、氧化亚氮及全氟碳化物。

CBAM 行业的纳入遵循三个原则：一是该行业排放量高、贸易量大，因此带来的碳泄漏风险高；二是该行业能够涵盖欧盟碳交易体系下的大量温室气体排放；三是纳入具有实际可行性。目前，CBAM 的征收范围为进口至欧盟的水泥、钢铁、铝、化肥、电力和氢（见表1）。欧盟 CBAM 法案文本对考虑直接排放和间接排放的行业的产品进行了明确规定。目前，钢铁、铝、化学品行业，仅需考虑直接排放，而水泥、电力、化肥行业则需同时考虑直接排放和间接排放。

表1 CBAM 法案覆盖的行业及具体产品

大类	代码	产品类型	温室气体
水泥	25230080	其他高岭土	二氧化碳
	25231000	水泥熟料	二氧化碳
	25232100	白色硅酸盐水泥,不论是否人工着色	二氧化碳
	25232900	其他硅酸盐水泥	二氧化碳

续表

大类	代码	产品类型	温室气体
水泥	25233000	矾土水泥	二氧化碳
	25239000	其他水凝水泥	二氧化碳
电能	27160000	电力能源	二氧化碳
肥料	28080000	硝酸;磺硝酸	二氧化碳和氧化亚氮
	2814	无水氨及氨水	二氧化碳
	28342100	硝酸钾	二氧化碳和氧化亚氮
	3102	矿物氮肥及化学氮肥	二氧化碳和氧化亚氮
	3105	含氮、磷、钾中两或三种肥效元素的矿物肥料或化学肥料;其他肥料;每包毛重不超过10千克的片剂或其他包装的肥料(排除31056000,仅含磷、钾肥效元素的矿物或化肥)	二氧化碳和氧化亚氮
钢铁	72	钢铁(排除:72022,硅铁;72023000,硅锰铁合金;72025000,硅铬铁;72027000,钼铁;72028000,铁钨合金和矽钨铁;72029100,钛铁合金和硅钛铁合金;72029200,钒铁;72029300,铌铁;720299,其他;72029910,磷铁;72029930,稀土硅镁铁;72029930,其他;7204,钢铁废碎料;供再熔的碎料钢铁锭)	二氧化碳
	26011200	烧结铁矿石和精矿,焙烧黄铁矿除外	二氧化碳
	7301	钢铁板桩,不论是否钻孔、扎眼或组装;焊接的钢铁角材、型材及异型材	二氧化碳
	7302	铁道电车道铺轨用钢铁材料,包括钢轨、护轨、齿轨、道岔尖轨、辙叉、尖轨拉杆及其他岔道段体、钢铁轨枕、钢铁鱼尾板、轨座、轨座楔、钢轨垫板、钢轨夹、底板、固定板及其他专门用于连接或加固路轨的材料	二氧化碳
	730300	铸铁管及空心异型材	二氧化碳
	7304	无缝钢铁管及空心异型材(铸铁的除外)	二氧化碳
	7305	其他圆形截面钢铁管(例如,焊、铆及用类似方式结合的管),外径超过406.4毫米	二氧化碳
	7306	其他钢铁管及空心异型材(例如,辊缝、焊、铆及类似方法结合的)	二氧化碳
	7307	铁钢管材附件(例如,接头、肘管、管套)	二氧化碳

续表

大类	代码	产品类型	温室气体
钢铁	7308	钢铁结构体（标签 9406 的活动房屋除外）及其部件（例如，桥梁或桥梁分段、闸门、塔楼、格构杆、屋顶、屋顶框架、门窗及其框架、门槛、百叶窗、栏杆、支柱及立柱），上述结构体用的已加工钢铁板、杆、角材、型材、异型材、管子及类似品	二氧化碳
	730900	盛装物料用的钢铁围、柜、桶、罐、听及类似容器（装压缩气体或液化气体的除外），容积超过 300 升，不论是否内衬或隔热，但不装有机械或热力装置	二氧化碳
	7310	盛装物料用的钢铁围、柜、桶、罐及类似容器（装压缩气体或液化气体的除外），容积不超过 300 升，不论是否内衬或隔热，但不装有机械或热力装置	二氧化碳
	731100	装压缩或液化气体的钢铁容器	二氧化碳
	7318	螺钉、螺栓、螺母、方头螺钉、螺钉挂钩、铆钉、开口销、垫圈（包括弹簧垫圈）及类似钢铁制品	
	7326	其他钢铁制品	
铝	7601	未锻轧铝	二氧化碳和全氟化碳
	7603	铝粉及片状粉末	二氧化碳和全氟化碳
	7604	铝条、杆、型材及异型材	二氧化碳和全氟化碳
	7605	铝丝	二氧化碳和全氟化碳
	7606	铝板、片及带，厚度超过 0.2 毫米	二氧化碳和全氟化碳
	7607	铝箔（不论是否印花或用纸、纸板、塑料或类似材料衬背），厚度（衬背除外）不超过 0.2 毫米	二氧化碳和全氟化碳
	7608	铝制管	二氧化碳和全氟化碳
	76090000	铝制管附件（例如，接头、肘管、管套）	二氧化碳和全氟化碳
	7610	铝结构（不包括项目 9406 的装配式建筑）和部分结构（例如，桥梁和桥段、塔、格构桅杆、屋顶、屋顶框架、门窗及其框架以及门、栏杆、柱子和柱的门槛）；结构用铝板、棒材、型材、管材等	
	76110000	铝储液器、储罐、大桶和类似容器，用于任何容量超过 300 升的材料（压缩气体或液化气体除外），无论是否内衬或隔热，但未安装机械或热力设备	

大类	代码	产品类型	温室气体
铝	7612	铝制容器、圆桶、罐头、盒子和类似容器（包括刚性或可折叠管状容器），用于任何材料（压缩或液化气体除外），容量不超过300升，无论是否有内衬或隔热，但未安装机械或热力设备	
	76130000	压缩或液化气体用铝制容器	
	7614	非电绝缘铝绞线、电缆、编织带等	
	7616	其他铝制品	
化学品	280410000	氢	二氧化碳

资料来源：中华人民共和国海关总署：《中华人民共和国海关进出口商品规范申报目录（2023年版）》，2022年12月30日，http://gdfs.customs.gov.cn/customs/302249/302270/302272/4764243/index.html，访问日期：2024-05-14。

2. 碳核算方法①

CBAM采用以"实际排放"为原则、以"默认值"为补充的方法确定隐含碳排放，对于电力以外的货物原则上按照实际排放来确定，如果实际排放无法核实，则采用默认值。默认值应根据最佳数据原则来确定，对出口国应税产品的平均排放强度加成一定比例。当出口国无法提供可靠数据时，则以欧盟同类产品生产商（表现最差的前10%）的平均排放强度来确认默认值。同时，在确定了核算方法的基础上，CBAM建立了第三方核查机制。核查机构包括符合欧盟现行规则（第2018/2067号实施条例）获得认证的核查机构，以及经由欧盟成员国的国家认证机构检验证明某机构具备相关能力后，认证其为适用本条例的核查机构。

3. 定价机制

CBAM证书的价格由欧盟碳市场配额在拍卖平台的前一周平均收盘价决定。在出口商向原产国支付了产品的碳排放费用的情况下，申报人需持有出口商提供的相关证明抵扣相关碳成本。此外，CBAM证书的免费分配比例与

---

① 李全伟、吴迪、王岸宇：《欧盟碳边境调节机制对我国影响几何？》，《环境经济》2023年22期。

欧盟碳市场免费配额削减计划基本保持一致。简言之，CBAM 的基础是欧盟碳排放交易体系，碳价直接反映碳关税的未来定价。[①]

（二）欧盟碳边境调节机制对我国的影响

1. 出口产品的隐含碳核算工作难度加大

按照 CBAM 实施细则，出口商 2023 年 10 月 1 日起就需逐年报告商品的隐含碳排放量，而我国相较于欧盟仍面临着核算边界不统一、核算数据基础薄弱及核算成本较高等问题。我国全国碳市场仅纳入发电行业，虽然已重点组织开展了钢铁、水泥和化工等高排放行业的数据核算、报送与核查工作，但核算基准是以企业和设施为边界，并不以产品为边界。基于产品边界的碳核算技术复杂性较大，需投入大量专业人力，成本之高并非单个企业所能承担。此外，我国碳市场建设相比欧盟晚，与 EU ETS 的碳核查水平存在一定差距，双方碳核查水平不同，叠加中欧生产工艺和原材料差异等因素，CBAM 提供的默认值并不能准确评估我国出口产品的隐含碳排放量。

2. 对欧盟等发达国家出口的不确定性风险加大

欧盟 CBAM 提案仅允许对已加入 EU ETS 的国家或其碳市场已与 EU ETS 完全连接的国家提供豁免，并未提及给包括最不发达国家在内的其他任何国家提供特殊待遇，正式实施阶段的行业覆盖范围、如何量化不同国家之间的气候政策、如何实施碳价抵扣等许多政策都悬而未决。此外，以美国为首的发达国家已经开始对碳关税持支持或开放态度，美国贸易代表办公室在 2021 年 3 月出台的《2021 年贸易政策议程及 2020 年美国总统关于贸易协定方案的年度报告》中，明确表示将考虑把碳边境调节税纳入贸易议程，加拿大就碳关税已分别与美国和欧盟进行了会谈，这意味着我国对欧盟等发达国家出口的不确定风险将持续加大。

3. 我国产业转型升级机遇与挑战并存

一方面，我国碳密集型产业有可能会受到冲击。占中欧出口贸易总额近

[①] 曹慧：《欧盟碳边境调节机制：合法性争议及影响》，《欧洲研究》2021 年第 6 期。

45%的机械机电设备等产品涉及出口额达 2000 多亿美元,本质上是钢材和铝材的延伸品,所以短期来看,钢铁和铝将成为第一波受到冲击的行业。以2021 年为例,中国对欧盟出口 CBAM 项下铝产品总计 38.2 万吨,出口钢铁376.3 万吨。2021 年欧盟的碳交易平均价格为 56 欧元/吨,而中国碳市场自开市以来日成交均价在 40 元/吨至 60 元/吨之间波动。按照 2021 年平均汇率计算,CBAM 实施带来的直接损失将达 58.70 亿元。若以 2023 年 2 月欧盟碳价 100 欧元/吨计算,预计额外成本会增至 110.92 亿元,约占 2021 年钢铁和铝的全部出口总额的 2%。在当前中欧碳价差异巨大的背景下,CBAM 将会导致我国工业领域的成本效率下降,出口企业税收成本提升,出口产品竞争力被削弱。由于我国钢铁、铝等制造业产品主要出口欧盟、美国和日本等发达国家,未来如果美国、英国及日本等国效仿欧盟,或者 CBAM纳入间接排放及更多的行业,多重因素叠加,我国以钢铁和铝为代表的高碳产业所面临的潜在风险及间接影响不容乐观,额外成本将超 100 亿元。

另一方面,清洁技术产业将迎来"绿色机遇"。我国在可再生电力、绿氢以及碳捕集与封存利用领域具有技术和市场规模上的优势。以风机制造业为例,全球制造的风力涡轮机部件有一半来自中国,十大制造商中有六家来自中国。欧洲从中国进口的风力涡轮机价值从 2019 年的 2.11 亿欧元增至2022 年的 6 亿欧元,使我国成为欧盟最大的风力涡轮机和太阳能板的供应国。[①] 因此,CBAM 的实施有望拉动中国光伏等新能源行业的长足发展,推动中欧在能源转型领域的投资和贸易合作,用以对冲"绿色贸易壁垒"的影响。例如,化工巨头巴斯夫就于 2022 年在广东启动总投资约 100 亿欧元的一体化基地建设项目,也与国家电投签署了为期 25 年的绿电供应框架协议。

总体而言,现阶段 CBAM 覆盖产业与我国对欧出口主要产业重叠规模有限,在短期内对我国产业发展的负面影响有限,但考虑到 CBAM 将扩大

---

① 欧洲风能协会:《欧洲风能——2020 年统计与未来五年展望》,https://finance.sina.com.cn/esg/ep/2021-04-16/doc-ikmyaawc0024303.shtml,访问日期:2024-5-12。

覆盖范围、中欧碳价差异较大等，其可能产生的长期影响不容小觑。同时，CBAM 的实施将在一定程度上倒逼我国高碳产业的绿色发展和技术创新，新能源等低碳产业存在巨大的发展空间，我国产业转型升级的机遇与挑战并存。

（三）全国碳市场应对 CBAM 分析

国际社会绿色贸易壁垒高筑，我国应对发达国家碳关税政策的压力逐步增加。全国碳市场功能进一步完善、行业覆盖范围逐步扩大、有偿分配适时引入、碳价有效性不断提升都有助于将我国出口企业可能缴纳给欧盟的碳边境调节税费合法保留在国内。因此，深化全国碳市场发展，积极应对绿色贸易壁垒已成为必然趋势。

一是构建完善科学互认的 MRV 体系。准确可靠的碳排放数据是出口商积极有效应对 CBAM 的基础。自 2011 年我国地方试点启动碳市场以来，各地区在实践中积累了一定的碳排放核算经验，部分高排放行业已有一定的数据核算基础，但仍存在方法体系相对落后、碳排放因子统计基础偏差大、核算结果缺乏年度连续性等现实问题。随着全国碳市场的平稳发展，我国应加强对 CBAM 具体实施方案的研究，特别是要及时了解和掌握欧盟针对高碳产品出台的碳排放量核算准则，尽快完善碳核算的基础性工作，建立重点产品碳排放因子库体系；加快建立重点产品碳足迹管理体系，提高碳排放量统计数据的准确性和时效性。建立科学成熟和国际互认的 MRV 体系，提升碳核算技术水平。

二是有序推动全国碳市场行业扩容。目前，我国碳市场建设还存在定价机制有待完善、市场主体与交易品种单一等问题。在适度从紧、循序渐进地推进全国碳市场平稳健康发展的前提下，可参考欧盟 ETS 的做法，分阶段扩充行业覆盖范围，引进多主体，丰富碳交易品种，提升市场活跃度。可以优先将试点经验丰富且受 CBAM 影响较大的钢铁、铝、水泥、石化等行业纳入全国碳市场。逐步扩大全国碳市场行业范围、提升管控行业碳排放量占总排放量的比例等，积极应对 CBAM 对我国贸易的影响。

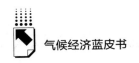

三是争取欧盟 CBAM 豁免额。合理调整重点行业的配额分配方案，推动全国碳市场逐步提升有偿分配比例，在充分考虑经济社会安全稳定运行前提下增加部分出口型企业在国内支付的碳成本，并制定相关政策优惠措施，保障企业利益。加强中欧对话，在 CBAM 政策框架下争取欧盟认可我国出口企业在全国碳市场或其他治碳政策下支付的碳成本，推动符合《巴黎协定》、WTO 规则要求的互认和豁免机制尽快建立。

四是加强与国际组织的交流与合作。立足我国已有的碳市场基础设施平台，广泛开展气候问题国际交流活动，加强南南合作。以建设"一带一路"绿色发展国际联盟为契机，主动加入国际碳市场磋商与交流机制，积极参与国际碳定价标准的制定。进一步加强与国际碳交易机制间的政策协调，增加我国在气候问题上的话语权，确立中国在全球碳市场上的重要地位，多措并举减轻 CBAM 带来的冲击与影响。

总之，健全完善我国碳市场交易机制，逐步扩大碳交易市场行业覆盖范围，尽快将发电企业之外的其他工业行业纳入碳交易体系，拓展交易主体范围，并通过法律法规或政策对政府所分配的碳配额及通过项目产生的由政府签发的碳信用明确赋予资产地位从而获得国家保护。在此基础上，通过不断加快我国碳市场建设，形成有效的碳定价机制，引导社会和企业投资于碳中和技术，加速零碳经济社会转型，这是全国碳市场对冲和应对 CBAM 的根本手段。

六 全国碳市场发展展望

下一步，全国碳市场将按照习近平总书记提出的最新要求，根据《条例》持续完善相关配套制度体系；加速行业和市场主体扩容，提升市场流动性和碳价的有效性；建立健全温室气体排放数据日常监管和技术审核制度，持之以恒地抓好数据质量日常监管；加强碳交易管理和第三方机构监管等。本报告对全国碳市场未来发展做如下展望。

（一）制度体系建设不断完善

生态环境部、碳市场各管理机构将进一步对《条例》进行全方位的宣传贯彻，明晰各参与方职责，规范碳交易及相关活动程序，加强风险防范和监督管理。现行部门规章、技术规范和相关管理规则修订工作将依据《条例》有序推进，持续提升制度的规范性和有效性。不断出台碳交易、碳金融、碳排放数据管理等政策文件，补齐碳市场机制制度短板，建设法治、高效、稳定的全国碳市场。

（二）监管水平持续提升

基于《条例》及后续释义文件，生态环境部将不断加大碳市场违规违法行为惩处力度，持续健全和完善信息公开和征信惩戒管理机制。依据《条例》厘清各部门监管职责，建立多部门、多层级联合的长效市场监管机制，压实重点排放单位主体责任，强化日常监管。同时，全国碳市场将充分利用大数据、区块链等新技术提升数据质量管理效能，建立统一完善规范的数据管理技术规范体系，建立常态化能力构建机制，建立完善碳排放管理员等职业资格管理机制。

（三）扩容工作稳步推进

根据生态环境部的规划，未来要坚持对八大重点行业组织开展年度碳排放核算报告核查工作，为行业扩容工作的开展打好基础，解决全国碳市场前两个履约周期市场主体同质化程度高、难以发挥资源配置作用的问题。主管部门组织各支撑机构共同开展行业扩容专项研究，对重点行业的配额分配方法、核算报告方法、核算要求指南、扩围实施路径等开展专题研究评估论证。全国碳市场预计在"十四五"期间纳入钢铁、水泥、电解铝行业，最终在"十五五"初期实现八大高耗能行业全纳入，届时全国碳市场覆盖碳排放规模将达到 70 亿吨左右，约占全国排放总量的 60%。

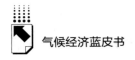
（四）多层次定价机制持续完善

目前，全国碳市场采取免费发放配额的分配方式，但根据国际上成熟碳市场的实践经验，有偿分配的实施有利于控制碳排放总量，使碳价更真实地反映碳减排成本，更好地发挥市场作用。[①] 下一步，我国将逐步推行免费分配和有偿分配相结合的碳配额分配方式。此外，温室气体自愿减排交易体系是全国碳市场体系的重要组成部分之一，与强排市场互为补充。[②] 未来推进温室气体自愿减排交易市场建设将从完善制度体系和拓宽消纳渠道两方面展开，形成符合我国温室气体减排需求的体系。

（五）国际交流合作不断升温

全球气候治理应该坚持公平、共同但有区别的责任，充分认识发展中国家和发达国家不同的历史责任和不同的发展阶段，充分尊重国家自主贡献"自下而上"的制度安排。基于当前的多边机制，各国家与地区将不断加强沟通，争取早日就国际碳市场的形成达成一致，从而推动全球碳减排。我国将基于全国碳市场建设经验，深度参与国际碳标准制定工作，推动建设国际区域碳市场之间的互联互通机制，探索与上合组织、"一带一路"国家围绕碳市场建设、可持续发展等议题开展合作的工作机制，加快推进跨境碳交易机制建设研究，体系化地对外输出中国碳市场建设经验，支持其他发展中国家的碳市场建设。同时，面对以欧盟CBAM为首的绿色贸易壁垒，我国将依托全国碳市场探索提升碳定价有效手段，采取主动措施应对国际碳边境调节关税，强化对外绿色投资，降低经贸往来过程中的潜在负面影响，多措并举推进我国更好地融入国际气候治理话语体系，切实提升我国在气候谈判中的话语权。

[①] 《〈碳排放权交易管理暂行条例〉近日公布 为碳市场健康发展提供法律保障》，《人民日报》2024年2月27日，第2版。

[②] 鲁政委、粟晓春、钱丽华等：《"碳中和"愿景下我国CCER市场发展研究》，《西南金融》2022年第12期。

为了形成与中国在国际应对气候变化领域的重要地位相匹配的市场规模和影响力，在做好全国碳市场基础性工作的同时，我国将充分利用好超大规模市场优势，积极主动作为，基于碳市场开展全国统一环境要素市场建设、加快气候金融与碳金融创新发展，充分发挥市场对碳排放的约束作用和潜在激励作用，全面推动全国碳市场向"更加有效、更有活力、更具国际影响力的碳市场"的目标稳步迈进，将全国碳市场建设成为指引绿色低碳技术创新、引导绿色低碳资金流向、推动社会经济实现绿色低碳高质量发展的有效市场。

分 报 告

B.3
全球碳排放权交易机制发展趋势

田怡然　王岸宇　陈宇轩　谭　旭　蔡年颉*

摘　要：　碳排放权交易机制为碳市场的良好运转提供了框架和前提，是碳市场建设和发展的核心。本报告围绕碳排放权交易机制设计这一命题，回顾了目前成熟碳交易体系和新兴碳市场的发展历程，总结了各地的实践探索和经验做法。本报告选取了覆盖范围、配额总量、配额分配、市场交易、履约抵销等机制设计的核心要素进行横向对比分析，并总结各国在机制要素设计过程中的主流思路和实践做法，进一步提出全球碳交易机制创新趋势，并对未来发展态势进行展望，以期为我国碳市场下一步的建设完善提供参考借鉴。

关键词：　碳排放　碳市场　碳交易

---

* 田怡然，中碳登研究发展部副部长，中级经济师，主要研究方向为碳交易机制设计、国际碳市场；王岸宇，中碳登研究发展部研究员，中央财经大学硕士，主要研究方向为绿色贸易壁垒、碳关税；陈宇轩，美国加州大学伯克利分校硕士研究生，主要研究方向为数量经济学和可持续发展经济学；谭旭，中碳登研究院研究员，天津大学管理学博士，主要研究方向为能源经济与政策；蔡年颉，中国社会科学院大学硕士研究生，主要研究方向为碳金融。

一 碳排放权交易机制是碳市场发展的核心

碳排放权交易是重要的碳定价工具之一。覆盖范围、配额总量、配额分配、监测报告与核查、交易机制、抵销机制、履约机制、监管机制、法律体系等要素共同构成了碳排放权交易机制（简称碳交易机制）的各个环节，借助这一系列机制安排，碳市场得以实现排放配额的优化配置，进而降低全社会的平均减排成本。碳交易机制设计是碳市场建设与发展的核心。

（一）碳交易机制设计是对施政目标的衔接、分解和落实

碳排放权交易市场本质是一项实现减排和发展目标的重要政策手段。通常来讲，引入碳市场最基本的目标是控制和减少温室气体排放、形成有效的市场价格激励。此外，还可以衔接多种环境、经济、社会目标，如引导产业实现绿色转型、激励低碳技术创新、增强贸易竞争力、发挥减污降碳协同效应等。各个国家和地区在构建碳市场机制时，以意图实现的政策目标为指导来选择和确定各项碳交易机制设计要素。例如，欧盟对 EU ETS 第四阶段分配方法、市场调节等机制设计要素的调整均是对最新出台的"Fit for 55"一揽子计划的具体落实，总量设定和覆盖范围的更新则是对"2030 年减排 55%"这一减排目标的直接分解。换言之，碳交易机制设计直接体现了主管部门对碳市场这一政策工具的定位，是对政策目标进行衔接、分解、执行和实施的重要过程。

（二）碳交易机制设计为碳市场良好运转提供了框架和前提

碳市场运转是否良好，关键在于机制构建得好不好。总量设定和覆盖范围确定了将哪些排放源纳入交易体系中，以及所涉及的温室气体类型，是形成市场体量和交易规模的基础；配额分配方法则决定了碳市场的基本特征，既决定了减排效果又影响市场供求；碳排放监测报告与核查能够为整个碳市场提供数据基石，是体系可靠、透明、公正的核心；履约环节为企业提供了交易驱动和排放约束；市场调节监管机制则引导和维护着市场秩序，有利于

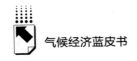

增强市场体系的风险应对能力等。上述机制设计要素环环相扣，共同决定了碳市场体系的成败。反向来看，不适宜的机制设计则可能使碳市场"空转"而偏离政策目标，如黑山、土耳其等国所建立的 ETS 框架，为预备入欧而采用了与 EU ETS 一致的机制设计方案，忽视了现阶段对本土的适用性，纳入企业数量极其有限，无法自发形成交易需求，碳市场难以正常运转，实质已陷入停滞。因此，只有要素设计完备、契合地域发展特征的碳交易机制，才能更好地服务于减排目标，成为碳市场平稳起步和稳健运行的根本保障。

（三）碳交易机制设计决定着碳定价工具的政策成效

碳市场是碳定价工具的一种，其核心内容之一是通过发现合理碳价格，激励企业和个人减少碳排放，促进碳中和技术的发展和应用。碳交易机制设计直接决定碳市场定价的有效性，存在碳排放配额分配不合理、碳市场参与者信息不对称等问题时，就可能导致碳价格波动剧烈或市场流动性较差，难以形成有效价格，无法提供应有激励，进而影响碳定价工具的预期政策效用。在更加宽泛的政策工具箱中，碳市场机制往往需要与其他应对气候变化、能源、环境政策形成协同，如加州在引入 ETS 时兼顾大气污染治理目标，中国的全国碳市场在对发电行业的配额分配中也同步考虑了减排杠杆和能源转型要求等。碳交易机制设计反映了政府部门的施政倾向，体现了碳市场与其他政策工具间的协调权衡关系，直接决定着碳定价工具本身的运转成效，并深刻影响着与其他应对气候变化、能源政策的协同效果。

二　全球典型碳交易机制发展回顾

（一）欧盟碳排放权交易体系

欧盟碳排放权交易体系（European Union Emissions Trading System，EU ETS）是全球建立最早、最成熟的碳市场，也是欧盟为了实现《京都议定书》确立的二氧化碳减排目标而制定的气候政策体系。2000 年，欧盟提出欧洲气候变化计划（ECCP），通过颁布一系列政策措施推动欧盟及各成员国履行《京都议定书》中所做的各项承诺，其中引人注目的就是提出建立欧盟碳排放权交易体系。2003 年，欧洲议会与欧盟理事会通过《建立欧盟温室气体排放配额交易机制的指令》（Directive 2003/87/EC），以法令的形式最大限度地为建设欧盟碳排放权交易体系保驾护航。2005 年，在多方积极筹建之下，全球第一个碳排放权交易体系——EU ETS 正式启动。EU ETS 是国际碳排放权交易体系的奠基者，在不断探索实践中趋于完善成熟，纵观其发展历程，大致可以分为四个阶段：第一阶段（2005~2007 年）为试验期；第二阶段（2008~2012 年）为过渡期；第三阶段（2013~2020 年）为发展期；第四阶段（2021~2030 年）为成熟期。

1. 第一阶段：试验期（2005~2007 年）

为保证 EU ETS 建设过程的可控，欧盟循序渐进分阶段构建碳交易体系。2005~2007 年为 EU ETS 的初步探索阶段，由于没有相关经验可供参考，欧盟在碳市场建设初期并不急于实现大幅减排目标，而是着眼于如何准确科学地收集各方在实践过程中形成的数据资料，初步形成完备的数据库以供后续参考分析，同时致力于发现相关制度在实践中的不足，从而进一步查漏补缺，为碳市场走上正轨奠定制度基础。

第一阶段温室气体覆盖范围的选择采用了抓大放小的策略，对于《京都议定书》中提到的六种温室气体，尽管除 CO_2 外的其他五种气体在当时欧盟总碳排放量中占到了近 20% 的比重，但本着开局维稳的原则，仅将温室效应最强且容易计量的 CO_2 囊括进来。覆盖范围主要为欧盟 27 个成员国的电力、石油、钢铁等 10 个碳排放密集型行业，涵盖的 CO_2 排放量约占当时欧盟总量的 46%。考虑到第一阶段的主要目的是测试市场运行效果，因此欧盟在该时期几乎全部采用免费分配的方式，最大限度地降低企业对于限排减排的抵触情绪、提高碳市场建设效率，确保 EU ETS 在 2008 年之前能够有效运作。总量设定采用"自下而上"的方式，各成员国以历史排放法（祖父法）确定自身 NAPs 计划（National Allocation Plans）汇总至欧盟委员会用以统计发放配额总量，仅有 5% 左右的有偿配额可供拍卖。由于准备仓促且缺乏经验，该阶段并未制定统一的 MRV 制度，而是出台了一部不具强制法律效力的《监测和报告温室气体排放量的指南》作为参考，允许各成员国各自进行内部的监测、报告与核查。"自下而上"的分配方式以及各自为政的 MRV 体系给予了各成员国较大的自主裁量权，基于本国利益考虑，虚报瞒报数据、多报碳排放配额需求等事件频发，导致配额过剩极为严重，市场流动性不足，成交量惨淡，碳价一度下跌至 2007 年 3 月的 0.1 欧元/吨的最低点。

2. 第二阶段：过渡期 （2008~2012 年）

第二阶段为 2008~2012 年，与欧盟在《京都议定书》所承诺的 8% 的减排目标完成期限重合。在经过第一阶段的试行探索后，欧盟在第二阶段针对出现的问题进行了一系列整改。首先，覆盖范围进一步扩大，新增挪威、冰岛和列支敦士登三个非欧盟成员国，温室气体新增一氧化二氮，并在 2012 年纳入航空业。同时，为了避免滥用补偿信用对碳价造成不利影响，也为了鼓励欧盟内部减排，欧委会对 EU ETS 下的 CDM 和 JI 补偿信用的进口数量和项目质量进行了限制：就数量而言，2006 年欧委会确定了各国使用补偿信用数量的计算方法、部门适用规则等标准，使用 CDM 和 JI 的总量最多为减排努力的 50%，规定第二阶段每个排放设施使用补偿信用的数量不低于其配额的 10%；就质量而言，对森林业、核电项目以及一些大型水电项目进行了限制。其次，配额总量进一步收紧，免费配额量相应减少，拍卖比例从 5% 提高至 10%。大幅提升未完成履约的罚金，从第一阶段的 40 欧元/吨提高至 100 欧元/吨。

总的来看，欧盟在第二阶段找准了政策调整方向，碳价一度回暖，但由于 2008 年的金融危机以及 2009 年的欧债危机，市场活力严重不足，企业生产力、购买力双下降，碳配额再次出现供过于求的情况，碳价也从 2008 年的 20 欧元/吨跌至 2013 年的 4.3 欧元/吨。

3. 第三阶段：发展期 （2013~2020 年）

2013~2020 年是欧盟到目前为止发展最快、变革最大的阶段。为保证顺利完成 2020 年温室气体排放比 1990 年降低 20% 以上的阶段性目标，该阶段覆盖气体、覆盖国家、管控行业进一步扩大（见表 1），并在总量控制上继

表1 EU ETS 四个阶段交易机制对比

	第一阶段 （2005~2007 年）	第二阶段 （2008~2012 年）	第三阶段 （2013~2020 年）	第四阶段 （2021~2030 年）
总体目标	完成《京都议定书》承诺减排目标的45%	履行《京都议定书》承诺的8%的减排目标	确保2020年实现温室气体排放量较1990年降低20%以上	实现欧盟2030年温室气体排放量较1990年至少降低55%
总量设定	20.58 亿吨/年	18.59 亿吨/年	2013 年为 20.84 亿吨,逐年递减3800万吨配额	2021 年为 15.72 亿吨,每年线性减排系数为2.2%（逐年递减4300万吨配额）；2024~2027年线性减排系数提高至 4.3%；2028~2030 年提高至 4.4%
分配方法	历史法,免费发放为主,自下而上 NAP 计划	历史法,免费发放比例削减至90%,自下而上 NAP 计划	基准线法,自上而下NIM 计划	基准线法,自上而下NIM 计划
拍卖比例	最多5%	最多10%	最少30% 2020 年达 70%	逐步过渡为以拍卖为主,电力行业100%拍卖,到2027年无碳泄漏风险的行业实现100%配额拍卖
交易产品	碳配额:EUAs	碳配额:EUAs 碳信用:CERs 和ERUs(不接受森林和水电项目)	碳配额:EUAs 碳信用:CERs 和ERUs(不接受森林和水电项目;2012 年后的 CERs 必须来自最不发达国家)	碳配额:EUAs 碳信用:ERUs
管制国家	欧盟 27 国	欧盟 27 国+挪威、冰岛、列支敦士登	欧盟 27 国+挪威、冰岛、列支敦士登、克罗地亚	欧盟 27 国+挪威、冰岛、列支敦士登、克罗地亚
管制行业	电力(>20 兆瓦)、石化、钢铁、建材(玻璃、水泥、石灰)、造纸	2012 年新增航空业	新增化工行业、电解铝行业	同第三阶段
管制温室气体	二氧化碳	二氧化碳、一氧化二氮	二氧化碳、一氧化二氮、全氟碳化物	同第三阶段
市场调节	联合履约机制(JI)、清洁发展机制(CDM)	限制 JI、CDM 项目质量,并限制抵销数量	进一步限制 JI、CDM项目质量,建立市场稳定储备机制(MSR)	不允许抵销

资料来源：根据欧盟网站资料整理，https://commission.europa.eu/index_ en。

续采取收紧政策，要求排放总量每年至少以 1.74% 的速度下降。配额分配方式是 EU ETS 第三阶段改革的重点，由"自下而上"变为"自上而下"模式，大大提高了配额有偿分配比例，逐步由"免费分配为主，拍卖分配为辅"过渡为"拍卖分配为主，免费分配为辅"，该阶段平均超过 57% 的配额通过拍卖进行分配。为调整市场供需关系，稳定市场信心，第三阶段欧盟对 CDM 和 JI 做出了新的限制，如只认可最不发达国家或与欧盟签订双边协议国家的 CDM 项目等，并提出"折量拍卖"方案和市场稳定储备机制（MSR），有效应对不可预测的需求侧冲击。

虽然欧盟委员会通过实施一系列改革措施使成交量大幅提升，但成交价格仍然低迷。EUA 期货价格基本维持在 6 欧元/吨左右，一直到 2018 年，个人可以通过交易 EUA 期货自由参与 EU ETS，EUA 期货价格才开始回升到 15 欧元/吨左右。总体来看，经过三个阶段的建设，截至 2021 年，EU ETS 涵盖的行业总碳排放量已从 2005 年的 2.3 亿吨减少至 1.5 亿吨，实现了较大幅度的减排，达到了政策制定初期设定的目标。

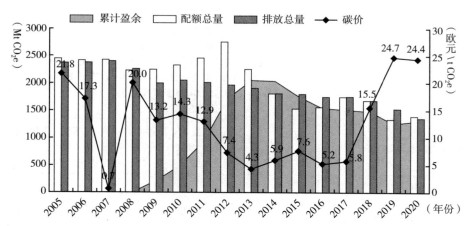

图 1 2005~2020 年 EU ETS 配额总量、排放总量、累计盈余及碳价走势

注：盈余指 2008 年至今免费分配、拍卖或出售的配额加上交出或交换的国际信用额减去排放量之间的差额，并考虑了同期航空业的净需求。2019 年的英国配额已在 2020 年拍卖。

资料来源：https://www.eea.europa.eu/data-and-maps/figures/emissions-allowances-surplus-and-prices。

4. 第四阶段：成熟期（2021~2030年）

2021~2030年是EU ETS时间跨度最长的一个阶段，也是EU ETS运行的关键阶段，欧委会对此十分重视，早在2014年就发布了《2030年气候与能源政策框架》，确保该阶段能够顺利对接欧盟2030年气候及能源目标。2018年3月，欧盟正式审议通过《提高具有成本效益的减排和投资计划指令》（2018/410号指令），针对第三阶段的运行反馈结果，该指令进一步下调了配额发放总量，强化了MSR机制，并创设了多项基金制度促进碳金融发展等，标志着欧盟碳市场第四阶段的立法修订顺利完成。2021年7月，欧盟委员会发布"Fit for 55"一揽子计划，出台多项改革措施保障第四阶段减排目标实现。[①] 首先，欧盟调整了每年配额总量递减比例，由原来每年1.74%调整为2.2%（至少执行到2024年）。其次，进一步扩大碳市场覆盖行业范围，考虑将航运、建筑供暖及公路运输部门纳入EU ETS，并设立单独市场（EU ETS Ⅱ）管控建筑供暖及公路运输。再次，调整现有市场分配方式，欧盟长期以来为钢铁、水泥、铝和化肥等能源密集型行业免费发放大量配额，降低碳泄漏风险，但自2026年起，欧盟计划逐年减少上述行业的免费配额，直至2035年前完全取消免费配额，同时提出建立碳边境调节机制，计划从2026年开始正式对欧盟进口的部分商品征收碳边境调节税。

第四阶段运行至今，受益于MSR及欧盟更加严格的管控措施，EU ETS看涨情绪高涨，碳价持续上升，接连刷新纪录，从2020年的24欧元/吨一度上涨至2023年2月的100欧元/吨。尽管到2030年EU ETS能否达到预期目标仍需要等待实践来检验，但是通过欧盟一系列制度设计我们可以预知，这一阶段将会进一步强化碳市场的工具价值，最大限度地发挥碳市场对温室气体减排的支柱作用，同时带动经济发展，协助欧盟实现能源转型和2030年减排目标，在2050年前实现建成全球首个"气候中和"大洲的美好愿景。

---

① 具体内容详见 Council of the European Union，Fit for 55 package，2021. https：//data. consilium. europa. eu/doc/document/ST-14585-2021-INIT/en/pdf。

（二）英国碳排放权交易体系

英国政府早在 2002 年就自发建立起英国碳排放权交易体系（UK ETS），为后来欧盟碳市场的构建提供了宝贵经验。2005 年，英国碳市场并入欧盟碳排放权交易体系。随着英国于 2020 年 1 月 1 日正式退出欧盟，英国不再参与 EU ETS，但本国涵盖的控排企业和设施必须在 2021 年 4 月 30 日前提交其 2020 年履约义务项下的 EU ETS 配额。[①] 2020 年，英国政府发布《能源白皮书：赋能净零排放未来》，其中最重要的声明是确认英国将从 2021 年 1 月 1 日起拥有本国的碳排放权交易体系而非碳税政策，白皮书称之为"世界上第一个净零碳排放限额和交易市场"，从运行第一天起，总量上限比英国在欧盟碳市场中可用于分配的配额还要低 5%。此后，英国立法机构以《2020 温室气体排放交易令》作为 UK ETS 的直接法律基础。综上，英国碳市场大致可以分为三个阶段：第一阶段（2002~2006 年）为自愿交易时期；第二阶段（2005~2020年）为并入 EU ETS 时期；第三阶段（2021~2030 年）为正式投入运行期。

1. 第一阶段：自愿交易时期（2002~2006年）

受《京都议定书》承诺减排目标影响，英国早在 2002 年即启动自愿排放交易计划，同时运用气候变化税、碳排放交易两种强有力的政策措施，深度挖掘企业的节能减碳潜力。该时期 UK ETS 主要有三种参与途径：直接参与、协议参与以及项目参与。（1）直接参与。参加者自愿承诺一个绝对排放上限，考虑到承担这一排放上限有一定风险，政府 5 年内拿出 2.15 亿英镑作为奖励资金（每年 4300 万英镑），鼓励企业加入该项计划。直接参与是自愿性的，对所有能源用户开放，但不包括气候变化协议（CCA）规定的电力部门用户以及交通和民用用户。在 2002 年 3 月 24 日的拍卖会上，共有 34 个部门成功分享了 2.15 亿英镑，承诺的条件是到 2007 年 12 月削减 40MtCO$_2$e。（2）协议参与。参加者主要为气候变化协议（CCA）涵盖的

---

① 龙英锋、丁鹤：《英国气候变化税与碳排放权交易综合运用的经验及借鉴》，《税务研究》2020 年第 1 期，第 83~86 页。

6000 家公司，签署协议的公司可以在气候变化税（CCL）上获得折扣。签订气候变化协议的公司可自愿参与碳排放交易，如果实际排放量大于协议规定的排放量，企业可以在碳排放权交易系统中购买配额来替代其部分或全部减排义务，如果超额完成减排目标，则可以存储或出售配额。（3）项目参与。项目参与的规则由英国贸易工业部（DTI）于 2003 年制定，目的是鼓励那些不属于上述两种情况的单位进行减排。

2. 第二阶段：并入 EU ETS 时期（2005~2020年）

2005 年 1 月 1 日，欧盟碳市场正式启动，英国碳市场于 2005 年并入欧盟碳排放权交易体系，实现过渡之后，英国碳市场于 2006 年底暂告一段落。与第一阶段的 UK ETS 不同，EU ETS 的参与是强制的，而前期的 UK ETS 参与采取自愿原则，通过经济手段激励企业参与交易。为了使两者的碳排放权交易机制顺利过渡，欧盟规定参与英国碳排放权交易机制的企业，可以在 EU ETS 第一阶段（2005~2007 年）暂时退出欧盟碳排放权交易机制，但必须履行 UK ETS 义务。

3. 第三阶段：正式投入运行时期（2021~2030年）

2020 年 1 月 1 日，英国正式退出欧盟，过渡期于 2020 年 12 月 31 日结束，与此同时，英国将不再参与欧盟碳市场。2021 年 1 月 1 日，英国独立的碳市场正式投入运行。UK ETS 涵盖了英国主权管辖范围内的能源密集型工业制造业、电力部门以及英国与欧洲经济区国家之间的民用航空领域，所覆盖的总排放量约占英国温室气体排放总量的 1/3。UK ETS 总量上限比英国在欧盟碳市场中可用于分配的配额还要再低 5%，最初每年将下降 420 万吨。为了保障行业竞争力并最大限度地降低碳泄漏风险，将采用类似 EU ETS 第四阶段的方法，将一部分配额免费分配给排放密集与贸易暴露的产业部门。英国政府对 UK ETS 与其他市场进行跨国连接持开放态度，但尚未就首选连接合作伙伴做出具体决定。英国碳排放权交易体系正式投入运行的第一个交易阶段将持续到 2030 年，且允许将配额进行跨年存储，配额无限期有效，也允许使用当年免费分配的储备提交用于上一年的履约，但不允许使用抵销信用来进行履约。但英国政府也表示，随着 UK ETS 后续发展，它们愿意进一步考虑此问题。具体如表 2 所示。

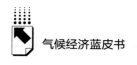

表2　UK ETS第三阶段交易机制

	第三阶段（2021~2030年）
总体目标	2030年温室气体排放量较1990年降低68%
总量设定	2021年为1.557亿吨，每年将减少420万吨配额
分配方法	基准线法，优先采取拍卖方式进行配额分配
拍卖机制	设定配额拍卖中的最低价格为22英镑/吨，低于此价格的出价将无法执行
管制行业	民航、能源密集型工业制造业、电力
管制温室气体	二氧化碳、一氧化二氮和全氟化碳
市场调节	供应调整机制（Supply Adjustment Mechanism，SAM）、成本控制机制（Cost Containment Mechanism，CCM）以及过渡性配额拍卖保留价格机制（Transitional Auction Reserve Price，ARP）

资料来源：根据公开资料整理。

（三）美国加州-魁北克碳交易体系

加州-魁北克碳市场发起于美国与加拿大部分地区在2007年签订的西部气候倡议（WCI），该协议试图建立一个包括多行业的综合性碳市场。作为在统一框架下建立的碳交易体系，加州碳市场和魁北克碳市场各自具有管理独立性，但在配额分配、清缴履约等核心机制设计上确保了一致与兼容，使用WCI统一维护的系统平台（CITSS）进行登记和拍卖，并实现了市场运行、市场监管等信息共享。加州-魁北克碳市场运行至今成效良好，为跨区域的碳市场连接积累了宝贵经验，其发展历程可以分为三个阶段：建设起步期（2007~2014年）；加速发展期（2015~2020年）；成熟完善期（2021~2023年）。

1. 建设起步期（2013~2014年）

加利福尼亚州和魁北克省分别于2012年和2013年在西部气候协议框架下启动碳市场，并于2014年1月1日正式实施连接。2013~2014年为WCI框架下的第一个履约周期，加州和魁北克在此阶段分别确立了市场架构，并协调保证了市场连接的兼容性：在覆盖范围方面，加州-魁北克碳市场均在该阶段纳入了电力和主要的工业排放源，如水泥制造、玻璃制造、钢铁生产、金属制造、造纸等；从市场规模来看，两市场初始配额总量分别为

1.63 亿吨和 2320 万吨；在配额分配方面，加州碳市场采取了免费分配、免费分配委托拍卖与拍卖三种分配方式，其中免费分配主要适用于工业排放源，并引入了上限调整系数以及基于碳泄漏风险的援助系数，但在建设起步期暂时将相应系数设定为 100%；免费分配委托拍卖主要适用于电力供应企业和天然气供应商，这类企业必须从免费分得的配额中拿出一定比例进行拍卖，并按照规定进行拍卖收益的使用和二次分配；魁北克碳市场同样采用了免费分配和拍卖的分配方式，免费分配设计上与加州十分类似，并同样针对排放贸易密集型行业（EITE 行业）引入相应的调节因子。此外，两市场连接还确认了双方碳信用的抵销互认机制等。

2. 加速发展期（2015~2020 年）

该阶段涵盖了第二个履约周期（2015~2017 年）和第三个履约周期（2018~2020 年）。在此期间，作为对加州碳交易体系立法基础 AB32 号法案的延续，SB32 号排放限制法案获得通过，进一步明确了 2030 年减排目标；2017 年通过的 AB398 号、AB617 号法案进一步将加州碳交易计划有效期延长至 2030 年。基于上述法案，加州-魁北克碳市场体系在这一阶段对总量控制、覆盖范围、配额分配方法等均进行了完善和更新。首先，最显著的变化是碳市场覆盖范围扩大：自 2015 年起两地均在原有纳入行业的基础上新增了交通、天然气等行业，加州碳市场覆盖排放量增长了 1 倍多，第二阶段初始配额总量上升至 3.95 亿吨，魁北克碳市场规模也提升至 6000 余万吨，并采纳了更为严格的年度总量下降系数。此外，这次更新还通过设定阈值门槛区分了两类市场主体：一类是年排放量在 2.5 万吨以上的设施，将被强制纳入并履行排放、报告、清缴义务；另一类为上述覆盖行业中年排放量不足 2.5 万吨的设施，可以选择自愿参与碳交易体系。其次，是对免费配额分配方法的完善更新：加州自第二个履约周期起正式启用了碳泄漏调整系数，每个特定工业部门都被按照排放强度和贸易风险水平分为低、中、高三个碳泄漏风险等级，原计划第二个履约周期对中、高泄漏风险设施采用 75%、50% 的调整系数，并在第三个履约周期继续下降至 50% 和 30%，但 2017 年通过的 AB398 号法案将碳泄漏调整系数实施延后，魁北克在该阶段暂将 EITE 行业的调整因子设定为 100%。

最后，加州-魁北克碳市场体系在该阶段进一步提升了拍卖的占比，双方共同基于WCI统一管理平台举行联合拍卖，每年举行4次。在此阶段，加拿大安大略省曾于2018年1月加入该体系，但连接于2018年即宣告终止。

3. 成熟完善期（2021~2023年）

从2021年起，加州碳市场对碳价设立了价格上限，在抵销机制中对碳信用的使用设定了进一步限制，如使用非加州项目的碳减排量进行抵销的比例受到限制，不得超过抵销总额的50%，同时使用抵销配额最高比例上限在2021~2025年从8%下降为4%，配额递减速率进一步增加等。魁北克也从2021年开始实施新的免费分配方法，将正式对EITE行业按碳泄漏分析和贸易暴露度划分为高、中、低三档并采用不同的调整系数，配额免费分配比例也将从2024年起逐步缩减。

加州-魁北克碳市场发展至今，已经形成了较为灵活的配额分配和价格管控机制，并持续完善立法及相关配套政策，以期进一步稳定碳市场运行。作为首个也是最大的跨国碳市场连接体系，加州-魁北克碳市场是一次成功的实践探索，也为跨区域市场连接的协调与管理提供了宝贵经验。

表3 加州-魁北克碳市场体系机制设计概览

	建设起步期：2013~2014年	加速发展期：2015~2020年 第二履约周期（2015~2017年）第三履约周期（2018~2020年）	成熟完善期：2021~2023年 第四履约周期（2021~2023年）第五履约周期（2024~2026年）
总量控制	加州：2013年1.628亿吨 2014年1.597亿吨 魁北克：2013年2320万吨	加州：第二履约周期初始总量3.95亿吨，按3.1%速率递减；第三履约周期初始3.58亿吨，下降系数变为3.3% 魁北克：第二履约周期起始总量6530万吨，按照3.2%速率递减；第三履约周期初始5900万吨，下降系数变为3.5%	加州：2021年总量为3.21亿吨，年度下降系数变为4% 魁北克：2021年总量为5530万吨，年度下降系数变为2.2%
配额分配方法	90%以上配额免费分配	免费发放+拍卖	与上一阶段一致

	建设起步期：2013~2014 年	加速发展期：2015~2020 年 第二履约周期（2015~2017 年） 第三履约周期（2018~2020 年）	成熟完善期：2021~2023 年 第四履约周期（2021~2023 年） 第五履约周期（2024~2026 年）
纳入行业	发电、工业排放源	增加了交通、天然气等部门	电力行业、制造业、交通和建筑
温室气体管制范围	二氧化碳、甲烷、一氧化二氮、六氟化硫、三氟化氮、氢氟碳化合物、全氟化合物以及其他氟化物温室气体	与上一阶段一致	与上一阶段一致
管制地区	美国加州、加拿大魁北克	与上一阶段一致	与上一阶段一致

资料来源：根据公开资料整理。

（四）美国区域温室气体减排行动

美国区域温室气体减排行动（RGGI）于 2003 年 4 月启动，是美国第一个强制性的以市场交易为基础的减少温室气体排放的计划，在建设之初仅纳入了电力行业，覆盖主体较为单一，RGGI 对于碳配额的发放较严格，而且碳配额全部有偿拍卖。RGGI 通过设置碳价格的上下阈值而形成碳价的稳定机制，以避免碳价发生大幅波动。经过多年运行，RGGI 以强有力的市场监管成为美国北部碳减排的有效途径，进一步刺激了该地区清洁能源的发展。此外，RGGI 还具有重要的示范意义，它证实了碳减排项目可以实现环境与经济效益兼得，为美国清洁能源立法提供了参考。RGGI 的发展也经历了建设起步期、加速发展期和成熟完善期三个阶段。

1. 建设起步期（2009~2012 年）

区域温室气体减排行动（RGGI）于 2009 年正式实施，由美国东北部的 10 个州组成，包括康涅狄格州、特拉华州、缅因州、马里兰州、马萨诸塞州、新罕布什尔州、新泽西州、纽约州、罗得岛州和佛蒙特州。在建设初期，RGGI 仅纳入电力行业，涉及的排放单位是该区域 2005 年后所有装机容量超过25MW的化石燃料电厂，这一阶段的碳市场覆盖主体较为单一。由于RGGI是一个基于总量控制与交易的温室气体减排行动计划，在初始配额分配方式上采用基于各州的历史碳排放量按季度进行拍卖。在监测与报告制度方面，各州有独立的市场监管机构负责监督拍卖等活动。在这一阶段的运转中，由于RGGI市场中碳排放配额供大于求，因此对市场采取了革新的举措，如减少配额总量、延长临时控制期、改变成本控制机制、调整碳排放抵销项目类别等。

2. 加速发展期（2013~2017年）

RGGI发展中期，受页岩气革命导致碳价下降的影响，配额总量减少了45%，在2016年开展的第二轮方案审查中，RGGI为稳定碳价出台了清除储备配额机制，并建立了成本控制储备机制，还设置了过渡履约控制期。自2015年开始，RGGI引入了一个为期两年的过渡履约控制期。在过渡履约控制期，排控企业需要在控制期结束后开始履约，管控企业需持有控制期50%的配额总量。

3. 成熟完善期（2018~2023年）

随着2020年新泽西州的重返与弗吉尼亚州的加入，RGGI逐步走向成熟，在这一阶段RGGI为确保抵销配额的动态调整引入了双触发机制，并用多元化的抵销项目鼓励控排企业积极减排。在监督与管理方面，RGGI引入第三方独立运行机构，以保证市场的公开透明。RGGI目前正在进行第三次项目审查，根据2022年11月发布的项目审查时间表，更新后的《示范规则》草案已于2023年秋季发布。

RGGI运行至今取得了良好的控排效果，实际减排量远超预期。管控单位所涉及的企业在减排目标的激励下提高能效并增加非化石燃料使用比例，与此同时，RGGI在产生较好的环境效益的同时，也产生了显著的经济效益。RGGI运行的实践进一步表明了碳市场是减排成本较小的重要途径，而碳价能够向企业传递节能减排和投资决策信号。此外，独立有效的市场监管是RGGI有效运行的重要保障，RGGI公开、透明的市场环境也有效降低了行政管理风险。

表4 美国 RGGI 碳排放权交易体系设计概览

	建设起步期	加速发展期	成熟完善期
时间	2009~2012 年	2013~2017 年	2018~2023 年
总量控制	年均约 1.7 亿吨	年均约 1.5 亿吨	年均约 0.75 亿吨
配额分配方法	拍卖	拍卖	拍卖
纳入行业	电力	电力	电力
温室气体管制范围	二氧化碳	与上一阶段一致	与上一阶段一致
管制地区	康涅狄格州、特拉华州、缅因州、马里兰州、马萨诸塞州、新罕布什尔州、新泽西州、纽约州、罗得岛州和佛蒙特州	与上一阶段一致	与上一阶段一致
市场调节机制	清除储备配额机制	引入建立成本控制储备机制	引入过渡履约控制期机制

资料来源：根据公开资料整理。

（五）新西兰碳排放权交易体系

新西兰是《联合国气候变化框架公约》《京都议定书》的缔约方，应对气候变化一贯较为积极活跃。2002 年新西兰出台了《应对气候变化法》，该法律为新西兰应对气候变化的整体框架提供了法律依据，并为碳排放权交易体系的实施提供了立法支持，明确从 2008 年开始建立新西兰碳排放权交易体系（New Zealand Emissions Trading Scheme，NZ ETS），成为当时欧盟国家以外唯一执行减排计划的国家。NZ ETS 覆盖范围广、灵活度高，逐步覆盖了林业、能源、交通、工业、废弃物处理等部门，以便各个行业能够适应该体系。NZ ETS 最初设计为碳排放配额不设上限的碳市场，不设定全国性的总排放量，政府根据行业的碳排放强度发放碳排放指标（NZU），任何个人或组织只要在 NZ ETS 持有注册账户，就可以拥有和交易 NZU。依据政策的推出、市场机制的完善程度等因素，可将新西兰碳排放权交易体系的发展分为以下 3 个阶段（见表5）。

1. 建设起步期 （2008~2012年）

2008年，新西兰政府通过《气候变化响应（排放交易）修正案》，确定建立NZ ETS，覆盖了新西兰约一半的温室气体排放量。初期NZ ETS并没有设定具体的总量上限，且采用了强制性参与和自愿性参与相结合的方式，允许排放者自愿参与，以促进市场逐步发展。市场参与者可以向政府购买碳配额，价格为25新元/吨，相当于碳价上限，可以起到安全阀作用。能源、交通、工业等部门的参与者，每两单位碳排放只需缴纳一单位的碳配额，即"排二缴一"，实际享受"半价"优惠。这一阶段的重点在于建立基础框架，启动市场运作，并初步引入市场参与者。

2. 修订调整期 （2013~2019年）

该阶段的新西兰碳排放权交易体系经历了一系列的修订和调整，旨在提升系统效率、简化程序以更好地适应国内外气候变化政策。2014年新西兰通过了《应对气候变化法》的修正案，要求林业部门在登记系统注销林地时不能使用国际碳信用，以防止套利行为的发生，此规定使碳配额需求有所提升，推动碳价上涨至4新元/吨，2015年6月后禁止未经政府批准的或不符合环境完整性标准的国际信用抵减排放。2019年7月，新西兰政府宣布了加强碳排放交易机制的最终决议，决议包括逐步取消工业部门的免费配额，取消和置换《京都议定书》第一承诺期的碳单位等。在该阶段，覆盖范围继续扩大，加入了废弃物处理和农牧业等部门，免费配额的分配机制得到优化，调整了不同行业免费分配的比例，更加精确地反映了行业的实际需要和减排潜力，减轻了NZ ETS对国内产业竞争力的影响，市场逐步成熟，参与者对碳定价机制逐步适应，成交量和交易活动逐渐增加。

3. 加强拓展期 （2020~2050年）

这一阶段是新西兰碳排放权交易体系重大改革的阶段。2019年发布的《零碳法案》设定了新西兰到2050年实现碳中和的目标，为NZ ETS提供了进一步的政策支持和方向。2020年新西兰通过《应对气候变化修正法案》，首次提出碳配额总量控制（2021~2025年），这标志着新西兰碳市场从强度型碳市场向上限型碳市场转变。新西兰逐步减少对排放密集且易受贸易冲击行业的免费分配，2021年3月取消固定价格并替换为成本控制储备（CCR），引入拍卖机制，提高了配额分配的透明度和市场流动性，市场活跃度显著提升。

自成立以来，新西兰碳市场一直在逐步调整和完善，从最初的强度型碳市场过渡到上限型交易制度，覆盖范围逐渐扩大，其发展与国家气候变化政策紧密相连。将农业纳入碳排放权交易体系是新西兰最大的特色。2010年，新西兰农业所产生的温室气体占总排放量的47.1%。因此，要实现减排目标，将农业纳入NZ ETS就成为必然之举。预计到2025年，将通过NZ ETS或单独的定价机制对农业排放征收碳税。

表5　新西兰碳排放权交易体系发展阶段

	建设起步期 （2008~2012年）	修订调整期 （2013~2019年）	加强拓展期 （2020~2050年）
总体目标	2030年碳排放较2005年减少30%，2050年实现碳净零排放		
总量设定	2021年前不设置配额总量限制。2020年通过《应对气候变化修正法案》，提出2021年开始实施碳配额总量控制		
分配方法	较大比例的免费分配+固定价格出售；能源、交通、工业等部门的企业只需履行50%的减排义务		逐渐减少工业部门的免费配额；2021年3月取消固定价格并替换为成本控制储备（CCR）；引入拍卖机制；2025年考虑以碳税形式将农业排放纳入碳定价机制
管制行业	林业、能源行业、交通行业、工业	新增废弃物处理行业、农牧业	
管制温室气体	6种京都温室气体（CO_2、CH_4、N_2O、HFCs、PFCs、SF_6）		
抵销机制	抵销比例不设上限，同时对接《京都议定书》下的碳市场	2015年6月后禁止国际信用抵减排放，未来或重新考虑纳入	

	建设起步期 （2008~2012 年）	修订调整期 （2013~2019 年）	加强拓展期 （2020~2050 年）
市场调节	以配额分配的固定价格作为碳价上限，2009 年设定 NZD25，2020 年提高至 NZD35		价格升高至触发值（NZD50，根据通胀率每年增加 2%）时通过 CCR 释放额外配额进行调控
惩罚机制	到期未足额上缴配额的需追缴剩余配额，按缺口数量支付 3 倍于市场价格的罚款；控排主体未按规定报告、谎报或瞒报信息，可能会被定罪，并处罚款		

资料来源：根据公开资料整理。

（六）韩国碳排放权交易体系

韩国碳排放权交易体系（Korea Emissions Trading System，K-ETS）于 2015 年启动，是东亚地区第一个全国性强制碳排放权交易体系，涵盖了韩国电力、工业、建筑、废弃物处理、交通和国内航空六大部门 600 家以上的参与实体，所覆盖的温室气体排放量占韩国温室气体排放总量的 74%，且除了覆盖直接排放外，K-ETS 还涵盖了电力消耗导致的间接排放。在 2015 年之前，韩国就建立了较为完备的政策法律基础。2010 年韩国发布《低碳绿色增长基本法》，2012 年出台《温室气体排放配额分配与交易法》，对超标排放温室气体的企业设定管理目标，并对温室气体排放配额分配、交易及排放数据的真实性进行监管。2016 年与 2022 年，相继出台了《温室气体排放配额分配与交易法实施法令》和《碳中和与绿色增长基本法》，引入"温室气体减排认知预算"和"气候变化影响评价"体系，进一步完善了韩国碳市场的政策法规。依据配额分配的方式，韩国碳排放权交易体系的发展可分为 3 个阶段，从最初 100% 免费发放，到第二阶段 97% 免费发放，再到第三阶段 90% 免费发放，逐步减少了免费配额的发放（见表 6）。

1. 第一阶段（2015~2017年）

2015 年，韩国碳排放权交易体系正式启动，纳入电力、工业、建筑、废弃物处理 4 个部门,国内航空部门虽然于 2017 年底被纳入 K-ETS,但到 2018 年才正式履约。企业每年二氧化碳排放总量超过 125000 吨或设施二氧化碳排放量超过 25000 吨方能达到控排企业的纳入门槛,所有碳排放配额免费分配。在该阶段,只允许使用国内抵销即韩国抵销信用(KOC),只有非 ETS 实体实施符合国际标准的外部削减活动,国内信用才能用于本阶段的抵销排放,且只允许抵销每个企业碳排放限额的 10%。

2. 第二阶段（2018~2020 年）

在该阶段,韩国政府开始允许使用国际抵销信用(CER),最多可以占总限额的 5%。第二阶段还引入了"做市商"机制,做市商能够持有一定数量的碳配额,并在市场中参与交易,以提高碳交易市场的流动性。

3. 第三阶段（2021~2025 年）

在该阶段,纳入了交通部门(包括货运、铁路、客运和航运),细分行业增加至 69 个,增加后温室气体排放总量的覆盖率提高到 73.5%,并且配额免费分配的比例降到总配额的 90%。从配额的总量来看,与 2017~2019 年相比,总排放量减少了 4.7%,可抵销的份额也降至 5%。在第三阶段,金融机构与个人可以参与碳排放权交易,同时引入了期货衍生品交易,进一步增强了碳市场的流动性。

表 6　韩国碳排放权交易体系发展阶段

	第一阶段 （2015~2017 年）	第二阶段 （2018~2020 年）	第三阶段 （2021~2025 年）
总体目标	2020 年完成温室气体排放水平比 BAU(哥本哈根协议目标)减少 30%		2030 年实现温室气体排放水平较 2017 年减少 24.4%
总量设定	总量 1686.3Mt,2015~2017 年分别为 540.1Mt、560.7Mt 和 585.5Mt	总量 1777Mt,2018~2020 分别为 601Mt、587.6Mt 和 545.1Mt(未分配部分转入预留配额)	总量 3048.3Mt,2021~2023 年每年为 589.3Mt,2024~2025 年每年为 567.1Mt(年度上限不包括预留配额)

续表

	第一阶段 （2015~2017 年）	第二阶段 （2018~2020 年）	第三阶段 （2021~2025 年）
分配方法	100%免费发放	97%免费发放，3%有偿拍卖	90%免费发放，10%有偿拍卖
管制行业	电力行业、工业（如钢铁、石油化工、水泥、炼油、有色金属、造纸、纺织、机械、采矿、玻璃和陶瓷）、建筑业、废弃物处理行业	新增国内航空业	新增交通业（货运、铁路、客运和航运）
管制温室气体	6 种京都温室气体（CO_2、CH_4、N_2O、$HFCs$、$PFCs$、SF_6）		
抵销机制	允许使用国内抵销信用（KOC），抵销比例最高为 10%	增加国际抵销信用（CER），抵销比例最高为 10%（其中国际信用抵销比例最高为 5%）	抵销比例下降至 5%（国际抵销信用额度没有单独的限制）
惩罚机制	罚款不得超过当年配额市场平均价格的 3 倍或 10 万韩元/吨		

注：总量设定中单位 Mt 意为百万吨。
资料来源：根据公开资料整理。

（七）日本碳排放权交易体系

日本于 2005 年启动自愿碳排放权交易体系，成为亚太地区最早建立碳排放权交易体系的国家。2010 年，日本成立了首个地区级总量限制型碳排放权交易体系——东京都碳排放权交易体系。2011 年，琦玉碳排放权交易体系作为日本地区级强制性碳排放权交易体系与东京都碳排放权交易体系相关联，跨越两个司法管辖区进行碳排放配额交易，两个司法管辖区之间可以相互交换信用。日本碳排放权交易体系以地区型碳市场为主。以下主要介绍东京都碳排放权交易体系（见表7）。

东京都碳排放权交易体系是全球第一个城市级别的碳排放权交易体系，于 2010 年正式启动，旨在通过市场机制鼓励东京都内的大型排放者减少碳排放，它主要针对东京都内的大型排放设施，涵盖了大型建筑、工厂、热能供应商和其他消耗大量化石燃料的设施，覆盖了东京都地区约 20%的排放量。东京都碳排放权交易体系设定阶段性目标，以每5年为一个周期设定不同的减排目标，逐渐提高减排要求。东京都碳排放权交易体系通过基线设定和历史排放数据来免费分配配额，不同设施间可以自由买卖配额，以实现成本效益最高的减排。

东京都碳排放权交易体系所涵盖的每个设施都有自己的配额上限，这是它必须实现减排目标的基线。设施的基线按照以下公式设置：基准年排放量×（1-减排系数）×合规期（5年）。

东京都碳排放权交易体系被视为一项成功的城市级碳减排政策，它充分考虑了东京都的特殊性，包括其工业结构、能源消费模式和城市规模，确保了政策的适应性和有效性，对于提高能效、促进绿色投资、推动低碳技术的发展起到了积极作用。东京都政府计划通过提高减排目标和扩大覆盖范围等措施继续强化该体系。此外，东京都碳排放权交易体系的经验也为其他城市和地区提供了宝贵的参考，尤其是在如何通过地方性碳市场促进减排方面。

表7 东京都碳排放权交易体系发展阶段

	第一阶段 （2010~2014 财年）	第二阶段 （2015~2019 财年）	第三阶段 （2020~2024 财年）
总体目标	比基准年排放量减少 6%~8%	比基准年排放量减少 15%~17%	比基准年排放量减少 25%~27%
总量设定	每个设施都有自己的上限，上限根据以下公式确定：基准年排放量×（1-减排系数）×合规期（5年）。不同时期设置不同的减排系数		
分配方法	免费发放		
覆盖范围	1200 项设施：商业楼约 1000 幢，工厂约 200 家，排放量约占东京都总排放量的 20%		
管制温室气体	二氧化碳		
抵销机制	允许使用国内信用抵销排放		
惩罚机制	分两步： ①责令未履约实体减排履约缺口量的 1.3 倍 ②无法完成上述要求的将被公开点名，并缴纳罚款（最高 50 万日元）和附加费（差额的 1.3 倍）		
跨期借贷与存储	允许两个相邻履约期间的配额存储，不允许借入		

资料来源：根据公开资料整理。

（八）中国碳排放权交易体系

作为世界上最大的发展中国家，中国始终积极参与全球气候变化治理，将应对气候变化全面融入国家经济社会发展的总战略，提出了"2030年前实现碳达峰、2060年前实现碳中和"的减排目标。为实现碳达峰、碳中和愿景，中国引入碳排放权交易体系作为控制和减少温室气体排放、推动绿色低碳发展的重要政策工具。中国碳排放权交易体系建设历程可大致分为以下3个阶段。

1. 起步期——CDM阶段

中国碳排放权交易体系的发展最早可以追溯到20世纪90年代，在《联合国气候变化框架公约》第一次缔约方大会上，通过了"关于试验期共同执行活动的决定"（Activities Implemented Jointly under the Pilot Phase，AIJ）①。基于该决定，中国在1995~2001年与挪威、日本开展了实质性项目合作，为后期参与清洁发展机制（CDM）积累了方法论和国际合作经验。2002年，《京都议定书》下的CDM正式启动实施，中国第一时间参与，迅速成为全球CDM项目的主要供应方。据统计，2005~2019年我国注册CDM项目达3764个，项目签发量占全球一半以上。然而，CDM市场发展在2010年迎来重要转折：作为全球碳市场最大的CDM买方，欧盟于2010年11月发布提案②，要求从2013年1月起全面禁止特定减排项目的使用，其中涉及的CDM项目绝大多数来自中国；加之日本、加拿大先后退出《京都议定书》第二阶段承诺期带来的CDM需求量萎缩，中国的CDM发展进入停滞期。在这样的背景下，我国开始将应对气候变化领域的机制建设重心逐步转向国内。

尽管短暂，但在CDM阶段中国积累了一批人才、技术、资金资源，在该阶段发布的《清洁发展机制项目运行管理暂行办法》等政策文件成为国

---

① 吕学都、许浩、于冰清等：《中国碳市场发展剖析与未来发展之我见》，《可持续发展经济导刊》2023年第Z2期。
② 昌敦虎、周继：《中国碳市场建设十年历程：基于政府与市场关系的视角》，《可持续发展经济导刊》2022年第Z2期。

内 CCER 市场建设的主要设计参考，所成立的中国清洁机制发展基金也为试点碳排放权交易体系建设提供了支撑。

2. 探索期——试点实践

2011 年 10 月中国发布《关于开展碳排放权交易试点工作的通知》，正式确定了深圳、上海、北京、天津、重庆、湖北、广东为首批 7 个碳排放权交易试点，随后"两省五市"开始进入紧锣密鼓的建设筹备阶段，并于 2013~2014 年期间陆续正式启动交易。

这一阶段的碳排放权交易体系探索呈现"因地制宜、百花齐放"的特点，例如：在覆盖范围的选择上，充分结合地方产业结构特点，广东、湖北两省以工业企业为主，纳入门槛较高（湖北试点启动纳入门槛为 6 万吨标准煤），北京、上海、深圳试点除工业企业外还纳入较多第三产业；在配额分配上，各试点均采取了有偿和免费相结合，历史排放法、历史强度法、基准线法组合的混合模式，并根据行业特征、数据基础等实现了分配方法的动态优化和逐年调整；在履约管理方面，也涌现出诸多创新，如引入履约缺口上限、投放履约期特定配额、结合项目类型和比例灵活设置抵销机制等。总体而言，在这个阶段，中国从实践上比较和验证了各种不同政策设计的适用性，为建设全国统一碳排放权交易体系积累了重要的经验。

3. 发展期——启动全国碳市场

2014 年，国家发改委发布《碳排放权交易管理暂行办法》，初步明确了全国碳市场运行框架；2017 年 12 月，经国务院同意，时任应对气候变化主管部门国家发改委正式下发《全国碳排放权交易市场建设方案（发电行业）》；2018 年，应对气候变化职能转隶至生态环境部，生态环境部组织开展对管理办法的修订更新，于 2020 年 12 月正式以生态环境部令形式发布《碳排放权交易管理办法（试行）》，为全国碳市场的启动提供了制度基础；2021 年 7 月 16 日，全国碳市场正式启动上线交易，成为全球覆盖二氧化碳排放量规模最大的碳市场，中国碳排放权交易体系发展进入区域试点碳市场和全国碳市场并行阶段。

自启动至 2023 年底，全国碳市场累计平稳运行 598 个交易日，累计成交量 4.42 亿吨，成交额 249.19 亿元，累计清算金额 498.38 亿元。2023 年全国碳市场成交情况见图 2。目前，全国碳市场已经圆满完成两个履约周期相关工作，碳市场相关管理制度及技术性文件陆续出台，核算、核查、配额分配方法不断优化，已形成集"数据报送—MRV 机制—配额分配—市场交易—配额清缴—违规处罚"为一体的全流程机制框架，市场规模逐渐扩大，交易价格稳中有升，碳排放数据质量稳步提升，碳价发现机制初步形成，碳减排激励约束效果初显，有力支撑了"双碳"工作沿着"1+N"政策体系确定的方向和路径持续推进。2024 年 1 月，经国务院第 23 次常务会议审议通过，《碳排放权交易管理暂行条例》（国令第 775 号）正式发布，进一步提升了中国的碳排放权交易体系立法层级，开启了中国碳排放权交易体系建设的新局面。全国碳排放权交易体系设计概览见表 8。

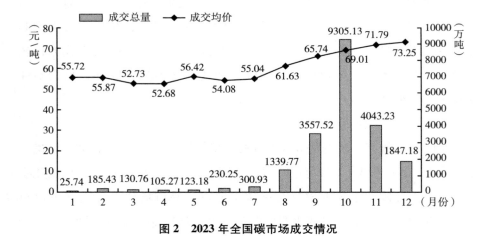

图 2　2023 年全国碳市场成交情况

表 8　全国碳排放权交易体系设计概览

	第一个履约周期	第二个履约周期
管理年度	2019~2020 年	2021~2022 年
运行期间	2021.07.16~2021.12.31	2022.01.01~2023.12.31

续表

	第一个履约周期	第二个履约周期
配额总量	基于强度的相对总量 不区分年度,共计90亿吨	基于强度的相对总量 区分年度总量,51亿吨/年
纳入行业	发电行业(含其他行业自备电厂) 2013~2019年任一年排放量2.6万吨二氧化碳当量(综合能源消费量约1万吨标准煤)	发电行业(含其他行业自备电厂) 前两年任一年温室气体排放量达2.6万吨二氧化碳当量(综合能源消费量约1万吨标准煤),其中2022年名录根据2020年和2021年确定,2021年名录根据2019年和2020年确定
企业数量	2162家	2021年2297家 2022年2375家
配额分配	行业基准法(分机组设定基准值) 引入修正系数:冷却修正系数、供热修正系数、负荷(出力)修正系数 参考文件:《2019~2020年全国碳排放权交易配额总量设定与分配实施方案(发电行业)》	行业基准法(分年度、分机组设定基准值,引入平衡值) 保留并修订部分修正系数:冷却修正系数、供热修正系数、负荷(出力)修正系数 参考文件:《2021、2022年度全国碳排放权交易配额总量设定与分配实施方案(发电行业)》
配额发放	全部免费分配 实行预分配(按机组2018年供电/热量的70%计算)	全部免费分配 实行预分配(简化计算,按2021年机组经核查排放量的70%计算) 差异化分配(关停或淘汰不予预分配,涉法涉诉等特殊调整)
履约机制	设定履约缺口上限(重点排放单位经核查排放量的20%) 燃气机组豁免(清缴量不大于其免费配额量) 参考文件:《关于做好全国碳排放权交易市场第一个履约周期碳排放配额清缴工作的通知》《关于做好全国碳市场第一个履约周期后续相关工作的通知》	设定履约缺口上限(重点排放单位经核查排放量的20%) 燃气机组豁免(清缴量不大于其免费配额量) 配额预支(缺口率在10%以上且经营困难,预支量不超过年度缺口量的50%) 个性化纾困(适用于承担重大民生保障任务、执行上述灵活机制后仍无法完成履约的企业) 参考文件:《关于做好2021、2022年度全国碳排放权交易配额分配相关工作的通知》《关于全国碳排放权交易市场2021、2022年度碳排放配额清缴相关工作的通知》
抵销机制	不超过应清缴配额的5%	不超过应清缴配额的5%
交易机制	挂牌协议交易(单笔小于10万吨) 大宗协议交易(单笔大于等于10万吨)	

资料来源:根据公开资料整理。

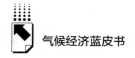

（九）建设中的碳排放权交易体系

1. 俄罗斯库页岛地区

俄罗斯库页岛地区油气资源丰富，以石油天然气出口、煤炭开采为当地的支柱产业。2021 年 1 月，俄罗斯经济发展部与当地政府合作，批准了"库页岛地区温室气体排放监管特别实验实施路线图"，该路线图中明确提出建立试点碳排放权交易体系。2021 年库页岛地区温室气体排放量约为 1230 万吨二氧化碳当量，吸收量约为 1110 万吨，根据路线图政策目标，该地区将在 2025 年前实现碳中和。俄罗斯政府选择库页岛地区作为试点先行探索碳排放权交易体系建设，计划随后在西部的加里宁格勒地区、西西伯利亚的汉特-曼西斯克等地陆续启动碳排放权交易。

在碳排放权交易立法方面，2021 年 7 月，《控制温室气体排放联邦法》经普京总统签署通过，为开展企业层级的温室气体排放报告核算与监管提供了法律依据[1]。该法规定：自 2023 年 1 月 1 日起，年排放量在 15 万吨及以上的企业或组织应履行排放报告义务，自 2025 年 1 月 1 日起，报告门槛将下调至 5 万吨[2]。2022 年 3 月，《关于在部分联邦州开展控制温室气体排放试点的联邦法》获得终审通过，该法提出计划于 2022 年 9 月 1 日至 2028 年 12 月 31 日在库页岛地区建设碳排放权交易试点，并规定了控排企业负有强制性排放报告和履约义务，同时为 MRV 体系建设、配额交易、碳信用抵销等提供了制度基础[3]。目前，库页岛试点由俄罗斯经济发展部与萨哈林州政府共同主管，计划覆盖 50 余家排放主体，纳入门槛为年排放量 2 万吨，由 Kontur 股份公司作为俄罗斯国家碳登记处运营商。库页岛碳排放权交易试点原计划于 2023 年 9 月启动，但目前在设定总量上限和配额分配阶段被推迟。

---

[1] http：//en. kremlin. ru/acts/news/66061.

[2] https：//www. mondaq. com/russianfederation/environmental - law/1100124/federal - law - on - limiting-greenhouse-gas-emissions.

[3] https：//leap. unep. org/en/countries/ru/national-legislation/federal-law-no-34-fz-conducting-experiment-limit-greenhouse-gas.

2. 哈萨克斯坦

作为中亚最大的经济体，哈萨克斯坦于 2012 年开始筹建国内碳市场，于 2013 年 1 月正式启动国家碳排放权交易体系。哈萨克斯坦的碳排放权交易体系主要参考欧盟碳排放权交易体系设计，由生态和自然资源部作为主管部门负责出台国家碳市场建设规章制度，由 Zhasyl Damu 公司负责运行配额登记、储备金管理等业务平台，目前运行到第五阶段，其间（2016~2017 年）由于经济下行、工业界反对和体系运行等问题一度停滞，后于 2018 年 1 月 1 日修订后重新启动，各阶段主要设计要素如表 9 所示。

表 9 哈萨克斯坦碳排放权交易体系概览

	第一阶段	第二阶段	第三阶段	第四阶段	第五阶段
时间	2013 年	2014~2015 年	2018~2020 年	2021 年	2022~2025 年
配额总量	1.47 亿吨，另有 2060 万吨新增企业预留配额，该总量与纳入企业的 2010 年总体排放量持平	2014 年为 1.549 亿吨，另有 1800 万吨预留配额，总量目标较之 2011 年下降 0%；2015 年为 1.528 亿吨，另有 2050 万吨预留配额，总量目标较之 2012 年下降 1.5%	4.859 亿吨，另有 3530 万吨预留配额，总量目标为基于 1990 年排放水平下降 5% 所设定。第三阶段采用一次性总量设定，无年度总量区分	1.599 亿吨，另有 1150 万吨预留配额	采用阶段总量+年度总量方法设定：2022 年为 1.662 亿吨，另有 1180 万吨储备配额；2023 年为 1.637 亿吨，另有 1160 万吨储备配额；2024 年为 1.612 亿吨，另有 1150 万吨储备配额；2025 年为 1.588 亿吨，另有 1130 万吨储备配额
分配方法	历史法	历史法	历史法和基于产品的基准线法，由企业自主选择	基准线法	基准线法
纳入行业	电力行业、集中供热行业、采掘业、制造业、油气开采业、冶金业、化工业	同第一阶段	与第一阶段相同，新增建材加工业（水泥、石灰、石膏和砖）	同第三阶段	同第三阶段

资料来源：根据公开资料整理。

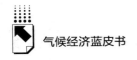

哈萨克斯坦的碳排放权交易体系设计演变主要体现在以下几个方面。一是体现在配额总量设定上。第一、第二阶段虽采取年度总量，但总量下降设定过于保守，因此暂停期间对排放目标进行了修订，调整为到2020年相比1990年降低5%，重启后的第三阶段改为使用多年一次性阶段总量设定，后又于第四、第五阶段重新引入年度总量目标，目前采取"阶段总量+年度总量"的设计方法，阶段总量为6.498亿吨，年度总量仍按每年上限递减原则设计。二是体现在覆盖范围上。哈萨克斯坦碳排放以能源为主，占全国总排放量的80%（2020年总排放量为2.72亿吨）。因而，碳排放权交易体系设计初期以能耗相关产业（电力行业、供热行业、油气开采业等）为主，纳入门槛为年排放量2万吨，重启后将覆盖范围扩大至建材加工业，此后保持相对稳定。三是体现在配额分配方法的优化上。这也是重启期间对碳排放权交易体系所进行的主要修订，在起步的第一、第二阶段，配额分配完全是基于历史排放水平的免费分配，其中2013年的配额分配采用2010年纳入实体未经核证的排放量，2014年和2015年分别采用2011年和2012年经过核证的排放数据，改革后则引入基准线法和配额有偿拍卖法，在第三阶段视为分配方法的过渡，允许企业自行选择采用历史法或基准线法为过渡，该阶段129家公司所属的225个排放设施中有149个设施采用基准线法，76个设施采用历史法，此后全部采用基准线法。此外，哈萨克斯坦碳市场也初步建立了市场灵活机制和履约抵销机制，允许阶段内配额存储但不允许跨期存储，抵销机制使用上虽无数量限制但存在定性要求，减排项目及减排量均需经生态与自然资源部审批。

3. 黑山

黑山位于欧洲巴尔干半岛中西部，于2008年底递交加入欧盟的申请，于2010年获得欧盟候选国地位。黑山在对外关系上以加入欧盟为首要的战略目标，因此在国内环境经济政策制定中多以欧盟为导向，国内碳排放权交易体系的筹建也主要考虑到入欧后的接轨问题，参照欧盟碳排放权交易体系进行设计以确保一致性。黑山2019年总排放量约为360万吨，国家碳市场于2020年2月正式开始运行，计划于2050年实现碳中和目标。

在碳市场立法方面，2019年12月，《防止气候变化负面影响保护法》

（以下简称《气候法》）在黑山正式实行，该法要求制定一套全面的应对气候变化政策，包括温室气体排放清单、低碳发展战略、国家级 MRV 体系等，初步提出建设国家级碳市场。2020 年 2 月，《关于颁发温室气体排放活动许可证的法令》（以下简称 ETS 法令）获得通过，该法令确立了黑山碳排放权交易体系的基本框架，包括覆盖行业、纳入门槛、配额（温室气体排放活动许可证）交易规则、分配方法和市场稳定储备机制等。

在机制设计方面，在总量控制上实行绝对总量，2020～2030 年排放上限按照 1.5% 的削减系数逐年下降，2020 年、2021 年、2022 年的配额总量分别为 330 万吨、330 万吨、320 万吨。纳入行业由 ETS 法令明确，目前覆盖发电、炼油、焦炭生产、钢铁、水泥、玻璃、陶瓷、造纸等行业，并以产能或产量分行业确定纳入门槛（见表 10）。在配额分配上，2020～2022 年实施免费分配，计划于 2023 年启动拍卖①，设定拍卖底价为 24 欧元，拍卖所得将纳入国家环保基金，用以资助气候创新、新能源和环境保护工作。MRV 体系由 ETS 法令规定，企业需按期提交排放监测计划，并在每年 3 月 31 日之前向环境局（EPA）提交经核查的上一年度排放报告。在履约机制上，实行逐年履约，可依据《气候法》对法人实体或法人实体中的责任自然人处以 2000～40000 欧元的罚款。

表 10　黑山碳市场部分行业纳入门槛

行业	纳入门槛
发电	发电能力 20 兆瓦以上的电厂
钢铁	生铁或钢（一次或二次熔炼）每小时产能 2.5 吨以上的设施
水泥	水泥熟料（回转窑）日产量 500 吨以上，或石灰（回转窑或其他窑炉）日产量 50 吨以上的设施
玻璃	玻璃（含玻璃纤维）日熔化能力 20 吨以上的设施
陶瓷	陶瓷（含瓦、砖、耐火砖、瓷器等）日烧制产能 75 吨以上的设施，或容量 4 立方米以上、凝固密度 300 千克/米³ 以上的窑炉

资料来源：根据公开资料整理。

---

① 2022 年年中，黑山政府成立专项工作组对气候立法及碳排放权交易体系进行重新审查，预计将对 ETS 法令进行修订，并引入全额有偿拍卖。

黑山碳排放权交易体系中市场主体数量较少，2022年仅纳入普列夫利亚煤厂、KAP铝厂、托谢利克钢厂3家企业。尽管法令允许企业间交易，但配额主要通过政府分配和拍卖流通，尚未形成成熟的二级市场。在配额分配方法上，采取了历史法和基准线法，但基准年选取滞后，未在产量发生重大变化时进行更新，分配较为宽松。受能源价格飙升影响，首批3家企业中的2家目前处于停产状态。受上述因素影响，黑山碳排放权交易体系的实际运行效果有待进一步评估。

4. 美国华盛顿州

2021年5月，以《气候承诺法案》（Climate Commitment Act）的通过为标志，美国华盛顿州启动了限额与投资（Cap-and-Invest）计划，该计划旨在通过设定排放上限并投资可持续发展项目来减少温室气体排放，自2023年1月开始实施。为实现华盛顿州"2050年前排放水平降至1990年排放量的95%"的目标，限额与投资计划将分为三个阶段：第一阶段（2023~2026年）初始排放上限设定为6300万吨，相当于2015~2019年所覆盖企业平均排放量的93%，之后每年下降7%；第二阶段（2027~2030年）和第三阶段（2031~2034年）的排放上限将根据前一阶段的排放量和新加入企业的排放量进行调整，确保减排趋势。

该计划预计覆盖华盛顿州约70%的排放量，将纳入来自能源行业、工业、建筑行业和交通运输行业的企业实体约150家。在机制设计上，借鉴加州的总量控制与交易计划，通过免费分配、委托免费发放和拍卖的方式分配配额，其中：免费分配主要面向排放密集、贸易暴露的设施，均采用基准线法分配并确保逐年递减，如第一阶段设定为基准值的100%乘以实际生产或历史排放水平，第二、第三阶段则下降为基准值的97%、94%；委托免费发放主要面向电力和天然气公司，企业虽可以免费获得配额，但必须从中拿出一定比例进行委托拍卖，未拍卖的配额将不能用于交易；拍卖由生态部组织，计划每年举行4次，未售出部分配额将保留至未来拍卖。华盛顿州碳排放权交易体系之所以被称为限额与投资计划，其特色之一即体现在对拍卖收益的严格管理上，如要求来自电力和天然气公司委托拍卖中的收入必须使相应用户获益，生态部所设拍卖中的收益则必须用于气候适应、清洁交通、社区教育与健康等。

5. 巴基斯坦

巴基斯坦正在考虑建立国内碳排放权交易体系，并考虑通过碳信用与国际碳市场连接。2017年《巴基斯坦气候变化法》为巴基斯坦的气候政策提供了法律和制度框架。该法设立了跨部委的巴基斯坦气候变化委员会，负责制定国家的总体气候战略，还设立了巴基斯坦气候变化管理局，负责协调气候政策的制定和实施，此外还设计和编制了国家温室气体排放登记册并建立了数据库。气候变化部负责制定MRV路线图、建立国内碳排放交易计划框架和国家登记簿，目前，MRV体系建设工作已进入实施阶段。2019年12月巴基斯坦启动了碳市场全国委员会（NCEC）建设，负责协调部委在碳定价方面的活动。除国内碳排放交易计划外，巴基斯坦还计划启动基于信用碳抵销交易机制以与国际碳市场相连接，从而向伙伴国家提供碳信用，目前正在根据《巴黎协定》第6条起草国内文书条款。

6. 印度

印度正在考虑基于原有PAT计划建立碳排放权交易体系。2021年，印度电力部下属的印度能源效率局（BEE）提交了关于分阶段引入国家碳市场的草案，其中披露印度国家碳市场的建设将包含两个阶段：第一阶段，启动由国内碳抵销机制支持的自愿市场；第二阶段，启动强制受监管实体参与的履约市场。2022年7月，印度议会下议院通过了2001年《节能法》的修订法案，该法案为建立国内碳市场提供了法律依据，并授权签发碳信用证书，同年12月，该法案获得议会上院通过。根据2022年10月BEE发布的利益相关者咨询文件草案，印度的PAT计划（涵盖13个行业1000多个实体的强制性能效计划）将逐步过渡到履约型碳市场，碳市场将延续PAT计划以强度为基础的特征，并利用现有的MRV准则和行政基础设施。在管理机构上，印度环境、森林和气候变化部负责国家气候战略，电力部负责国家能源政策和国家碳市场，电力部下属的BEE负责具体管理和实施。

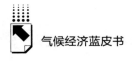
7. 越南

越南正在筹建国内碳排放权交易体系。2021年11月，越南政府发布了修订后的《环境保护法》。该法授权自然资源与环境部和财政部设计国家信用机制和国内碳排放权交易体系。该框架立法还授权自然资源与环境部设定碳排放权交易的上限，并确定限额分配方法。在越南实施国家信用机制和碳排放交易计划的路线图中，要求温室气体年排放量超过3000吨的设施从2025年起每两年提交一次排放清单报告，最初将侧重于钢铁、水泥和火电行业。

8. 印度尼西亚

印度尼西亚正在筹建国内碳排放权交易体系。印度尼西亚拟于2023年在发电行业实施基于强度的碳排放权交易体系，该碳排放权交易体系将分为3个阶段：2023～2024年（涵盖燃煤电厂）、2025～2027年和2028～2030年。2021年，印度尼西亚发布了关于碳经济价值工具的第98号总统条例，为包括碳排放权交易体系在内的碳定价工具（CPI）提供了国家框架。新的碳排放权交易体系最终将为"上限-税收-交易"混合体系，与2021年《税收法规协调法》中规定的碳税并行运作。未能履行该体系规定义务的设施将被征税，税率最终将与国内碳市场的价格挂钩。2021年，印度尼西亚在发电行业开展了基于强度的自愿试点，试点涉及32家发电企业，碳排放量占能源行业排放量的75%以上，平均碳价格为每吨二氧化碳2美元。2022年10月，环境和林业部发布了第21/2022号法规《碳经济价值实施指南》，为在印度尼西亚实施跨部门碳排放权交易体系提供了法律依据。

三 碳排放权交易体系设计对比

（一）覆盖范围

覆盖范围是碳市场建设过程中首要考虑的关键因素之一，对碳市场发挥减排有效性、经济有效性和保障公平性有着重要意义。覆盖范围主要包括温室气体种类、行业类型和准入门槛，由于各国或地区的温室气体排放结构和产业结构不尽相同，不同地区碳市场的覆盖范围也有些许差异。出于降低交易成本和管理成本的原因，碳排放权交易体系一般优先纳入排放量大、排放强度大、减排潜力较大、较易核算的行业和企业。因此，电力、钢铁、石化等排放密集型工业行业往往是各国碳市场优先考虑的纳入对象。除日本东京都碳排放权交易体系，其余几大主流碳排放权交易体系都将电力行业纳入管控行业。对于新西兰，近一半的温室气体排放来源于农林牧渔业，因此新西兰碳市场将林业、农牧业部门纳入管控；美国加州排放量最大的部门为交通部门，因此美国加州碳市场通过管控燃料供应商的方式控制交通部门的碳排放。中国各试点碳市场的行业覆盖范围有较大的区别，主要是因为各地经济结构和高碳行业有所不同，如以第三产业为主的北京、上海和深圳将服务业和公共管理部门纳入管控范围。目前中国碳市场仅纳入发电行业，主要是考虑到发电行业的碳排放量约占中国能源行业碳排放量的 40%，减排潜力较大且减排成本较低；发电行业绝大多数碳排放集中在 2000 多家发电企业，国有资产占比较高，政策实施的成本和阻力相对较小；发电行业的产品较为单一，经过近十年的数据报送，形成了较为良好的碳排放核算体系和数据基础。未来，中国碳市场也将综合考虑上述因素逐步扩容，纳入其他高耗能行业。

在技术可行的情况下，碳市场优先选择那些温室气体排放量大的控排企业，更有利于控制区域温室气体排放总量，降低机制的管理成本。国际上大多数碳市场都设置了排放准入门槛，如欧盟碳市场仅纳入 25MW 以上的火电设施，美国加州碳市场准入门槛为年碳排放量超过 2.5 万吨 CO_2 当量，中国碳市场准入门槛为年碳排放量超过 2.6 万吨 CO_2 当量。

针对管控气体，《京都议定书》中规定了 6 种需要减排的温室气体（ CO_2 、 CH_4 、 N_2O 、HFCs、PFCs、 SF_6 ）。现行的碳市场都将 CO_2 作为重点管控温室气体，加拿大魁北克碳市场、韩国碳市场等覆盖了 6 种温室气体，美国加州碳市场除了覆盖 6 种温室气体，还考虑了《京都议定书》第二期新增的 NF_3 。全球主流碳市场覆盖范围见表 11。

表 11　全球主流碳市场覆盖范围对比

碳市场	组织方式	覆盖气体	覆盖行业	覆盖比例
欧盟碳市场	跨界联盟型	CO_2、N_2O、PFCs	电力行业、工业、航空业	覆盖欧洲约40%的温室气体排放
英国碳市场	全国型	CO_2、N_2O、PFCs	民航业、能源密集型工业制造业、电力	覆盖英国约50%的温室气体排放
美国加州碳市场	地区型	6种温室气体、NF_3	电力行业、工业、交通行业、建筑行业	覆盖加州约80%的温室气体排放
美国RGGI碳市场	区域型	CO_2	以电力行业为主	覆盖相关区域约18%的温室气体排放
加拿大魁北克碳市场	地区型	6种温室气体	电力行业、工业等	覆盖魁北克省约78%的温室气体排放
新西兰碳市场	全国型	6种温室气体	电力行业、工业、航空业、交通行业、建筑业、废弃物处理行业及林业等	覆盖新西兰约49%的温室气体排放
中国碳市场	全国型	CO_2	发电行业	覆盖中国约40%的碳排放量
日本东京都碳市场	地区型	CO_2	工业、商业为主	覆盖东京约20%的碳排放量
韩国碳市场	全国型	6种温室气体	工业、建筑业、交通行业等	覆盖韩国约73.5%的碳排放量

资料来源：根据公开资料整理。

（二）总量控制

配额总量的多寡直接决定了配额的稀缺性，进一步影响碳价波动。配额总量的设置一方面应确保地区减排目标的实现，另一方面应低于没有碳排放权交易政策下的照常排放，配额总量与照常排放之间的差值就代表了控排企业需要做出的减排努力。欧盟碳市场、美国加州碳市场、美国RGGI碳市场等都采取了事前总量的方法，一般是根据历史排放设定基础排放量，根据政策力度设定逐年递减的总量削减因子。例如，欧盟碳市场第三阶段的配额总量为以第二阶段的年平均排放量和新纳入排放量为基础，每年线性递减 1.74% 而得到的总量，该系数在第四阶段增加至 2.2%。东京都碳市场根据减排目标为各管控设施设定排放上限，碳配额总量由各管控设施的碳排放上限自下而上汇总形成，且随减排目标逐年收紧。新西兰碳市场最初对国内配额总量并未进行限制，在 2020 年才引入具体的年度排放上限。哈萨克斯坦碳市场在第五阶段（2022~2025 年）采用阶段总量加上年度总量确定配额总量，阶段总量为 6.498 亿吨，年度总量按每年上限递减原则设计。

考虑到我国现阶段经济发展特征和以"强度控制"为主的减排目标，很难设定精准的配额总量，因此目前采用基于碳排放强度的总量控制方法，对控排主体施加相对上限，配额总量由各控排主体的碳配额上限汇总而成。中国各试点碳市场则结合实际情况灵活采用历史排放法、基准线法、历史强度法、博弈分配法、小比例拍卖法等不同方法组合形成的混合模式确定配额总量。全球主流碳市场总量设定见表12。

表12　全球主流碳市场总量设定对比

碳市场	总量设定
欧盟碳市场	第三、第四阶段总量削减因子分别为 1.74% 和 2.2%
英国碳市场	每年减少 420 万吨配额
美国加州碳市场	第一至第四阶段总量削减因子分别为 1.9%、3.1%、3.3% 和 4%
美国 RGGI 碳市场	总量削减因子：2.5%（2014~2020 年）、3%（2021~2030 年）
加拿大魁北克碳市场	总量削减因子：3.2%（2015~2017 年）、3.5%（2018~2020 年）、2.2%（2021~2023 年）
新西兰碳市场	总量削减因子：1%（2021~2030 年）、2%（2031~2040 年）、3%（2041~2050 年）
中国碳市场	配额总量基于强度设置法，根据企业实际碳排放量加总形成
日本东京都碳市场	配额总量自下而上设置，各控排主体碳排放上限由基准年排放量及履约系数决定
韩国碳市场	从 100% 免费配额，到第二阶段 97% 免费配额，再到第三阶段 90% 免费配额

资料来源：根据公开资料整理。

（三）配额分配

配额分配是碳排放权交易体系设计过程中的关键环节。在该设计环节中，要考虑两方面的内容。首先是选择合适的配额分配方式，即选择免费向企业分配配额，还是通过拍卖等形式进行有偿分配。免费分配不会对企业造成额外的显性开支，企业接受度高、实施阻力小；有偿分配则能够有效将温室气体排放的影响内部化，企业可将排放成本转嫁至上游行业，同时也提供了价格发现功能，有助于提升市场透明度。其次是如何确定分配至每个履约主体的配额数量，即配额分配方法的设计。常见的配额分配方法有 3 种：基于历史排放总量的历史排放法（祖父法）、基于企业单位产出排放量的历史强度法、基于行业碳排放权强度的基准线法（标杆法）。前两类方法可统称为历史法，均以企业过去的碳排放数据为依据进行分配，适用于碳市场建设初期，可以提高企业碳交易积极性，提升企业参与度；基准线法对数据要求较高，需要对产品进行较为细致的划分，不同行业间会存在一定的衔接问题，但对于纳入企业则相对公平，能够为效率更高的企业提供更好的激励。因此，不同分配方法在适用性上存在一定差异，在数据相对完善和纳入行业的产品较为单一的碳市场，配额分配方式多采用基准线法，而若纳入行业的生产工序较为复杂，数据基础相对薄弱，则更倾向于采用历史法。全球主要碳市场在设计配额分配方案时基于上述不同分配方法的适用性，结合自身纳入行业、数据基础、减排目标等特点形成了各具特色的分配方式，如表 13 所示。

表 13　全球主流碳市场配额分配方法对比

碳市场	配额分配方式	具体行业配额分配方法
欧盟碳市场	免费分配+拍卖	免费配额基于减排基准发放给工业设施，不发放给发电行业，制造业免费配额发放需基于欧盟统一原则，针对新建的工业设施，建立新入预留储备配额
美国加州碳市场	免费分配+拍卖	2013 年，电力和高耗能行业纳入市场，2015 年交通和商用民用天然气行业纳入市场。免费配额主要分配给电力企业（不包括发电厂）、工业企业和天然气分销商，发电企业的配额在一级或二级市场中购买

碳市场	配额分配方式	具体行业配额分配方法
澳大利亚碳市场	免费分配+固定销售	固定销售:电力生产、固定设施能源使用、垃圾处理、污水处理、工业生产和无序排放等管控单位按固定价格为碳排放付费;对工业企业提供免费配额援助,免费分配的配额可以私下交易或卖回给政府,不允许储蓄
新西兰碳市场	免费分配+拍卖	农业和合格的工业生产者获得免费配额;液化燃料和固定式能源行业以及垃圾填埋企业无法获得免费分配。固定式能源供应、垃圾处理、液化燃料供应和人造温室气体等行业通过拍卖法获得
美国RGGI碳市场	拍卖	针对被纳入的电力行业,碳配额分配几乎全部采取设定拍卖底价的有偿拍卖模式。拍卖以季度为单位进行,3年为一个控制期

资料来源:根据公开资料整理。

目前,全球主要碳市场在建设初期多采用免费分配的方式,然后逐步过渡到"免费分配+拍卖"的混合模式,从而通过配额分配的差异引导市场资源流向减排贡献高的行业。较为特殊的是美国RGGI碳市场,为减少电力行业碳排放而设计,纳入行业单一,一直采用拍卖方式发放碳排放配额,严控配额预算并定期进行动态调整。中国试点碳市场在配额分配方面也积累了较为丰富的经验,基本形成了免费分配与拍卖共存、事前分配与事后调节相结合的分配方式。

总体而言,欧美发达国家碳市场普遍采取以区域当前排放水平为基础的配额分配方案,发展中国家碳市场则采取以区域历史排放责任为基础的分配形式。配额分配方式和方法的变化在一定程度上可以反映主管部门的施政倾向,对分配方法的动态调整和差异性设置可以引导市场资源流向减排贡献高的行业,国内外碳市场在配额分配方法的选择和更新中逐渐突显行业间的差异性,方式方法更具审慎性。

(四)交易机制

碳市场的交易机制是指碳市场上各种金融工具交易活动的规则和过程。碳市场的交易机制设计是一个复杂的过程,对其中市场主体、交易产品和市场层级等关键要素的确定也需要详尽地规划和考量。

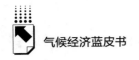

首先，市场主体主要包括履约主体，如工业和能源生产者，直接受到排放上限的约束。此外，还有机构、代理人、自愿关联实体等非履约主体，通常不直接受排放限制，但参与碳市场以提供流动性和价格发现等服务。在欧盟碳市场，履约主体包括大型工业企业和电力生产商等，金融机构等非履约主体也能参与交易，提供流动性和价格发现服务。欧洲环境署数据显示，2019年欧盟碳市场的交易量占世界总交易量的77.6%，其中金融交易者参与的交易量占欧盟碳市场总交易量的一大部分，对市场流动性有显著贡献。引入非履约主体能够为碳市场提供必要的市场流动性，确保碳市场的活跃度；丰富交易主体结构，提升市场的参与度和竞争性；形成多样化的供求结构，有助于更准确地发现价格。但同时，引入非履约主体也会增加市场风险管理的复杂性，特别是当这些主体参与衍生品交易时，可能导致市场操作问题，如价格操纵和投机行为。

其次，作为市场上的交易对象，常见的交易产品主要包括通过免费配额和拍卖配额两类方式获得的碳排放权，以及通过各种机制认证的减排项目即碳信用。为了满足市场参与者对未来碳价进行锁定、投机或风险管理的需求，碳市场还衍生出了碳期货、碳期权以及碳掉期等碳衍生品（Carbon Derivatives）。除此以外，随着碳市场的发展，一些金融机构还提供了与碳产品相关的金融服务，比如碳信贷、碳资产管理和咨询服务等。碳衍生品能够通过提升市场流动性和价格透明度，帮助形成长期的碳价信号，从而促进企业对低碳技术的投资和创新。欧盟碳市场就提供了碳排放权的期货和期权，使企业可以通过锁定未来的碳价格来规避自己的财务风险，并对未来的政策变化做出更精准的预测和准备。然而，碳衍生品也可能增加市场的系统性风险，特别是在过度投机和使用高杠杆的情况下。因此，引入碳市场衍生品应当在市场成熟、监管健全、市场参与者有明确需求的条件下逐步进行，以确保风险得到合理管理，市场参与者得到充分保护。

在碳交易市场层级上，主要分为一级市场和二级市场。一级市场主要是政府或授权机构通过拍卖或直接发放配额方式进行交易的市场，二级市场是在一级市场基础上，凭借已发行的配额或信用进行交易的市场，能够提供日常交易和流动性，是价格发现的主要场所。一级市场的配额拍卖为政府提供了稳定的收入，而二级市场则显示了碳价格的波动性，以及市场对政策变化的反应，并在价格发现和流动性提供中发挥重要作用。欧盟和美国加州碳市场都有活跃的一级和二级市场。根据市场的具体需求和目标，可以在一级市场和二级市场之间找到平衡点，以确保碳市场的稳定性和效率。全球主流碳市场交易机制对比见表14。

表14　全球主流碳市场交易机制对比

碳市场	市场主体	交易产品	市场机制
欧盟碳市场	履约实体、投资者、代理人、其他服务提供商等	碳排放权配额和金融衍生品，包括期货、期权、远期合约等	分为一级市场和二级市场两个层级，控排主体和非控排主体均可参与。欧洲能源交易所每天组织统一价格拍卖。现货、期货、期权和远期合约在二级市场上交易，既有交易所交易，也有场外交易
韩国碳市场	履约实体、政府指定金融机构、代理人	碳排放权配额、经认证的核证减排量、金融衍生品	分为一级市场和二级市场两个层级，拍卖由韩国证券期货交易所（KRX）每月组织一次。此外，KRX还管理着现货二级市场交易平台
美国加州碳市场	履约实体、选择加入的履约实体和经批准的自愿关联实体	碳排放权配额、经认证的核证减排量、金融衍生品	分为一级市场和二级市场两个层级，拍卖由美国WCI公司管理，进行季度拍卖。配额、用于抵销的碳信用和金融衍生品在二级市场上交易。任何有资格进入这些平台的公司都可以直接或通过中间商进行交易
美国RGGI碳市场	履约实体、提供财富担保的机构和个人	碳排放权配额和金融衍生品，包括期货、期权、远期合约等	分为一级市场和二级市场两个层级，拍卖每季度进行一次，所有配额均通过拍卖方式发放，拍卖市场向所有具备相关资格的主体开放，包括但不限于公司、个人、非营利性机构等，对外国公司参与配额竞拍并无特殊限制。二级市场主要包括配额实物交易以及金融衍生品交易两大类别
新西兰碳市场	任何新西兰碳市场注册账户持有人	碳排放权配额和金融衍生品，包括期货、期权、远期合约等	分为一级市场和二级市场两个层级，控排主体和非控排主体均可参与。拍卖每年举行4次。任何新西兰碳市场注册账户持有人都可以参与拍卖。大多数配额在二级市场交易。交易可以在公司之间直接进行，也可以通过交易平台进行。交易可以在现货基础上进行，也可以通过远期合约进行

资料来源：根据公开资料整理。

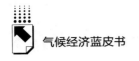

（五）市场调节

平稳有效的市场运行是碳交易机制能够向全社会释放碳价信号的关键一环。碳价水平主要取决于供求关系，通常由总量水平和配额分配来调节。然而，配额的有效期、履约周期的长短、市场参与主体的范围、交易产品的类型以及经济和技术发展的重大变化等其他因素，也可以对碳价信号造成影响。正因如此，通常需要建立调节和干预机制来防范市场波动风险，保证碳市场的价格信号不被扭曲，在持续激励减排的同时，又能确保全社会以最优成本实现减排目标。表 15 展示了全球主要碳市场所采用的市场调节机制。

表 15　全球主要碳市场调节机制对比

碳市场	市场调节和干预措施
欧盟碳市场	市场稳定储备（MSR）机制，当流通配额总量高于或低于一定数值时，MSR 机制将调整拍卖的配额供应量
美国 RGGI 碳市场	成本控制储备（CCR）机制，当碳价高于某个价位时，向市场发放配额 排放控制储备（ECR）机制，当碳价低于某个价位时，向下调整配额总量
美国加州碳市场	碳配额价格控制储备（APCR）机制，用于调节过高碳价 设置拍卖底价
新西兰碳市场	成本控制储备（CCR）机制，当碳价高于某个价位时，向市场发放配额 设置拍卖底价
韩国碳市场	市场储备 "做市商"制度 配额结转和预借

资料来源：根据公开资料整理。

欧盟采用的 MSR 机制旨在通过调节而非永久移除或添加配额来稳定市场，并不增加或减少总的减排量。MSR 机制提高了市场应对外部冲击的韧性，使欧盟碳市场能够更有效地适应经济波动和政策变化，成为确保欧盟碳市场有效运行的关键机制之一，有效助力欧盟实现长期减排目标。美国RGGI 碳市场采用成本控制储备（CCR）机制与排放控制储备（ECR）机制并行的创新市场调节机制，由于二者都有特定的触发价格，在共同作用之下，为碳价提供了一个保护范围。ECR 机制确保在碳价低于某一水平时，通过减少配额供应来加强减排激励，而 CCR 机制则在价格过高时通过增加配额供应来避免对经济造成过大压力，这种双向调节有助于更灵活地实现环境目标。美国加州碳市场设置了碳配额价格控制储备（APCR）机制，以避免碳价过高。新西兰碳市场通过拍卖底价和成本控制储备（CCR）机制来稳定市场价格，2023 年新西兰碳市场的拍卖底价为每吨二氧化碳 33.06 新元，预计到 2027 年将升至 44.35 新元。如果在拍卖中达到了预定的触发价格，相应数量的配额将被释放，以用于销售。

韩国碳市场允许配额结转和配额预借，结转机制允许企业将某一年度内未使用的排放配额保存起来，用于未来的排放需求，预借机制则是指企业在当前年度的排放超出其持有配额时，可以提前使用未来年度的配额来满足当前的排放需求。不过，预借也是有限制的，通常需要偿还或支付额外费用，以确保市场的整体配额供需平衡不会因为预借而被破坏。除此之外，韩国碳市场的一大特色便是引入了做市商，由做市商在碳市场中扮演提供流动性的角色，负责在交易中提供买卖报价，减少交易成本，提高市场效率。此外，做市商可以向政府借贷配额储备从而为市场提供流动性，并可通过配额或资金形式偿还所借碳配额。

总体来看，市场储备是较为常见的碳市场调节手段，政府往往会根据碳价而选择从储备池里释放更多配额或是从市场中吸收更多配额进入储备池，这样可以通过调节而非永久移除或添加配额来稳定市场，并不增加或减少总的减排量。除此之外，还可以通过设定拍卖价格上下限、配额结转及预借等方式来进行市场调节。

（六）履约抵销

履约机制有广义和狭义之分，广义的履约机制是指在碳交易机制下由主管部门规定的纳入企业应当履行的一系列义务的总和，其中既包括企业应执行的排放量监测、报告、核查义务等，也包括企业的清缴履约义务。狭义的

履约机制特指后者，即企业应当在规定时限内上缴与其排放量相当的履约产品（或称为履约工具）。通常履约产品既包括作为排放许可而核发的碳配额，也包括符合监管要求的碳信用（基于项目产生的自愿减排量）。针对履约义务下碳信用的适用性所做出的一系列详细规定即为抵销机制。可以看出，抵销机制与履约机制具有内在关联性。

表 16 给出了常见碳市场的履约抵销机制设计。

表 16 全球主要碳市场履约抵消机制

碳市场	履约机制	抵销机制
欧盟碳市场	未履约企业除应补足欠缴配额外，还会受到罚款，第一阶段为 40 欧元/吨，第二阶段提高至 100 欧元/吨，第三阶段引入通胀调整。未履约企业名单将被公布，各国可采取其他措施	第一阶段:未对 CDM 和 JD 项目做限制 第二阶段:增加定性和定量要求，抵销上限由各成员国设定，不接受 LULUCF、核电和大型水电项目 第三阶段:更为严苛，新增项目地域限制，只认可最不发达国家或与欧盟签订双边协议国家产生的减排量 第四阶段:不允许抵销
美国 RGGI 碳市场	从第三阶段起，引入中期履约管控，前两年每年需完成不少于当年排放量 50% 的履约，并在阶段结束时完成 100% 履约。未完成履约企业账户将被冻结，以防止划转交易。欠缴部分将受到 3 倍配额处罚及所在州的具体处罚	数量限制:抵销比例不得超过履约义务的 3.3% 地域限制:需在 RGGI 体系范围内产生 项目类型要求:仅允许以下三类项目: ①垃圾填埋甲烷减排 ②林业碳汇(新造林、改善管理或避免森林转换) ③农业粪便甲烷减排
加州-魁北克碳市场	每年 11 月 1 日前上缴前一年排放量的 30%，全部履约义务应在履约年度下一年的 11 月 1 日前完成。在年度或履约期截止日前，未足额上缴的企业将被标记，除需补缴外，欠缴部分还需额外 3 倍补缴。如仍未能履约，则根据《加州健康与安全法典》第 38580 节规定受到巨额经济处罚	数量限制:2013 ~ 2020 年为 8%;2021 ~ 2025 年降至 4%;2026~2030 年增至 6% 项目类型限制:仅允许美国森林项目、城市森林项目、畜牧业项目(甲烷管理)、臭氧层物质消耗项目、矿山甲烷捕获项目、水稻种植项目 区域限制:从 2021 年起，所用抵销量中不为本州提供直接环境效益的抵销项目(DEBS)比例需不超过 50%

碳市场	履约机制	抵销机制
韩国碳市场	未足额清缴企业将处市场价 3 倍以上的罚款，罚款数额上限为 10 万韩元/吨	第一阶段：只允许国内抵销信用 KOC，抵销比例不超过 10% 第二阶段：抵销总量仍为 10%，开始允许使用国际抵销信用 CER，但 CER 使用比例不得超过 5% 第三阶段：抵销总量降为 5%，对 CER 无额外数量限制，但对 CER 项目中韩企业的参与度有要求
中国碳市场	履约惩处：企业收到欠缴量 5~10 倍罚款（以履约截止日前一个月市场均价计算） 引入各类履约豁免机制和履约灵活机制	数量限制：不超过对应年度应清缴配额量的 5% 地区限制：不得来自纳入全国碳排放权交易市场配额管理的减排项目

资料来源：根据公开资料整理。

作为碳交易机制周期性管理的末端环节，履约机制起到约束排放企业如期、如实履行减排义务的作用，是确保碳交易体系对排放企业具有约束力的基础。履约机制在设计上通常需要包括两方面的内容：一是建立惩处机制，二是建立履约安排。常见的处罚手段可以分为罚款、下一年度配额核减（等量或惩罚性多倍核减）、信用处罚（如公示公告或记入征信系统等）三类。其中罚款是最常见的惩处手段，可执行性高但需要以制度立法作为前置条件，各碳市场的罚款倍率通常设定在 3~10 倍，以市场价作为参考。信用处罚通常作为辅助手段使用，由于其具有形式多样、操作灵活的特点，在分级管理的碳排放权交易体系下可以作为履约监管的自治性手段进行权限下放，如在欧盟、美国 RGGI 碳排放权交易体系中，均允许成员国（州）自行设立信用处罚；在中国的碳市场实践中，各省碳交易主管部门也可自行在辖区内引入信用处罚机制，作为履约管理和督促的重要手段。履约安排即对履约时限、进度、配额适用性的具体要求，还包括特殊情况下的履约灵活机制或豁免适用条款。现行碳排放交易体系通常为按年度或按阶段履约，由于按阶段履约往往横跨多个排放年度，需要企业具备长期碳预算能力，增大了履约风险，因此加州-魁北克等碳市场在建设过程中均逐步引入了阶段性履约进度要求。履约配额的适用性也是需要审慎处理的要素之一，考虑到配额本身具有时间标签（分年度或分阶段发放），通过设定某些年度配额对当前履约义务的适用性，可以调节配额供求情况，但将对配额均质化造成一定影响，实质上形成了多个交易品种。

抵销机制是履约环节的一项重要补充机制，也是打通强制碳市场和自愿碳市场的重要渠道。抵销机制具有三个方面的重要作用：一是拓展碳排放权交易体系的政策效用边界，为覆盖范围之外的行业企业提供减排激励，进而带动和促进碳中和产业发展；二是增加碳市场的稳定性，满足一定条件的碳信用可以作为配额的替代品，共同参与强制碳市场的供求与价格调节；三是降低履约成本。国内外碳交易的实践经验显示，由于减排量主要来自碳排放权交易体系外的减排主体，其并不负有强制性减排义务，因此碳信用的价格通常会比配额的价格更低，从而借助比较优势实现低成本减排[①]。在抵销机制设计中，通常需要考量以下核心要素。一是确保碳信用与碳配额的一致性，即对减排量的额外性、真实性和永久性进行论证，一般通过项目类型管理和审查来完成，同时需要避免重复计算，减排量产生于碳排放权交易体系之外是最基本的也是各交易体系通行的要求。二是控制抵销机制的消纳总量，确保强制碳市场不会受到大量碳信用冲击。这一般是通过设定抵销比例来完成的，美国加州、美国 RGGI、中国、韩国等成熟碳市场通常设定在3%~5%，一般不超过10%，抵销比例可动态调整。此外，也可以提前预估项目签发量，通过对项目类型做出限制（如欧盟第二、第三阶段）实施抵销总量的管控。三是建立清晰严密的登记管理体系。抵销机制实质上是跨市场的连接机制，涉及自愿碳市场与强制碳市场登记系统间的对接，必须建立

---

① Li, L., Ye, F., Li, Y., et al., "How Will the Chinese Certified Emission Reduction Scheme Save Cost for the National Carbon Trading System?", *Journal of Environmental Management*, 2019, 244: 99–109.

规范清晰的流转登记规则，确保用于抵销碳信用，不被挪作他用。在实践中有两类做法：一种是如中国、欧盟那样打通不同登记系统以实现项目的划转；另一种是如韩国碳市场那样建立减排量与履约工具间的转化机制，韩国核证抵销信用需要在特定预备期内经审批后转化为韩国核证减排量才能用于下个履约期抵销。

（七）连接机制

通常碳市场间的连接可以分为强、弱两种类型：强连接又称为直接连接，指碳市场允许控排企业使用一个或多个来自其他体系的排放单位用以完成履约，考虑到抵销机制是强制碳市场的重要组成要素之一，这里的排放单位既可以是碳配额，也可以是碳信用。在强连接之下，又可以细分为单向连接、双向连接、多边双向连接等。与强连接相对应的，还存在一种弱连接或间接连接形式，指当两个或更多的碳市场认可来自相同标准的碳信用单位时，就会产生间接连接。

目前，部分国家和地区已经进行了碳市场连接的探索，并形成多个合作案例。表 17 展示了 3 种代表性的碳市场连接案例。

表 17　全球代表性碳市场连接案例

一、对外开放型——韩国碳市场

概述	连接要点
韩国碳市场主要通过对海外减排项目的抵销认可建立与国际碳市场的连接	在第二阶段引入国际碳信用和国际碳信用单位，符合条件项目的减排量可以参与韩国碳市场交易，并在第三阶段撤销了对国际碳信用的额外限制，开放程度进一步提升 建立国际国内碳信用转换机制：符合条件的国际碳信用必须经审核后转化为韩国知识经济部所签发的韩国核证减排量才能进入国内碳市场 国际碳信用项目中，韩国企业应具有一定权属比例，其认定标准为：①至少20%的所有者权益，经营权或表决权为韩国企业所有；②韩国企业提供超过20%的减排技术成本；③项目由韩国企业与联合国认定的"最不发达国家"或世界银行分类的"低收入国家"政府共同开发

续表

二、强势主导型——欧盟与瑞士碳市场

概述	连接要点
2017 年，欧盟与瑞士就温室气体排放交易系统连接达成协议，两市场排放配额可以互认	瑞士拟定了《二氧化碳法案(修订版)》，修改瑞士碳交易市场规则，使之向欧盟靠拢 瑞士扩大行业覆盖范围，纳入航空业，允许非控排主体参与，使之与欧盟保持一致 欧盟登记处的欧盟交易日志与瑞士登记处的瑞士补充交易日志之间通过连接技术标准建立直接联系 双方配额实现双向流通 双方各自设定总量上限，各自单独举行拍卖

三、框架参与型——美国 RGGI 碳市场

概述	连接要点
2005 年最初参与的 7 个州共同签署谅解备忘录，启动 RGGI 项目，确立了统一的机制框架	2006 年在谅解备忘录下进一步制定了示范规则，各成员州据此分别完成本州立法并设立碳预算，形成统一的市场体系 各成员州共同进行评估，探索或修订项目设计要素 各成员州采用共同的排放总量上限 举行联合配额拍卖 使用共同的基础设施平台 成员州之间配额自由流通 中间有新的成员州不断加入

资料来源：根据公开资料整理。

　　碳市场间的连接可以扩大碳市场范围，利用不同市场体系下边际减排成本的差异，实现降低总体减排成本的目标。市场打通后，市场参与者的数量和类型倍增，有助于增强市场流动性，提高碳市场应对冲击的能力。此外，基于强制碳交易机制的市场连接还有助于促进贸易合作，确保贸易伙伴之间的竞争力不会因碳政策差异而扭曲。同时，市场连接也会传导市场波动和市场风险，削弱一国对本国碳排放权交易体系的控制。因此，在机制设计中需要基于以下原则审慎考量。

　　一是自愿性。每个市场自主决定是否连接，而不受外部强制干预。碳市场主管部门能够根据自身情况和政策目标灵活地选择适合的连接伙伴，并保留进入和退出的灵活性。这一点在以美国 RGGI 碳市场为代表的市场连接中尤为突出。事实上，RGGI 实行的第一原则是，各州都拥有独立的法律权利，各州法规都应与示范规则保持一致，同时允许各成员州有自由加入或退出的权利，如新泽西是 RGGI 的原始签署州之一，在 2011 年退出 RGGI 后又于 2020 年通过立法重新加入，确保市场连接的参与主体能够充分获得连接带来的经济效益和环境效益，提升碳市场的协调兼容性。

二是一致性。这要求连接方的碳市场设计要素具有一定兼容性或可比性，该点在以欧盟与瑞士碳市场为代表的强势主导型市场连接中体现得尤为突出。意愿连接方依据强势方的市场设计完成要素修改，或在启动之初参考强势方的市场设计本国碳交易机制，从而使两个市场间的配额单位具有可比性，为实现双方配额的互认和自由流通提供基础，这也是挪威、黑山、土耳其等国在加入欧盟进程中所采用的通行方式。

三是可行性。这要求碳市场连接不仅在技术和操作层面可实施，而且还应具有一定的政治效益和经济效益，从而为连接提供可持续的稳固基础。例如，韩国的对外开放型市场连接，正是基于政治和经济效益考量。参与国际减排被韩国视为寻求跨国合作、实现国家自主贡献的重要途径，只有韩国企业参与度达到一定比例的国际碳减排项目才能被转化为国内认可的履约工具，从而协助本土企业拓展海外环保项目市场，推动海内外就政策、技术、定价等进行合作。

四　全球碳交易机制创新趋势及发展展望

（一）覆盖范围不断扩大，配额总量不断缩紧

扩大碳市场覆盖范围是完善碳市场机制设计、提高碳市场影响力的主要途径。自 2005 年以来，国际碳排放权交易体系发展迅速，全球主流碳市场行业覆盖范围、温室气体覆盖范围不断扩大。欧盟碳市场每一个阶段都会根据不断提高的减排目标相应扩大覆盖范围，从地理范围来看，第一

阶段欧盟碳市场涵盖欧盟 27 个成员国，第四阶段增至 31 个国家；从行业部门来看，从第一阶段开始，欧盟碳市场涵盖了电力和制造业等部门，到第二阶段新增航空业，第三阶段新增化工、电解铝行业；从温室气体类型来看，第一阶段只涵盖 CO_2，成员国可自行决定纳入其他温室气体，到第三阶段包括但不限于 CO_2、N_2O、PFCs，排放总量约占欧盟温室气体排放总量的 40%。

配额总量直接决定碳市场的供求关系，进而影响碳价稳定。因此，配额总量适度从紧，能够有效保证稳定合理的碳价水平，促使企业从单纯履约过渡到采用更加创新的手段实施减排，以保证实现更加严格的减排目标。国际主流碳市场基本都在分阶段逐步收紧配额总量，以保证更严格减排目标的实现。欧盟、美国加州、美国 RGGI、加拿大魁北克、新西兰碳市场均设置了总量削减因子以确保配额总量逐年递减，且严格限制碳配额发放数量。中国碳市场第二个履约周期的碳排放基准值较首个履约周期有所下降，意味着发电企业可获得的配额减少。

2023 年 10 月 1 日，欧盟碳边境调节机制开始试运行，与欧盟碳排放权交易体系相辅相成，共同构成了欧盟实现其"气候雄心"的重要基础体系，美国、英国、加拿大、日本等国也都有意引进"碳关税"政策。未来，随着全球各主流碳市场减排目标的持续扩大，不排除将会出台"碳边境调节机制"等配套政策来不断扩大其碳交易机制的影响范围，变相扩大碳市场的覆盖范围。

（二）市场主体多元化，金融属性逐渐增强

随着全球应对气候变化的认识加深，碳市场正在快速演变和扩张。未来，预计会有更多的多元化市场参与者进入这一领域，其中包括传统的工业排放企业、能源公司，它们寻求通过碳市场来实现合规并降低自身的排放成本。同时，金融机构如投资银行、保险公司、基金管理公司等也开始积极参与碳交易，不仅为市场提供流动性，还开发出新的金融工具和投资策略，以应对气候变化带来的挑战。对于那些致力于实现环境目标的非营利性组织来

说，碳市场提供了一条实现其可持续发展愿景的途径。这些组织可能通过参与碳市场，资助森林保护或可再生能源项目来抵销碳排放。政府机构在制定气候政策时，也越来越依赖于碳市场作为减排目标的实现工具。此外，随着社会对环境责任的认识不断提升，个人投资者也在寻求通过购买碳信用来抵销其个人的碳足迹。市场主体的多元化不仅扩大了市场的广度，使之更加成熟和稳定，而且提高了流动性，这对于碳价格的有效发现至关重要。随着市场参与者数量的增加，需求和供给之间的动态平衡也更加复杂，促进了价格形成机制的完善。

与此同时，碳市场的金融属性日益显著。欧盟、美国、日本等碳市场在设计之初，便对交易产品赋予明显的金融属性。欧盟碳期货先于碳现货推出，在交易早期为碳现货的定价提供了依据，起到良好的价格发现作用。目前，欧盟碳市场已拥有碳期权、碳期货、碳租赁、碳债券、碳基金、碳指数、碳资产证券化等多种碳金融衍生品。2020年，欧盟碳交易量共计110亿吨，其中碳金融衍生品交易比重高达86.6%，是现货交易量的6.5倍。碳信用作为一种新兴的金融资产，其影响力也正在逐步扩大。例如，绿色债券市场正在利用碳信用作为创新工具，通过将其与债券收益挂钩，为投资者提供额外的激励措施，同时也推动着可持续发展目标相关投资产品的发展。碳金融产品体系的上线交易，充分发挥了碳金融的价格发现和风险对冲功能，能够平滑碳市场交易价格的波动风险，降低交易成本，平衡好绿色低碳投资中激励、跨期和风险管理之间的关系，实现碳市场资源、资金的优化配置。

（三）分配方法迭代创新，有偿分配占比提升

在配额分配方面，行业差异仍然是当前国际碳市场设计和确定配额分配方案的主要依据，同时也会根据总量减排目标和各行业减排潜力，在选择分配方式和方法时进一步考量不同行业间的公平性问题，从而体现出"共同但有区别的责任"原则。各碳市场在配额分配机制设计上总体呈现迭代创新的趋势。

一是持续优化和完善三类主流分配方法。国内外碳市场在建设初期，受限于数据基础和可操作性，历史法成为配额分配方案设计的初始选择。随着市场建设的不断完善，完全基于历史排放的配额计算方法难以协调不同企业的利益诉求，因而开始对历史法进行持续完善和修正，即在计算方法上，以企业的历史碳排放为基础配额，纳入多项调整因子，如前期减排奖励、减排潜力、对清洁技术的鼓励、行业增长趋势等，在实际运行过程中，各国也会对历史排放量的基准线进行定期调整和更新。这类计算方法的修正和调整可同样应用于历史强度法和基准线法，如中国的全国碳市场中在采用基准线法核算重点排放单位所拥有机组的配额量时，会考虑到不同机组的技术特性等因素，引入修正系数进一步提高核算准确性。

二是不断调整分配方法的适用行业。根据碳市场阶段性减排目标和行业特性，不断调整不同行业所采用的配额分配方法也是目前全球各大碳市场呈现的发展态势之一。其中，既包括对免费分配行业所采用的三类配额计算方法上的变更，也包括特定行业从免费分配到有偿分配的过渡。以我国试点碳市场为例，配额核定方法并不固定：深圳碳市场在2021年配额分配中，将针对公交行业、港口码头行业、危险废物处理行业、地铁行业的配额分配方法由基准强度法调整为历史强度法；北京市在2022年将其他发电（抽水蓄能）、电力供应（电网）两个细分行业的配额核定方法由历史强度法调整为基准线法。

三是从采用单一形式分配排放配额过渡至采用混合模式。国内外碳市场在建设初期大多采用免费分配的方式，然后逐渐开展有偿分配，体现出从免费分配到有偿分配转变的平稳性，尤其是在近年来新兴的碳市场中，拍卖的使用更加广泛。例如，美国华盛顿州碳市场在设计之初便确定了基于拍卖的分配方法，更加注重对拍卖收益的投资使用。在有偿分配规则的设计上日趋复杂精细，进一步对拍卖频率、时间表、拍卖定价、投标模式、拍卖参与者、认购拍卖等要素进行调整更新，达成价格发现、履约过渡或早期减排激励等多种政策目标。此外，对有偿分配收入进行规范管理和减排运用也是有偿分配机制下一步完善和发展的重点方向之一。

总体来看，未来国内外碳市场在配额分配实践中，将进一步注重突出分配方式的灵活性，完善初始分配规则的补充机制，并持续提高有偿分配比例以提供减排约束与激励。

（四）市场调节更加完善，逐步引入自动触发机制

碳市场的市场调节机制在维持有效的碳定价和确保市场稳定性方面扮演了不可或缺的角色。随着全球碳市场的逐步成熟，各碳市场开始借鉴和采纳多元化的创新机制，以应对潜在的市场波动并促进其健全运作。总体而言，市场调节机制在探索实践中呈现以下发展趋势。

一是从单向调节到双向调节。最初的碳市场调节机制主要采用单向调节，即通过拍卖投放碳排放配额来实现减排目标。然而，单纯的拍卖投放仅能调节市场供给侧，存在一定局限性，无法灵活应对市场需求的变化，因此逐步过渡到对供求的双向调节。双向调节不仅包括通过拍卖投放碳配额，还包括收购过剩的碳配额，以平衡市场供求关系，提高碳定价的灵活性和准确性。

二是从政府主导的相机抉择到自动触发调节。过去市场调节环节往往依赖于政府主管部门的人工决策与干预，在应对市场波动时不够灵活，难以通过告示效应有效引导公众预期，进而导致市场失灵或者碳价波动过大。为了解决这一问题，现阶段越来越多的碳市场开始建立自动触发机制，使市场能够自行完成调节。例如，欧盟碳市场实施市场稳定储备机制，通过自动调节市场上的额外碳排放许可数量，有效缓和价格波动并应对市场紧张状况。类似的还有美国 RGGI 的成本控制储备机制和排放控制储备机制。这些机制的设计和实施使市场能够更快速、更准确地做出反应。

三是调节规则和市场监管更加精细化。市场调节机制的灵活性和市场秩序的监管始终是调节机制的建设重心。随着碳市场调节机制的发展，对触发条款的设置更加趋于精细化，各主流碳市场在对量、价等阈值指标的设置上进一步优化，以提高市场调节机制的价格敏感度和市场反应速度。同时也建立了配套的补充规则来提供更多的市场调节工具，这一点在数量调控方面表

现得尤为突出，如英国碳市场的"返载"[①] 机制、韩国碳市场的配额预借和结转机制等。此外，更加注重对市场风险的事前事中监管，进一步加强对市场操纵和不当交易行为的预警性机制建设，从而尽早识别市场风险，预防异常波动，提高市场透明度，为碳市场的稳定、有效和公平提供机制保障。

（五）履约惩处趋于严格，抵销机制的发展重心转向国内

在履约抵销方面，主流碳市场近几年涌现出诸多亮点创新。一是引入履约过程控制。例如，RGGI 从第三阶段起，引入中期履约管控，前两年每年需完成不少于当年排放量的 50%。二是建立抵销额外性论证机制。例如，加州碳市场从 2021 年起要求抵销量中不为本州提供直接环境效益的抵销项目（DEBS）比例应控制在 50% 以下，位于加州境内的项目自动被视为DEBS。但考虑到加州以外实施的项目仍可能产生 DEBS[②]，加州将在最新的法规性修正案中进一步明确 DEBS 标准，并引入买方责任原则，即如果抵销额度因重复计算、超额发放或不符合法规要求而被认定为不符合抵销协议的要求，则加州可宣布该抵销额度无效。三是增加履约灵活性机制。中国的全国碳市场在第一个、第二个履约周期逐步引入了多种履约灵活机制，如设定履约缺口上限（为经核查排放量的 20%）、实行燃气机组豁免（清缴量不大于其免费配额量）、允许配额预支、针对承担重大民生保障任务的企业适用个性化纾困等。履约灵活机制主要为减轻企业履约负担而设定，通常适用于碳交易机制的起步阶段，经过中国试点阶段的实践验证，可以为碳市场平稳起步提供充分润滑和支撑。

比较各主流碳市场的履约抵销机制设计，结合最近涌现出的亮点创新，未来碳交易机制在履约和抵销环节预计将呈现以下发展趋势。一是履约惩处趋于严格。履约是关乎碳交易机制实现减排效用的核心关键，具有强制性、

---

① 返载（Back-Loading）是指将一部分配额延迟拍卖，只是暂时延迟，必须在同一交易期内投放回市场。这种方式对于市场总的供给来说影响比较有限。

② 例如，加利福尼亚州以外的一个森林项目通过改善流经该州的水质，被确定为在加利福尼亚州内提供了效益。

严肃性的突出特点。随着碳排放权交易体系立法的层级提升与修订完善，履约处罚在金额、倍率等方面将进一步严格，同时也将进一步丰富处罚机制的混合使用，从正反两方面共同建立对控排企业的评价激励体系，提高企业的遵约意愿，保障履约严肃性。二是抵销机制的发展重心转向国内。对外部碳信用的使用趋于严苛，代之以对国内自愿减排市场的发展和消纳。一些国家和地区开始倾向于不使用原有的国际抵销机制，如欧盟、美国等发达国家和地区不再接受 CDM 项目，部分发展中国家如中国也将抵销机制的发展重心转向国内，重点建设和引导本国自愿减排机制，从而加强对抵销机制的管控效果，扩展政策调整空间，促进强制碳市场与自愿碳市场的协同。

（六）自发性连接态势加强，亟待实现监管协同

比较主要碳市场连接机制设计，结合 3 种不同类型的实践案例，未来碳市场在连接与合作方面预计呈现以下发展趋势。

一是航空航运将成为形成国际市场连接的首要切入点。航空航运等排放量天然存在跨国划分问题，其带来的碳排放并不属于《联合国气候变化框架公约》（UNFCCC）建立的国际气候机制中的一部分，是跨国碳市场连接中需要解决的首要问题。2016 年国际民航理事会通过了国际航空碳抵销和减排计划（CORSIA），主要采用项目抵销的形式来促进减排。但目前CORSIA 计划只覆盖起点和终点两国均参与该计划的航线，如有一方未参与则不会被覆盖，且建设进展仍不明朗。考虑到碳泄漏和公平性问题，两国碳市场间以航空航运为起点建立连接有助于促进经贸合作并有效减少碳泄漏风险。在该问题上可以参考欧盟与瑞士的经验做法，建立航空航运业间的连接，明确航线排放归属并协同实施总量控制。

二是基于政治互信的区域市场连接与合作将更加广泛。应对气候变化具有外部性，政治互信和合作将有助于解决分歧，促进政策协调。长期以来，西方发达国家在市场机制和规则建立中保持主导地位，亚太、中亚地区则处于相对后发位置，广大发展中国家、易受气候影响的小岛屿国家有应对气候变化的共同需求，目前哈萨克斯坦、巴基斯坦、印度、越南、马来西亚、泰

国等已经纷纷计划或实质性开启碳市场建设。未来南南国家基于政治互信所形成的区域型市场连接与合作将是大势所趋，将有助于争取属于发展中国家的共同利益，形成全球气候治理体系下新的重要多边力量。

三是建立跨区域协同治理机构将成为普遍选择。在进行碳市场连接与合作时，双方应建立联合市场监管制度，为弥补跨区域碳市场治理力量的不足，必要时可设立独立的第三方机构以减少两个市场间的协调损耗。例如，欧盟、瑞士双方建立了联合委员会，负责衔接碳市场的具体行为及执行相关事项监管；RGGI 各成员州成立了独立的非营利性公司为各州提供技术和行政服务，并引入中立的第三方市场管控机构对拍卖与交易实施监督。跨区域协同治理机构将从协商议事职能起步，逐步实现系统监管方向的职能拓展，并进一步为打造统一的基础设施平台提供基础，将成为跨国合作的普遍选择。

B.4
全球自愿减排市场现状与展望

易毅 刘树 吴飞 陈宇轩 魏英 杨轶铭*

摘　要： 随着全球气候治理进程的加速，自愿减排市场深度参与国际碳定价，在后巴黎协定时代迎来全新挑战与机遇。本报告首先全面介绍了全球自愿减排市场建设情况，详细梳理了国际减排机制、独立减排机制和区域、国家与地方减排机制中的主流机制，并立足数据对全球自愿减排市场的发展趋势进行分析；其次，详尽回顾了中国自愿减排市场的建设历程，并从政府主导碳普惠平台、企业碳普惠平台和金融机构碳普惠平台三个维度梳理了中国碳普惠市场情况。在此基础上，总结了全球自愿减排市场建设的经验与启示，揭示了中国自愿减排市场的发展挑战与机遇，并对全球自愿减排市场的发展前景进行了展望。

关键词： 自愿减排　碳信用　碳普惠

1997 年，《京都议定书》提出"共同但有区别的责任"原则，要求发达国家缔约方进行刚性减排，并通过清洁发展机制（CDM）正式开启了全球自愿减排市场。自愿减排市场为强制碳市场控排主体提供低成本的履约渠

* 易毅，中碳登研究院副院长，中国人民大学经济学博士，高级经济师，研究方向为生态文明与区域发展；刘树，武汉碳普惠管理有限公司董事长，美国旧金山州立大学环境学学士，研究方向为碳市场机制设计、城市环境可持续发展；吴飞，中碳登研究院研究员，武汉大学环境工程硕士，研究方向为碳定价政策、绿色金融及转型金融；陈宇轩，美国加州大学伯克利分校硕士研究生，主要研究方向为数量经济学和可持续发展经济学；魏英，武汉碳普惠管理有限公司研发部副经理，南京信息工程大学环境工程硕士，研究方向为碳普惠政策、气候公众倡导；杨轶铭，中碳登研究发展部研究员，美国迈阿密大学（佛罗里达州）金融学硕士，研究方向为双碳背景下的绿色发展战略、碳定价机制与政策。

道，也为公司、机构与个人提供抵销自身碳排放的机会，具有支持碳中和产业与技术发展，以及自然生态资源价值实现的特点，正逐步发展壮大。2022年，全球自愿减排市场碳信用交易额达到19亿美元，交易总量达到2.54亿吨二氧化碳当量。为加速推进碳达峰、碳中和目标，积极履行大国气候责任，我国自愿减排市场暂停6年后已于2024年初重启开放，与我国强制碳市场形成双轮驱动格局，各地积极探索立足于小微企业与个人等主体的碳普惠机制，进一步强化我国碳市场完整性。本报告从全球自愿减排市场、中国自愿减排市场与中国碳普惠市场三个维度进行介绍，详细梳理自愿减排市场的核心机制并分析其运行现状，深入阐述中国自愿减排市场的发展历程，全面整理中国碳普惠市场的典型案例并进行分析对比，基于全文分析展望了自愿减排市场的发展前景。

一　全球自愿减排市场建设情况

（一）全球自愿减排市场的总体概况

国际上，自愿碳信用交易早于强制碳市场出现，1989年美国爱依斯全球电力公司与国际救助贫困组织以植树造林碳汇减排量为标的，首次进行自愿减排交易以抵销新建电厂的碳排放。此后，以未经标准认证与评估的碳信用为标的的交易持续发生，自愿减排市场逐步形成，但存在损害环境与社会、碳核算不准确等问题，一些自愿减排标准为解决市场乱象应运而生。1997年，《京都议定书》提出CDM，正式拉开全球自愿减排市场的帷幕。

发展至今，自愿减排市场的供给与需求两端逐步形成多元丰富局面。在供给方面，碳信用的开发为低碳技术与产业发展，以及林业、土地等自然生态保护提供资金支持，尤其使发展中国家受益。为支持碳信用开发，目前已形成国际减排机制、独立减排机制和区域、国家与地方减排机制并存格局。

最初，因以欧盟为代表的发达国家和地区的履约需求巨大，CDM一直主导自愿减排市场。然而，2012 年《京都议定书》第二承诺期签署国家数量的大幅减少导致 CDM 衰退，独立减排机制因其灵活性后来居上，成为目前最广泛使用的机制类型。在此期间，区域、国家和地方减排机制也逐步发展。在需求方面，自愿减排市场满足国际抵销（国际航空业碳抵销与削减机制和国家自主贡献）、国内抵销（区域、国家与地区的强制碳市场或碳税）和自愿抵销的需求，以及基于结果的融资①。

随着《巴黎协定》的签署，国际气候行动步伐加快，可持续发展机制、核心碳原则等创新机制不断提出，向自愿减排市场释放了强烈的变革信号。自愿减排市场 2021 年签发量、交易额和交易量等大幅增长，在 2022 年表现为碳信用价格上涨，市场对高质量碳信用的需求持续增长。在后巴黎协定时代，自愿减排市场已成为国际碳定价机制的重要构成部分，正迎来全新机遇与挑战。

（二）国际主流自愿减排机制

自愿减排机制是自愿减排市场的核心，其功能是确保碳信用的可信度和质量，提供一套开发与评估流程，以考察额外性、计算准确性、永久性、重复声明等，以及确保不会对环境与社会造成危害，保障碳信用对应的碳减排或去除实际发生。目前，自愿减排机制可分为国际减排机制、独立减排机制和区域、国家与地方减排机制三大类。本节主要围绕机制签发、碳信用用途、方法学种类与涉及行业、交易渠道和可持续发展性进行介绍。

1. 国际减排机制

国际减排机制是由国际气候条约管辖的机制，通常由国际机构管理。目前，具有代表性的国际减排机制主要是 CDM 和国际航空业碳抵销与削减机制（CORISA）。

（1）CDM。CDM 是《京都议定书》提出的灵活履约机制，签发碳信用 Certified Emissions Reductions（CERs），截至 2023 年底累计签发量共 23 亿吨

---

① 世界银行，*State and Trends of Carbon Pricing 2022*，2022 年 5 月。

二氧化碳当量[①]，是目前累计签发量最大的机制。CERs 主要用于 CORSIA 履约、哥伦比亚碳税、墨西哥碳税和韩国碳市场等。CDM 允许发达国家以提供技术与资金的方式，在减排成本较低的发展中国家实施减排项目并购买碳减排量用于自身减排义务履约。在方法学备案方面，截至 2023 年，CDM 已公布 160 余种方法学，涉及可再生能源、非可再生能源、能源分配、能源需求、制造、化工、建筑、交通、矿业、金属等领域。在交易渠道方面，CERs 可通过联合国碳抵销平台直接交易注销或经指定交易所场内交易进行所有权转移，前者是主要交易渠道。在可持续发展性方面，CDM 虽然要求东道国在项目批准书中确认可持续发展贡献，但大部分东道国尚无强制要求，CDM 委员会 2014 年发布的可持续发展报告工具也并未被广泛使用。

（2）CORSIA。CORSIA 是全球第一个行业性质的市场减排机制，于 2016 年由国际民航组织（ICAO）通过，力图在 2050 年之前实现全球国际航空业净零排放。CORSIA 与其他机制有所区别，该机制不指导开发碳信用，而是基于 2019 年碳排放量来计算国际航班应抵销的碳排放量，在无法通过技术改进和可持续航空燃料等实现减排的基础上，要求使用符合 CORSIA 排放单位合格标准的碳信用抵销碳排放增量，为自愿减排市场创造了需求。CORSIA 分 3 个阶段实施，试点阶段与第一阶段自愿参与，而第二阶段强制参与，并在不同阶段对基准线、抵销规定和合格碳信用进行差异化要求。CORSIA 目前认可标准见表 1。

表 1　CORSIA 目前认可标准

标准	试点阶段	第一阶段
美国碳登记处（ACR）	√	√
REDD+交易架构（ART）	√	√
可持续森林景观的生物碳基金倡议（ISFL）	√	

---

① CDM 委员会统计数据，数据代表已签发与签发中的 CERs 对应二氧化碳当量。

标准	试点阶段	第一阶段
中国核证自愿减排量（CCER）	√	
CDM	√	
美国气候行动储备（CAR）	√	
森林碳合作伙伴基金（FCPF）	√	
全球碳理事会（GCC）	√	
黄金标准（GS）	√	
社会碳	√	
核证减排标准（VCS）	√	

2. 独立减排机制

独立减排机制由私人或独立第三方组织管理，不受国际条约或国家政府管理，通常被称为自愿减排标准。目前，全球自愿减排标准已超过 20 种，独立减排机制已成为自愿减排市场的主要机制。据世界银行统计，2021 年自愿减排标准签发的碳信用占签发总量的 74%[1]，较 2015 年增长了 4 倍多。VCS、GS、ACR、CAR 是 2022 年自愿减排标准签发量前 4 位[2]。

（1）VCS。2005 年由非营利组织 Verra 设立，由国际气候组织、国家碳排放交易协会和世界经济论坛共同开发，其签发的碳信用为 Verified Carbon Units（VCUs）。VCUs 可以用于自愿碳抵销、CORSIA 履约、哥伦比亚碳税和南非碳税。近年来，VCS 年签发量持续占自愿减排市场第一位，已成为使用最为广泛的标准。在方法学备案方面，VCS 已备案 40 种方法学，涉及领域包括能源、制造、建筑、交通、农业、草原、林业等，且允许使用 CDM 与 CAR 方法学。在交易渠道方面，VCUs 可通过 Verra 登记系统交易或通过碳贸易交易所（CTX）进行场内交易。在可持续发展性方面，VCS 不强调项目的可持续发展性要求，所申请的项目只需提供环境影响评价和利益相关者的咨询结果，且满足当地环境影响评价的相关政策即可。不过，为了适应自愿减排市场对高质量碳信用不断增加的需求，Verra 推出了气候、社

---

[1] 世界银行，*State and Trends of Carbon Pricing 2022*，2022 年 5 月。

[2] 世界银行，*State and Trends of Carbon Pricing 2023*，2023 年 5 月。

区与生物多样性标准和可持续发展验证影响标准，可与 VCS 结合使用，相当于为 VCUs 的可持续发展性进行补充认证，提升可持续发展性。

（2）GS。由黄金标准基金会管理，世界自然基金会（WWF）和其他非营利性组织共同设立。GS 签发的碳信用为 GS Verified Emissions Reductions（GS VERs），可以用于自愿碳抵销、CORSIA 履约、哥伦比亚碳税和南非碳税。与此同时，CDM 产生的 CERs 可通过特定机制转换为 GS VERs。在方法学备案方面，GS 共备案 35 项方法学，涵盖造林/再造林、农业、燃料转换、可再生能源、航运能源效率和用水效益等领域。在交易渠道方面，GS VERs 可以直接在黄金标准登记系统交易并实时注销或通过 CTX 进行场内交易。在可持续发展性方面，GS 将联合国可持续发展目标作为核证项目的重要考察部分，要求任何项目必须为气候行动目标与另外两个可持续发展目标做出贡献。

（3）ACR。由环境资源信托基金于 1996 年成立的全球首个温室气体登记机构，2012 年成为加州碳市场抵销机制登记处，2023 年成为华盛顿州碳市场抵销机制登记处。ACR 签发 Emission Reduction Tonnes（ERTs）和 Registry Offset Credits（ROCs）两种碳信用，其中 ERTs 可用于自愿抵销和 CORSIA 履约，ROCs 可加以转换后用于加州碳市场抵销机制与华盛顿州碳市场抵销机制。在方法学备案方面，ACR 共备案 17 个方法学，涵盖工业过程温室气体减排，土地利用、土地利用变化与林业，碳捕捉与储存，废弃物处理与处置等领域。在交易渠道方面，ERTs 和 ROCs 可在 CTX 上市，也可以在 CBL 市场进行账户关联，然后进行场内交易，或通过场外交易签订协议并在注册登记系统完成划转。在可持续发展性方面，ACR 要求项目开发方识别并评估环境和社会影响，针对潜在的负面影响提供缓解计划，并阐述对可持续发展目标的贡献。

（4）CAR。一家于 2008 年正式成立的非营利性环保组织，总部位于加利福尼亚州洛杉矶，同样被批准成为加州碳市场抵销机制和华盛顿州碳市场抵销机制登记处。CAR 签发的碳信用为 Climate Reserve Tonnes（CRTs）、ROCs 与 Forecasted Mitigation Units（FMUs），其中 CRTs 可用于自愿抵销和 CORSIA

履约，ROCs 可加以转换后用于加州碳市场抵销机制与华盛顿州碳市场抵销机制，FMUs 可用于自愿抵销。在方法学备案方面，主要为自然气候方案、废物处理与甲烷销毁和工业过程与气体三大类型提供了共计 22 个方法学（该标准下被称为协议）。在交易渠道方面，CRTs 可以场外交易并在注册登记系统完成划转，亦可在 CBL 市场、新加坡 AirCarbon 交易所和美国洲际交易所进行场内交易。在可持续发展性方面，CAR 方法手册确立要避免负面的环境与社会影响，所有项目都要在登记与签发前进行定性的环境与社会影响保障分析，若项目导致或预期会导致严重的环境和社会影响，CAR 将不会签发此信用[1]。

3. 区域、国家与地方减排机制

世界银行 2023 年在相关报告中报道了 16 种区域、国家与地方减排机制，大部分区域、国家与地方减排机制根据自身情况设置规则和标准，也有部分机制接受国际减排机制或独立减排机制。需要注意的是，若接受独立减排机制，一些区域、国家与地方减排机制需要经过一定的转换程序，如加州碳市场抵销机制与华盛顿州碳市场抵销机制接受 CAR 和 ACR 产生的 ROCs，只是需要加以转换。本节介绍签发量较大的澳大利亚碳信用单元计划与加州碳市场抵销机制。

（1）澳大利亚碳信用单元计划。前身为澳大利亚减排基金，服务于澳大利亚气候目标，即 2030 年相较 2005 年减少 43% 排放，2050 年实现净零排放。澳大利亚碳信用单元计划签发的碳信用为 Australian Carbon Credit Units（ACCUs），可用于自愿抵销，或由澳大利亚政府购买以实现气候目标。澳大利亚碳信用单元计划共公布 31 个方法学，涵盖农业，能源效率，垃圾填埋场和废弃物，采矿、石油和天然气，交通，植被六大领域。在交易渠道方面，ACCUs 可通过澳大利亚国家登记处进行场外交易，实现转移或注销等功能，也可以在 CBL 市场进行场内交易。在可持续发展性方面，该计划指出购买方可能会偏好碳信用的非碳效益，提醒购买方自行确认。

---

[1] CAR, *Reserve Offset Program Manual*, 2023 年 10 月。

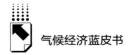

（2）加州碳市场抵销机制。加州强制碳市场基于西部气候倡议（Western Climate Initiative，WCI）设计，2008年WCI提出了农业、林业及废弃物管理3种项目优先参与到抵销项目中，美国加州与加拿大魁北克省相互协调地设计了自身抵销系统。目前，加州碳市场抵销机制共发布6种协议开发碳信用，包括美国林业项目、城市林业项目、畜牧业项目、废弃物管理项目、水稻种植项目和消耗臭氧物质项目，要求项目全部来自美国，旨在为美国境内带来环境、社会和经济协同效益。同时，加州碳市场抵销机制可以接受部分加拿大魁北克省签发的碳信用或经加州空气委员会批准转换而来的独立机制签发的碳信用。在抵销比例方面，加州碳市场抵销机制进行了分阶段设置，2013~2020年可抵销控排主体总排放量的8%，2021~2025年下降到4%，而2026~2030年会升至6%。在可持续发展性方面，加州碳市场抵销机制更关注项目是否减少或避免了州内不利的环境影响。

4. 创新机制

历经多年，自愿减排市场形成了多头发展、分散监管的现状，虽满足了各国不同减碳或负碳项目的融资需求，为市场提供了多样化碳信用，但面临机制间不互认、市场碎片化、价格信号差异大、缺乏统一监管与高质量碳信用等问题。全球已进入后巴黎协定时代，可持续发展机制（SDM）、核心碳原则（CCP）等创新机制将有助于自愿减排市场更好地发挥减排作用。

（1）SDM。《巴黎协定》第六条为建立国际碳市场探索了可能性，并提出了一种新的自愿减排机制——SDM。SDM将在较大程度上延续CDM管理机制，建立中央监督机构。在方法学方面，在SDM还未开发出方法学前可以使用CDM方法学。SDM产生的碳信用为A6.4ERs，可用于国家自主贡献、强制碳市场和自愿抵销等，若东道国不对其进行授权，则被标记为减缓贡献A6.4ERs，此类碳信用只可用于为国家的减缓活动做贡献，而不能用于自愿抵销。SDM收取5%的气候适应收益份额转入气候适应基金，用以帮助发展中国家支付气候适应费用，还将2%直接注销，确保全球排放总体减缓。SDM同样适用于第六条下的"相应调整"，即排除重复计算隐患，保障碳信用质量，但这一条款并未约束独立减排机制，有可能对独立减排机制签发的碳信用产生影响。

（2）CCP。为确保碳信用的质量与完整性，向市场供给高质量碳信用，自愿减排市场独立管理机构自愿碳市场诚信委员会发布 CCP，为高质量碳信用提供一套科学的评估框架。评估框架确定了治理、排放影响和可持续发展 3 个维度（见表 2），通过评估的自愿减排标准方法学所签发的碳信用可以贴上 CCP 标签。截至 2023 年，ACR、CAR 与 GS 已经被批准为符合 CCP 资格，VCS 和 ART 等将于下一批次进行评估。

表 2　CCP 评估框架

A. 治理	B. 排放影响	C. 可持续发展
有效治理	额外性	可持续发展的益处和保障
追踪	持久	促进净零排放
透明度	减排量和移除量的量化	
强有力的独立第三方审定和核证	避免重复计算	

（三）全球自愿减排市场运行情况

1. 市场总体现状——碳信用价格走高

根据 Ecosystem Marketplace 统计，全球自愿减排市场规模在 2008 年有明显增长，并在 2021 年大幅增长，2021 年市场交易总额较 2020 年增长了约 3 倍（见图 1），交易量也增长了 1.48 倍（见图 2）。2021 年的大幅增长与自愿减排市场签发量的增长趋势一致，2021 年碳信用的签发量从 327 $MtCO_2e$ 增加至 478 $MtCO_2e$，涨幅达 48%[①]。这在很大程度上是因为自《巴黎协定》以来每年举办的联合国气候变化大会，有力推动了全球气候治理进程和碳市场建设步伐，激发了碳信用的抵销需求。2020 年联合国发起"零碳冲刺"项目，号召企业、大学、投资者和城市、地区加入 2050 年碳中和计划，截至 2021 年 7 月，已有 733 个城市、31 个地区、3067 家企业、

---

① 世界银行，*State and Trends of Carbon Pricing 2022*，2022 年 5 月。

173 家大型投资机构和 622 所大学加入,以上参与者的碳排放已占全球的 25%①,大量释放了社会自愿抵销需求。

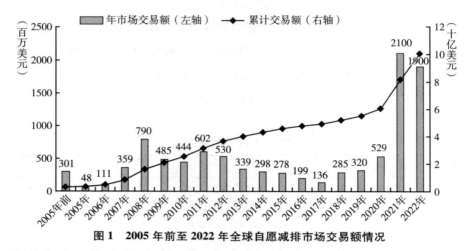

图 1　2005 年前至 2022 年全球自愿减排市场交易额情况

资料来源:Ecosystem Marketplace。

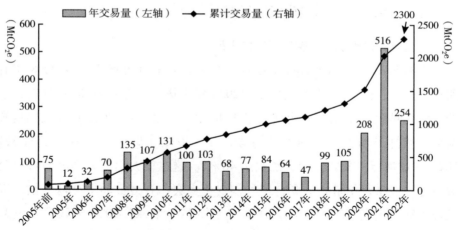

图 2　2005 年前至 2022 年全球自愿减排市场交易量情况

资料来源:Ecosystem Marketplace。

---

① 葛兴安:《企业碳中和浪潮与全球自愿碳市场的复兴》,《现代金融导刊》2022 年第 1 期。

　　将2021~2023年数据单独列示于表3进行比较，以分析近年全球自愿减排市场情况。如表3所示，2022年全球自愿减排市场交易总额与2021年相近，但交易量减少近一半，碳信用价格上涨了82%。2023年，碳信用价格略低于2022年，但依旧高于2021年。

表3　2021~2023年全球自愿减排市场情况

年份	交易量（MtCO₂e）	交易总额（亿美元）	价格（美元）
2021	517	21	4.04
2022	254	19	7.37
2023	49.2	3.34	6.97

注：2023年统计范围为2023年1月1日至2023年11月21日。

资料来源：Ecosystem Marketplace。

　　表4列示了各类碳信用2021~2023年的市场情况。相较于2021年，2022年除了农业类与家用或社区装置类碳信用外，其余各类碳信用的交易总量均有不同幅度的下降，而所有种类碳信用的价格都有所上涨，2023年价格整体小幅下跌，但依旧保持较高水平。这主要是由于随着应对气候变化工作的深入，市场对高质量碳信用的需求增大。

表4　2021~2023年各类碳信用项目市场情况

项目种类	交易量（MtCO₂e）		交易总额（百万美元）		价格（美元）		
	2021年	2022年	2021年	2022年	2021年	2022年	2023年
林业、土地利用	242.34	113.25	1401.46	1148.85	5.78	10.14	11.21
可再生能源	214.51	92.48	463.95	386.05	2.16	4.16	3.97
化工、制造	17.25	13.34	53.88	68.53	3.12	5.14	4.69
家用或社区装置	8.69	9.07	46.61	77.59	5.36	8.55	7.33
能效/燃料替换	10.94	6.60	23.58	35.58	2.16	5.39	3.69
废弃物处置	11.65	6.21	42.29	44.87	3.63	7.23	9.00
农业	0.99	3.78	9.53	41.70	9.65	11.02	6.43
交通	5.41	0.18	6.26	0.77	1.16	4.37	—

注：2023年统计范围为2023年1月1日至2023年11月21日。Ecosystem Marketplace未统计2023年的交易量与交易总额指标。

资料来源：Ecosystem Marketplace。

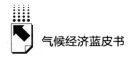

2. 各机制市场现状——CDM 签发量反弹,独立机制依旧领先

(1)CDM 签发量近期开始增长。CDM 的签发量于 2012 年达到顶峰,在此之前一直保持增长态势。2012 年后,《京都议定书》第二承诺期签署国家数量大幅减少,CDM 最大需求方欧盟碳市场只允许最不发达国家开发的 CERs 用于抵销,且经济危机导致欧盟碳市场配额供大于求,这些因素缩减了市场对 CERs 的需求,导致其签发量迅速下跌。然而,近些年 CDM 签发量有所回升,2022 年签发量占 32%(见图 3)。

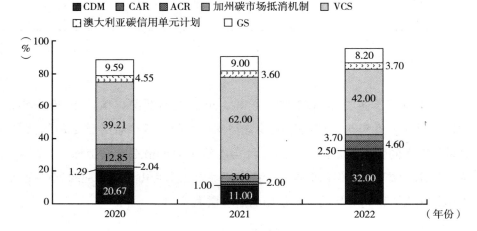

图 3 2020~2022 年各机制签发量占比情况

资料来源:根据世界银行数据整理。

(2)独立减排机制签发量仍居首位。2022 年,虽然 VCS 的签发量占比由 2021 年的 62% 降低至 42%,但依旧是全球签发量最大的机制,在独立减排机制中 GS 次之(见图 3)。根据 Verra 官网,VCS 签发碳信用已经减少或去除了至少 12 亿吨二氧化碳当量,认证了超过 2100 个项目,覆盖 95 个国家。截至 2022 年,GS 实现了 2.38 亿吨二氧化碳当量的减少或去除,其中可再生能源与社区服务活动占 84.35%,认证了 1652 个项目,覆盖 100 余个国家。

(3)区域、国家和地方减排机制的签发量占比相对稳定。根据世界银行统计,2014 年该类机制才开始在自愿减排市场中显现,但印度尼西亚、越南和南非等国正在搭建自身抵销机制，未来有望实现进一步增长。2020～2022 年，澳大利亚碳信用单元计划与加州碳市场抵销机制签发量的占比虽然还不大，但保持相对稳定，2022 年较 2021 年有所增长。

3.市场需求偏好——高质量碳信用获得溢价

高质量碳信用是当下自愿减排市场的核心诉求之一。"高质量"一词内涵丰富，本报告选取有无环境与社会效益、是否对除气候行动外的联合国可持续发展目标有贡献、发行时间 3 个方面，对碳信用价格进行比较（见表 5）。对于发行时间，相比于发行年份更为久远的碳信用，发行年份较近的碳信用所使用的方法学更为先进。

表 5　2021～2023 年各类碳信用项目市场情况

碳信用类别	交易量（MtCO_2e）		交易总额（百万美元）		价格（美元）		
	2021 年	2022 年	2021 年	2022 年	2021 年	2022 年	2023 年
无环境与社会效益	97.1	66.2	327	393	3.37	5.94	6.07
有环境与社会效益	163.1	55.4	819	587	5.02	10.6	10.08
对除气候行动外的联合国可持续发展目标无贡献	128	77.9	438	485	3.42	6.23	6.35
对除气候行动外的联合国可持续发展目标有贡献	132.2	43.7	709	505	5.36	11.58	8.76
5 年前发行	—	—	—	—	3.57	5.5	
近 5 年发行	—	—	—	—	5.05	8.68	
CORSIA	17.8	11.9	75	113	4.18	9.46	5.23
自愿减排市场	260.2	121.5	1147	988	4.41	8.13	7.59

注：Ecosystem Marketplace 未统计各类碳信用 2023 年的交易量与交易总额指标。部分数据因分析需要，与图 1、图 2 数据统计等口径方面有所差异。

资料来源：Ecosystem Marketplace。

整体上，2022 年的碳信用价格比 2021 年有所增长。在有无环境与社会效益方面，存在环境与社会效益的碳信用溢价在 2022 年达到 78%，高于 2021 年相应的溢价 49%。在是否对除气候行动外的联合国可持续发展目标

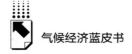

有贡献方面，2022年存在贡献的碳信用溢价达到86%，高于2021年相应的溢价57%。在发行时间方面，到2022年，近5年发行的碳信用溢价平均为58%，而2021年，近5年发行的碳信用的相应溢价为41%。除此之外，CORSIA会对碳信用进行评价，在一定程度上为碳信用质量背书，且符合要求并贴标的碳信用可以在市场上流通，因此满足CORSIA要求也在一定程度上被市场视为质量标签。2022年，满足CORSIA要求的碳信用价格相比于市场均价的溢价达到16.4%，2023年价格有所下跌，是因为CCP推出后有替代效应，或CORSIA将要迈入下一阶段的制度变革。

根据上述分析可知，市场购买方对高质量碳信用的需求越来越迫切，且愿意支付较高的溢价，提升并评价碳信用质量，将成为自愿减排市场发展的重要工作之一。

（四）小结

本节详细介绍了当前自愿减排市场的主流机制，并介绍了市场总体发展状况和近期发展趋势。目前，独立减排机制中的VCS和GS发展较好，VCS成为全球使用最广泛的减排机制，2012年后跌落的CDM的签发量近年有回升趋势。随着全球气候意识的不断增强，自愿减排市场的购买方愿意为高质量碳信用支付较高溢价，体现出气候减缓已不再是唯一的关注点，各类减排机制或标准需要不断改善以满足市场对高质量碳信用日益增长的需求。

二 中国自愿减排市场建设情况

（一）中国多层次自愿减排市场结构正在形成

中国自愿减排市场自2012年12月筹建以来，经历了2017年3月的暂停和2024年1月的重启，见证了中国碳市场的稳步发展和日益壮大。2023年底，全国温室气体自愿减排交易市场（简称"CCER市场"）项目和减排量登记、全国统一交易的规则体系顺利建成，并于2024年1月正式恢复交易。截至 2023 年，生态环境部已正式发布了首批涉及造林碳汇、并网光热发电、并网海上风力发电和红树林营造 4 个领域的方法学。在减排量需求方面，中国 8 个地方试点碳交易市场与全国统一碳市场均设有 CCER 抵销机制，可用于控排企业的清缴履约，并对使用比例等方面进行了限制。随着社会对消费端碳排放关注度的提升，碳普惠机制应运而生，成为强制碳排放权交易市场和 CCER 市场的重要补充。中国目前已有 30 余个省（市、自治区）积极探索地方碳普惠机制，近年更是密集出台相关管理办法或征求意见稿。此外，企业和银行也纷纷推出"碳账户"，鼓励员工和客户践行绿色生活方式。中国以全国 CCER 市场和试点碳市场为主、以碳普惠市场为辅的多层次自愿减排市场结构逐渐清晰。

（二）中国自愿减排市场发展回顾

随着《京都议定书》第一阶段的结束，2012 年我国开始筹建温室气体自愿减排交易机制。自 2015 年国家自愿减排交易注册登记系统上线后，CCER 市场的序幕正式打开。由于当时直接照搬 CDM，在实施过程中存在个别项目不规范、减排量供给远大于需求、交易空转过多等问题，因此 2017 年 3 月我国暂缓了 CCER 新项目的备案审批。CCER 市场虽然停滞了很长一段时间，但作为强制碳市场的重要补充，前期的探索证明其可以发挥碳市场价格发现和碳金融衍生品载体的作用。

1. 旧 CCER 市场签发项目与交易回顾

（1）减排项目类型与备案情况

2012~2017 年，CCER 项目要求开工时间在 2005 年 2 月 16 日之后，项目类型主要分为两大类。一类是由《京都议定书》所规范的由 CDM 转化而来的项目；另一类是按照国家主管部门备案的方法学新开发的项目。彼时，国家发改委分 4 批公布了 178 个备案的 CCER 方法学，几乎全部沿用了 CDM 中的项目方法学，且对大型项目和小微项目的流程没有区别。截至 2023 年 4 月 2 日，累计公示 CCER 审定项目 2871 个，获批备案项目达 1315 个，减排量备案项目达 391 个，累计完成 CCER 减排量备案共计 7700 万吨。

从已备案项目类型来看，超过六成为风电、光伏项目，共计1780个，占比62%。备案项目预计减排量最多的项目类型为风电、水电和煤矿瓦斯发电，尤其是水电项目，94个备案项目预计产生的减排量占所有项目预计减排量的22.79%。而数量第二多的光伏发电项目预计产生的减排量仅占所有项目预计减排量的6.14%。近来备受关注的林业碳汇项目在CCER暂停前仅公示审定项目97个，成功备案15个，签发3个[①]。

（2）减排量交易情况

2017~2023年，已备案的项目仍可运行交易，主要在国家各地区试点碳市场进行交易。截至2023年4月2日，中国各交易所CCER成交量共计4.52亿吨。其中，上海、广东、天津的CCER交易较为活跃，分别成交1.74亿吨、7263.4万吨和6689.1万吨，占全国CCER交易量的38.44%、16.04%和14.77%。处于交易活跃度第二梯队的是北京和四川。福建、湖北和重庆的CCER交易较不活跃，三者交易量合计占全国交易量的比例不超过6%，其中重庆交易量最少，占比仅为0.51%（见表6）。

表6 各市场CCER累计成交量（截至2023年4月2日）

地区	累计成交量（吨）	占比（%）
广东	72634898	16.04
深圳	28173747	6.22
天津	66891478	14.77
北京	48117260	10.63
上海	174044613	38.44
湖北	8620239	1.90
重庆	2292727	0.51
四川	36639538	8.09
福建	15394816	3.40

2. 各市场抵销机制对比

CCER可以用于全国和地方碳市场控排企业清缴履约时的抵销。生态环境

---

① 德邦证券：《林业碳汇行业深度：CCER重启在即，绿水青山就是金山银山》，2023年8月1日。

部颁布的《碳排放权交易管理办法（试行）》规定，允许可再生能源、林业碳汇、甲烷利用等碳减排量用于抵销工业企业碳排放配额的清缴。地方碳市场允许企业以 CCER 抵扣部分排放量，且各地方市场均限制了使用比例，并对具体项目类型、区域、时间等方面也有一定限制。其中，深圳、广东、湖北、天津、福建的抵销比例可达 10%，重庆为 8%，北京和上海分别只有 5%、3%（见表7）。各市场对 CCER 抵销比例施加限制，可以促进碳市场健康发展。CCER 抵销比例过高，相当于增加碳配额供给总量，可能会导致碳市场需求减少与价格低迷，削弱碳减排效果。CCER 抵销比例过低，则将无法充分发挥其在适当降低企业履约成本、推动碳配额价格发现、将碳价格信号扩大到更多行业、实现特定政策目标等方面的作用。全国碳市场在第一个履约期（2019~2020 年度）中，要求 CCER 抵销比例不超过应清缴碳配额的 5%，同时要求减排量不得来自纳入全国碳市场配额管理的减排项目。全国碳市场第一个履约周期累计使用 CCER 约 3273 万吨用于配额清缴抵销[①]，合计为风电、光伏、林业碳汇等 189 个 CCER 项目业主或相关市场主体带来收益约 9.8 亿元。

表7 全国和各地方试点碳市场 CCER 抵销限制

市场	比例限制	项目类型限制	地域限制	时间限制
全国	5%	无	无	2017 年 3 月之前获得的减排量备案
深圳	10%	可再生能源及新能源发电项目、清洁交通减排项目、海洋碳汇项目、林业碳汇项目、农业减排项目	风电、光伏、垃圾焚烧项目需要来自广东（部分地区）、新疆、西藏、青海、宁夏、内蒙古、甘肃、陕西、安徽、江西、湖南、四川、贵州、广西、云南、福建、海南等地；全国范围内的林业碳汇、农业减排项目；其余项目类型需要来自深圳市和与深圳市签署碳交易区域战略合作协议的地区	无

---

① 中华人民共和国生态环境部：《全国碳排放权交易市场第一个履约周期报告》，2022 年 12 月。

续表

市场	比例限制	项目类型限制	地域限制	时间限制
上海	5%	所属自愿减排项目应为非水电类型项目	长三角以外地区产生的CCER抵消比例不超过2%	2013年1月1日后实际产生的减排量
北京	5%	氢氟碳化物、全氟碳化物、氧化亚氮、六氟化硫及水电项目除外	50%以上来自北京	2013年1月1日后的减排量
广东	10%	二氧化碳、甲烷减排项目(二氧化碳、甲烷占项目减排量的50%以上);水电项目以及煤、油和天然气(不含煤层气)等化石能源的发电、供热和余能(含余热、余压和余气)利用项目除外;pre-CDM项目除外	70%以上来自广东	非CDM注册前产生的减排量
天津	10%	pre-CDM项目和水电项目除外	50%以上来自京津冀地区	2013年1月1日后的减排量
湖北	10%	非大中型水电类项目①、农村沼气、林业类项目②	来自本省连片特困地区③;来自长江中游城市群(湖北)区域的贫困县(包括国定和省定)④	2013年1月1日至2015年12月31日的减排量
重庆	8%	节约能源和提高能效项目;清洁能源和非水可再生能源项目;林业碳汇项目;能源活动、工业生产过程、农业、废弃物处理等领域的减排项目;明确排除水电减排项目	无	2010年12月31日后投入运行(碳汇项目不受此限)
福建	10%	仅来自二氧化碳、甲烷气体项目;不包含水电项目	无	2005年2月16日后开工建设

①此条为2015年的CCER抵销条件。
②此条为2016~2018年的CCER抵销条件。
③此条为2016年的CCER抵销条件。
④此条为2017~2018年的CCER抵销条件。

（三）中国自愿减排市场正式重启

1. CCER 市场强化规范

2023 年 10 月 19 日，保障 CCER 市场有序运行的基础性制度——《温室气体自愿减排交易管理办法（试行）》（以下简称《管理办法》）由生态环境部、国家市场监管总局联合发布。2023 年 10 月 24 日，生态环境部公布了首批涉及造林碳汇、并网光热发电、并网海上风力发电、红树林营造 4 个领域的方法学。随后，国家气候战略中心被确定为 CCER 注册登记机构，北京绿色交易所被确定为 CCER 交易机构。2023 年 11 月 16 日，国家气候战略中心公布了《温室气体自愿减排注册登记规则（试行）》和《温室气体自愿减排项目设计与实施指南》。2023 年 12 月 25 日，国家市场监管总局公布了《温室气体自愿减排项目审定与减排量核查实施规则》，规定了温室气体自愿减排项目审定与减排量核查的依据、基本程序和通用要求。2024 年 1 月 22 日，CCER 市场在北京宣布重启，并完成了首次交易。同日，国家认监委网站也发布了《关于开展第一批温室气体自愿减排项目审定与减排量核查机构资质审批的公告》。审查机构公布后，企业就可以按照方法学开发相应的 CCER 项目，进而促进自愿减排交易市场正常运行。一系列管理制度文件的出台预示着我国 CCER 市场的规范性发展，在国家"双碳"目标下，CCER 市场发展对企业增强碳信用合规意识提出了更高要求。

2. CCER 交易激活碳配额流动性

2023 年 11 月 16 日，北京绿色交易所公布了《温室气体自愿减排交易和结算规则（试行）》。根据该规则，全国温室气体自愿减排交易机构负责运行和管理全国温室气体自愿减排交易系统，提供全国集中统一的温室气体自愿减排交易与结算服务。全国温室气体自愿减排交易通过交易系统进行。CCER 市场的交易产品为核证自愿减排量，以及根据国家有关规定适时增加的其他交易产品。2024 年 1 月 22 日，CCER 市场重启后的首个交易日总成交量达 37.5 万吨，总成交额 2383.5 万元。其中，中海油集团购买了 25 万吨 CCER 用于旗下火电企业第三周期的碳排放履约。这一交易很好地诠释了

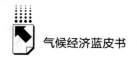
CCER 与碳市场之间的关系，CCER 可有效撬动企业节能减排的价值，通过市场实现"减碳有收益"。

（四）地方碳普惠市场"井喷式"发展

碳普惠这一概念起源于 2014～2015 年，由武汉、广州等国家低碳试点城市①的课题成果转化而来。其初期政策目标是作为强制碳排放权交易制度、国家核证自愿减排交易制度的补充，旨在引导公众践行绿色低碳生活方式。一开始受到数字技术限制并未大范围推广，直至"双碳"目标提出后，这一创新机制才逐渐受到关注和重视。近年来，碳普惠市场呈现"井喷式"发展的良好势头，受到越来越多地方政府和企业的青睐。从各地的实践来看，碳普惠已成为实现"低碳惠民"的重要工具，其政策功能主要体现在以下几个方面：一是营造全民参与"双碳"行动的良好氛围，使绿色低碳生活方式成为公众的自觉选择，进而推进绿色消费体系建设；二是广泛调动各类市场主体主动降碳的积极性，促进区域绿色低碳新质生产力的培育和发展；三是协同推进减污降碳、无废城市、生态产品价值实现等政策措施的实施，赋能城市高质量发展；四是落实构建以政府为主导、以企业为主体、社会组织和公众共同参与的现代环境治理体系。

根据建设主体的不同，可将市面上的碳普惠平台分为三大类：政府主导的、企业主导的以及金融机构主导的碳普惠平台。

1. 政府主导的碳普惠平台

随着能耗"双控"向碳排放强度和总量"双控"转变，碳普惠机制逐渐成为各地落实碳达峰、碳中和目标任务的重要工具。截至 2024 年 4 月，全国已有超过 11 个省（自治区）和 35 个地级市建立了由政府主导的碳普惠体系。其中，13 个省市已出台碳普惠体系建设实施方案，9 个省市已出台碳普惠管理办法，3 个省市建立了碳普惠专家委员会（含筹建），10 个省市已发布了碳普惠方法学，5 个省市已签发了经核证的碳普惠减排量。从各地建设进展和成效

---

① 2010 年湖北省、广东省被列入第一批国家低碳试点名单；2012 年武汉市、广州市被列为第二批国家低碳城市试点。

来看，试点区域碳市场对碳普惠机制的有效性起着关键作用。

在碳交易试点省市中，北京、广东、重庆、深圳、湖北已明确碳普惠减排量（或类似提法）可对碳配额进行等比例抵销，这为减排量消纳提供了重要保障。这些省市凭借试点碳市场的独特优势，较早地开展了碳普惠实践，并在制度建设、方法学管理、政策协同创新等方面做出了重要探索。广东是最早探索省级碳普惠机制的省份，截至2022年底，已有17个自愿减排项目通过核证备案，减排量约12.3万吨二氧化碳当量，市场成交额超过200万元。武汉成立了全国首家专业化运营碳普惠的国有企业，打造了全国首个政府控碳、企业降碳、个人低碳三位一体的可持续运行模式。其中，针对个人的"武碳江湖"小程序不仅首创在线核算和签发个人低碳行为减排量的功能，还创新性推出"分布式碳账户"，拓展企业参与减排量消纳的途径，大幅提升市民的获得感和体验感。上海将碳普惠写入《上海市浦东新区绿色金融发展若干规定》，探索碳账户在绿色金融产品和服务方面的作用，并提出将不同类别方法学签发的减排量进入不同的消纳渠道①，避免过多减排量引发碳市场通胀。上海还推动三省一市政府共同签署了《长三角区域碳普惠机制联动建设工作备忘录》，探索跨区域共建共享合作模式。深圳将碳普惠写入《深圳市碳交易支持碳达峰碳中和实施方案》，以充分发挥碳交易促进社会绿色低碳转型的市场机制作用。在政策支持方面，《深圳市促进绿色低碳产业高质量发展的若干措施》提出对碳普惠方法学开发、碳普惠场景运营机构给予财政资金支持。北京尽管尚未出台系统的碳普惠体系规划文件，但是已应用绿色出行碳普惠激励机制推广MaaS（出行即服务）平台，探索了跨部门协助模式。重庆的"碳惠通"聚焦碳普惠在生态产品价值实现路径方面的应用，发布了乡村振兴林业碳汇等领域的18个方法学，其碳汇量可用于司法代偿、碳中和等。截至2024年3月，"碳惠通"平台累计交易减排量360.7万吨，交易额9218万元。

---

① 依据Ⅰ类和Ⅱ类方法学签发的减排量均可以用于自愿减排市场交易、公益捐赠，也可以用于自愿碳抵销、自愿碳注销或者生态环境损害赔偿。依据Ⅰ类方法学签发的减排量可以用于上海碳市场配额履约抵销。

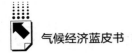

在非碳交易试点省市中，浙江、江西、山西、海南、山东等也提出了建立省级碳普惠机制的构想。这些省市中的成都等城市，作为国家低碳城市试点，其建立碳普惠体系的初衷是创新低碳城市建设工作，以应对在全国统一的碳市场建成后，非交易试点地区无法再开展地方配额交易的情况。成都的"碳惠天府"项目首创了"公众碳减排积分奖励、项目碳减排量开发运营"的双路径碳普惠模式。苏州以工业园区为切入点，与国网公司合作打造园区碳普惠体系，实现减排量在园内供给和消纳。青岛的"青碳行"是中国首个以数字人民币结算的碳普惠平台，探索助力国家数字人民币试点工作。

2. 企业主导的碳普惠平台

企业主导的碳普惠平台常被称为"企业碳账户"，可根据服务对象的不同，进一步分为面向企业内部员工的和面向企业外部用户（即社会公众）的碳普惠平台（见表8）。

表8　企业主导的碳普惠平台概览

类别	行业	平台名称
面向企业外部用户	互联网金融	蚂蚁集团—蚂蚁森林
	交通运输	蔚来汽车—蓝点计划 快电—车主碳账户 哈啰—小蓝C碳账户 中国国航—净享飞行低碳行 广汽集团—车主碳账本 满帮—碳路计划 曹操出行—碳惠里程 美团—碳账户 滴滴出行—碳元气
	餐饮（外卖）	美团—数字人民币低碳卡 饿了么—E点碳
	物流	京东物流—青流计划 顺丰—绿色碳能量
	电商	京东零售—青绿计划 阿里巴巴—88碳账户
面向企业内部员工	电力	国家电投—低碳E点
	电子产品、信息技术	联想—乐碳圈

面向企业内部员工的碳普惠平台主要用于管理企业员工的碳足迹，以满足对"范围三"员工碳排放进行信息披露和管理的需求。通过记录和量化员工的绿色办公、绿色通勤、绿色差旅等低碳行为，并赋予相应的低碳权益，增强员工的低碳运营意识和能力。这不仅有助于企业履行社会责任，还能提升企业品牌形象。近年来，随着国内外众多品牌企业相继公布碳中和行动计划，越来越多的企业开始意识到员工减碳在企业碳中和进程中的重要性。例如，平安集团、清能集团、北汽集团等行业领军企业都建立了员工碳账户，旨在通过低碳运营实现降本增效，达到更大的碳减排效果。

面向企业外部用户的碳普惠平台通常具有较高的公众参与度和活跃度。企业利用自身的产品和服务优势，为用户提供便捷的碳普惠平台访问入口。特别是在低碳权益兑换环节，用户可以直接通过支付抵扣现金或兑换优惠券的方式，快速完成碳普惠减排量（或碳积分）从生产到消耗的闭环。据不完全统计，目前已有 16 个由企业主导、面向公众的碳普惠平台，涵盖互联网金融、交通运输、餐饮（外卖）、物流、电商等多个领域。其中，"蚂蚁森林"公益项目累计已有超过 6.5 亿名用户，减排累计产生"绿色能量"2600 多万吨（数据截至 2022 年 8 月）。

此外，还有一类企业专注于为政府和企业提供碳普惠平台的底层技术服务。例如，腾讯的数字碳中和可信计算平台"碳 BASE"、妙盈科技的"绿喵"、绿普惠的"碳账本"、碳足迹的"低碳英雄"等。其中，"碳 BASE"为政府赋能公益项目，为地方政府输出碳普惠平台整体解决方案，其首个落地应用"武碳江湖"小程序已于 2023 年 6 月在武汉上线。通过调取第三方生活服务平台的 Open API（开放接口）可接入公交、地铁、骑行等减排场景，并依托地方政府认可的方法学和区块链技术，实现在线实时签发个人减排量。

3. 金融机构主导的碳普惠平台

鉴于金融机构的行业特殊性，这类平台更多发挥的是作为碳减排绿色金融支持工具的属性。将居民绿色消费行为产生的减排量视为个人绿色信用的凭证，并据此提供绿色金融产品和服务（如绿色普惠个人消费类贷款等），从而促进普惠金融和绿色金融的融合发展。目前，已有中信银行、招商银行等多家金融机构推出了面向用户（社会公众）的碳账户（见表9）。其中，中信银行个人碳账户的注册用户数已超过68万名，累计实现了550吨的碳减排量。在个人绿色金融领域，湖州银行和衢州农商银行表现较为突出，其提供的个人碳信用贷款可用于购买节能环保产品、经认证的绿色住房以及新能源汽车等，探索推动绿色消费体系建设。

表9　银行碳普惠平台（碳账户）概览

类别	行业	平台名称
金融类企业平台	金融	衢州农商银行—个人碳账户 日照银行—个人碳账户 中信银行—个人碳账户 建设银行—个人碳账本 平安银行—低碳家园 中国邮储银行湖南省分行—C邮记 浦发银行—个人碳账户 汉口银行—个人碳账户 青岛农商行—碳惠通 招商银行—低碳有招 湖州银行—企业信贷客户碳账户

（五）小结

自2015年以来，中国的自愿减排市场在规模和成熟度上都取得了显著进展。特别是CCER市场的重启对于丰富碳市场交易品种、增强市场流动性、提高碳定价效率有重要推动作用。随着CCER市场和碳普惠市场的不断成熟和完善，将逐步形成一个庞大的碳交易生态系统，形成多层次碳市场来满足行业和区域碳排放总量和强度"双控"需要。越来越多的企业开始认识到减少温室气体排放对于可持续发展的重要性，并主动参与CCER和碳普惠减排量交易，实现减排目标。随着全国 CCER 市场、碳普惠市场持续完善配套政策以及交易制度，市场参与者将日益丰富。CCER 市场、碳普惠市场将与碳配额现货市场共同推动我国碳金融发展，持续推进我国绿色低碳转型，助力实现碳达峰、碳中和目标愿景。

三 全球自愿减排市场发展展望

（一）国际主流自愿减排市场发展的经验与启示

根据上文分析可知，国际自愿减排市场、CCER 市场、中国碳普惠市场在推动全球和中国的碳减排进程中各有侧重，为实现全球碳中和目标提供了多元化的路径和选择。

1. 国际自愿减排市场发展经验

国际自愿减排市场历经多年发展，积累了一系列宝贵经验，主要包括以下4点。

（1）推进系统化的制度变革，制定明确的标准和规则。国际自愿减排市场通常建立在完善的法律法规基础上，具有明确的减排目标、交易规则、监管措施等制度，这些持续更新的政策法规为市场的运行提供了明确的法律支持和制度保障。

（2）采用严格的监管与核查机制，重视碳信用的环境完整性。为了保证市场公信力和参与者信心，多数国际自愿减排市场都建立了严格的监管和核查机制，要求参与主体及时、准确地披露减排项目、碳信用交易等相关信息，确保减排项目活动所实现的核证减排量与基准线情景相比具有额外性，以便市场参与者做出明智的决策。

（3）引入多元化的市场参与主体，促进减排技术的推广和应用。成功的自愿减排市场吸引了排放密集型企业、环保组织、投资机构等众多主体的参与，参与主体的多元化加速了市场规模的扩大和市场流动性的提高，并通过技术创新、管理优化等手段，降低自身碳排放。

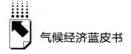

（4）加强与地方政策法规的协同，注重项目的协同效益。除关注项目减排量外，国际自愿减排市场还将注意力拓展至项目在本地气候变化、社区和生物多样性等方面的协同效益，部分国家政府通过提供税收优惠、设立碳基金等方式来推动自愿减排市场健康发展。

2.国际自愿减排市场发展启示

国际自愿减排市场在建设与运营过程中的成功经验和不足，将为建设更为统一、高效、透明的全球自愿减排市场提供宝贵的参考。

（1）逐步消除市场碎片化和标准碎片化现象，构建规则统一且交易透明的全球自愿减排市场。通过自愿碳市场诚信委员会（ICVCM）等有国际影响力的自愿减排组织，推动统一全球不同的碳信用开发方法学标准，以及一系列涉及项目开发、减排量核证、备案签发等流程的要求，且在全球范围内进行互认，逐步打通现存的分散且不互认的各类标准和体系。同时，采用核心碳原则或构建一套新的权威标准，全球各地无论按照现有的哪个标准和体系开发碳信用，只要符合上述权威标准规定，均可被全球企业认可，联通全球自愿减排市场，扩大市场规模并提高流动性。

（2）建设并完善交易、融资和数据等基础设施，平抑全球碳信用需求不稳定的影响。基于全球统一规则标准和管理体系，发起设立统一的全球自愿减排市场管理机构，逐步搭建具有项目识别、跨境交易、监测预警、信息披露、数据分析、征信对接等管理功能且架构完整的基础设施平台，出具可供全球自愿减排交易参考的碳合约，形成全球统一的指导碳价，便利全球企业开展碳信用产品交易、规划碳中和预算，降低交易成本，提高交易效率，以应对日益复杂的碳信用需求。在此基础上，各国可根据自身国情、产业结构和能源结构，制定相应的减排政策和措施，确保在全球范围内实现碳减排的协同效应。

（3）积极扶持减排潜力大但尚处于技术发展初期的减排项目，加速技术优化、降低开发成本，实现可规模化的新商业模式。支持开发二氧化碳捕集利用与封存（CCUS）等能为实现全球碳中和目标提供托底技术保障，但目前仍处于商业化早期阶段的项目。推动此类战略储备项目减碳方法学的开发与标准制定，并倡导全球企业优先采购此类项目产生的碳信用，加速推动相关技术发展，大幅降低技术成本，实现产业化，以此形成示范效应，带动更多低碳、零碳、负碳技术创新与进步，以更高效、更经济的方式助力实现全球减排目标。

（二）中国自愿减排市场发展的挑战与机遇

1. CCER 市场的挑战与机遇

（1）发展挑战

第一，CCER 的备案签发容量有限，碳信用额存在供给短缺的风险。目前中国温室气体自愿减排交易市场虽已重启，但截至 2024 年 4 月仅公布了 4 个温室气体自愿减排项目方法学，可供开发的减排量有限，仍有大量减排项目未被纳入，面对全国碳市场履约抵销、社会自愿碳中和需求日益增加等因素，CCER 市场总体面临严重供给不足。

第二，CCER 金融业务处于初期阶段，市场参与度有待提高[1]。目前，各地区正在稳妥有序地开展 CCER 质押贷款、开发挂钩贷款等金融业务探索，但受制于 CCER 的资产属性尚不明确、业务规模较小、价值评估和风控监管复杂等因素，市场活跃度有待进一步提升，现阶段难以合理实现碳资产增值。

第三，对跨境碳交易的统筹管理力度不足。目前我国是全球最大的碳信用供给国，对于国内按 VCS、GS 等标准开发的减排项目的跨境交易，缺乏统一监管，会对设置和完成国家自主贡献目标带来影响，需要从国家层面统筹管理与国际相关规则的衔接。

（2）发展机遇

第一，开发更多具有中国特色的自愿减排项目方法学。在现有 4 个方法学的基础之上，深入借鉴国际温室气体自愿减排机制的通用规则，同时充分考量中国的产业政策导向以及碳中和技术发展趋势，开发更多既与国际接轨，又具

---

[1] 刘海燕、于胜民、李明珠：《中国国家温室气体自愿减排交易机制优化途径初探》，《中国环境管理》2022 年第 5 期。

有中国特色，且与管理实际紧密结合的自愿减排项目方法学，这将有助于推动产生国际公认的高质量碳信用，为实现全球碳减排目标做出积极贡献。

第二，鼓励开发具有协同效应的 CCER 项目。目前全国碳市场的碳价水平与欧盟碳市场的碳价水平差距较大，需要在国家层面采取有力措施，在注重项目减排量的同时，逐渐将注意力拓展到能够带来协同效益的 CCER 项目，综合考虑项目对所在国家或地区的气候变化、社区和生物多样性、可持续发展目标的影响，积极与《巴黎协定》目标和联合国可持续发展目标保持一致[①]，通过购买本国碳信用的方式弥补碳价差，将更多应对气候变化的资金和技术留在中国境内，为应对欧盟碳关税等国际绿色贸易壁垒提供助力。

第三，建立国际互认的 CCER 标准体系。目前，CORSIA 已经认可了中国的 CCER，重启后的 CCER 市场需要顺应市场化、金融化和国际化趋势，连接全球碳信用的供给和需求，吸引更多资金参与，支持中国自愿减排市场建设，推动中国 CCER 市场与全球碳市场互联互通，积极探索与国际自愿减排市场的合作机会，加强与国际组织的沟通交流，推动 CCER 在国际上获得更广泛的认可和应用。

2. 中国碳普惠市场的挑战与机遇

（1）发展挑战

第一，消费端减排场景分散，缺乏统一的核算方法。碳普惠涵盖生活领域广泛的减排场景，具有量小、分散的特点，导致低碳行为的数字化监测要求较高，减排量计量难度大，尤其是以企业、金融机构为主导的碳普惠平台，很难避免重复计算的问题。为此，武汉碳普惠利用数字碳中和可信计算平台（碳 base）技术，建立了政府、企业和个人三方底层数据互通的碳普惠平台，有效解决了这些问题，实现了低碳行为滤重、减排量在线核算和登记。然而，尽管有了这样的进步，量化时缺乏统一依据的问题依然普遍存

---

① 高帅、李彬、邓红梅等：《〈巴黎协定〉下自愿碳市场的运行模式及对我国的影响》，《中国环境管理》2023 年第 4 期。

在。现有的部分碳普惠方法学在基准线情景识别与额外性论证等方面，相较于 CCER 市场要求更为宽松，多数消费端减排场景仍缺乏科学、统一的计算方法，从而难以全面量化市民的低碳生活。这也进一步影响了公众在短时间内累积足够的个人碳资产进行交易，降低了其参与碳普惠活动的积极性。

第二，应用场景跨领域、跨部门、跨层级，协调难度大。无论是在减排还是消纳场景，均涉及众多部门和领域，尽管碳普惠体系建设实施方案已经明确了各部门的职责，但鉴于各部门对碳普惠的认识和理解程度存在差异，部分部门的重视程度不够，相关工作推进乏力，碳普惠场景创建工作遇到"梗阻"，难以形成合力，从而影响了减排量从产生端至消纳端激励闭环的形成。

第三，可持续性激励机制有待完善。大多数地区现行制度设计主要依赖碳普惠平台的"碳积分"模式，期望通过积分兑换实现碳权益，而激励产品的成本通常由平台运营方自行承担，可兑换的场景普遍集中在优惠券、礼品等非刚需产品，高价值产品的兑换条件则较为苛刻，公众参与热情难以持续。此外，由政府主导的平台大多依赖政府补贴、公益赞助等形式，缺乏运营和维护资金支持，亦导致激励机制不可持续。

（2）发展机遇

第一，碳普惠体系的顶层设计逐步明晰。近年来，上海、深圳、武汉等多地相继发布碳普惠实施方案及相关管理办法，并对碳普惠机制衔接碳市场进行规定，带动全国范围内绿色低碳生活方式的广泛实践。在国家层面也陆续出台了一系列宏观政策规划和具体实施方案，其中《关于全面推进美丽中国建设的意见》等多个重要文件均明确提出了"探索建立'碳普惠'等公众参与机制"的类似目标，为进一步建立健全碳普惠机制提供了明确的政策指引。

第二，注重碳普惠项目规则更新。由于不同地区的地理环境、气候条件、经济发展水平、文化背景等不尽相同，碳普惠项目的设计和实施通常会因地制宜，呈现鲜明的区域特色。因此，其规则也将随地方政策调整、技术进步以及市场需求的变化不断更新完善，逐步提高碳信用质量，实现碳普惠

市场的可持续发展，成为全国自愿减排市场创新的"试验田"。

第三，促进先进技术创新和应用。全球环境保护正在迎来以创新为驱动力的全新治理模式，这种创新不仅包括科技创新，更涵盖全民参与的环境治理模式创新。利用"互联网+大数据+碳金融"的方式，从加强项目审核和监管、完善碳信用评价和认证体系、加强碳信用交易监管等多方面入手，政策激励、商业激励、公益激励和交易激励相结合，促进企业加快生产低碳产品、发展绿色供应链，从消费端减排反向推动实现生产端减排。

（三）全球自愿减排市场发展前景与展望

1. 自愿减排市场的规模将会显著扩大

自愿减排市场提供了一个机制灵活且成本效益高的方式来促进全球减排，其发展前景被广泛看好。一方面，根据 ICVCM 研究预测，为实现全球升温不超过 1.5℃的目标，全球碳排放量到 2030 年应较 2019 年减少 230 亿吨，其中大约 20 亿吨通过碳汇和碳移除实现。在不同的价格情景下，到 2030 年，市场规模将会增至约 300 亿~500 亿美元。另一方面，越来越多的企业和投资机构认为自愿减排行动应成为实现碳中和的新常态，对市场发展前景持乐观态度，并愿意为高信用度、高质量、高环境贡献项目的碳信用支付溢价。随着企业减排需求的持续增加，自愿碳信用额的需求将呈爆炸式增长。

2. 全球自愿减排市场将走向融合，市场诚信度和透明度提升

当前多个自愿减排市场在方法学、标准、注册登记和信息披露等方面的制度规则不一致，国际主要标准制定组织的公信力下降，导致市场整体诚信度和透明度受到影响，对相关项目的碳信用需求大幅下滑，低质量的碳信用将失去价值。在第二十八届联合国气候变化大会（COP28）期间，各方就推动建立标准统一、高诚信度和高透明度的自愿减排市场体系达成共识。随着各国政府和监管机构对自愿减排市场更加重视，全球自愿减排市场将有望在多方努力下，逐步在标准、规则、方法学等方面趋于统一，与其他主流碳市场进一步融合，形成"互补型"碳市场体系，推动建立更准确的碳价发

现机制，为低碳产品与绿色技术创新提供良好的发展土壤。

3. 中国正成为自愿减排市场发展最为强劲的国家之一

中国作为当前年二氧化碳排放量最大的国家，减排潜力巨大，中国政府在国家层面制定了碳达峰、碳中和相关政策，并采取了一系列积极有力的行动措施。待中国强制碳市场纳入八大行业后，能有效覆盖全国约 70% 的碳排放量，还有近三成的减排量依赖自愿减排市场实现。一方面，按照目前全国碳市场 50 亿吨配额规模测算，每年 CCER 需求量最大为 2.5 亿吨，目前新方法学下的减排项目尚不足以支撑 CCER 的需求，未来对碳信用的需求量将快速增长，推动 CCER 市场提速发展。另一方面，碳普惠的广泛实施将推动中国民生等领域的信息化进程，促进数字经济发展和气候治理模式创新，有助于发挥减污降碳、绿色消费、乡村振兴等多个跨部门政策目标的协同效应，有效补充 CCER 市场，共同推动实现可持续发展。

（四）小结

自愿减排市场是强制碳市场的有力补充，能够助力国家和企业实现碳中和，对于优化能源结构、促进生态保护补偿、鼓励全社会共同参与减排具有积极意义，在全球碳减排行动中扮演着越来越重要的角色，但其也面临着方法学不健全、标准不统一、国际影响力不足等挑战。未来，鉴于全球范围内应对气候变化的迫切需求，自愿减排市场有望进一步扩大并逐步完善，中国自愿减排市场也将迎来快速发展的机遇期。

B.5
中国碳排放权交易试点建设回顾与评价

何昌福　张雁　刘洋　白雪　张亚静*

摘　要： 实现碳达峰、碳中和是我国一场广泛而深刻的系统性变革。2011年，经国家发改委批准，我国 7 个省市开展碳交易试点。本报告系统总结了我国各地方碳市场在制度建设、机制设计、市场规模等方面取得的进展，并根据配额分配、履约、换手率等指标，对各地方碳市场的运行效率进行评估。根据对各地方碳市场各项工作进展的总结和运行效率的评估，分析了地方碳市场对全国碳市场建设的经验和启示，并进一步对未来地方碳市场的转型发展方向做了前瞻性的讨论。

关键词： 试点碳市场　碳排放权　配额分配

一　中国试点碳市场运行基本情况

（一）制度体系建设

2011 年 10 月 29 日，国家发改委印发《关于开展碳排放权交易试点工作的通知》，同意在北京市、天津市、上海市、重庆市、湖北省、广东省及深圳市开

---

* 何昌福，湖北碳排放权交易中心有限公司总经理，经济学博士，中南财经政法大学客座教授，主要研究方向为碳市场建设、绿色金融和碳普惠机制；张雁，湖北碳排放权交易中心有限公司副总经理，工学学士，主要研究方向为碳市场供需分析及定价机制；刘洋，湖北碳排放权交易中心有限公司碳交易部副经理，副研究员，东北大学矿业工程博士、博士后，美国弗吉尼亚理工学院访问学者，主要研究方向为重点产业碳减排潜力评估及脱碳路径设计；白雪，湖北碳排放权交易中心有限公司碳交易部员工，华中农业大学工学硕士，主要研究方向为重点产品碳足迹分析；张亚静，中国社会科学院大学硕士研究生，主要研究方向为可持续发展经济学。

展碳排放权交易试点。各试点省市加快区域碳交易制度体系的搭建，目前均已基本建成了"1+1+N"（人大立法+地方政府规章+实施细则）或"1+N"（地方政府规章+实施细则）的立法体系。各试点省市区域碳市场主要规范性文件见表1。

表1　各试点省市区域碳市场规范性文件

试点省市	文件名称	颁布单位
北京	《关于北京市在严格控制碳排放总量前提下开展碳排放权交易试点工作的决定》	北京市人大常委会
	《北京市碳排放权交易管理办法（试行）》（京政发〔2014〕14号文件）	北京市人民政府
深圳	《深圳经济特区碳排放管理若干规定》	深圳市人大常委会
	《深圳市碳排放权交易管理暂行办法》（深圳市人民政府令第262号）	深圳市人民政府
	《深圳市碳排放权交易管理办法》（深圳市人民政府令第343号）	深圳市人民政府
广东	《广东省碳排放权交易试点工作实施方案》	广东省人民政府
	《广东省碳排放管理试行办法》（粤府令第197号）	广东省人民政府
	《广东省碳排放管理试行办法》（广东省人民政府令第275号）	广东省人民政府
天津	《天津市碳排放权交易管理暂行办法》（津政办发〔2013〕112号）	天津市人民政府办公厅
	《天津市碳排放权交易管理暂行办法》（津政办规〔2020〕11号）	天津市人民政府办公厅
上海	《上海市人民政府关于本市开展碳排放交易试点工作的实施意见》（沪府发〔2012〕64号）	上海市人民政府
	《上海市碳排放管理暂行办法》（上海市人民政府令第10号）	上海市人民政府
湖北	《湖北省碳排放权交易试点工作实施方案》（鄂政发〔2013〕9号）	湖北省人民政府办公厅
	《湖北省碳排放权交易管理暂行办法》（湖北省人民政府令第430号）	湖北省人民政府
重庆	《关于碳排放管理有关事项的决定（征求意见稿）》	重庆市人大常委会
	《重庆市碳排放权交易管理暂行办法》（渝府发〔2014〕17号）	重庆市人民政府
	重庆市碳排放权交易管理办法（试行）	重庆市人民政府

制度体系的搭建，不仅解决了区域碳市场建设过程中的管理体制、配额分配、交易平台等关键问题，更有力推动了区域碳市场的快速建设，同时也为交易规则等配套制度的设计奠定了基础①。

2013~2014 年，7 个区域碳市场全部完成筹备工作并正式开市。同时，各区域碳市场加快相关配套制度的完善，基本建立了覆盖碳核查、配额分配、市场交易、履约、抵销等多项工作的全链条制度体系。各试点省市区域碳市场主要配套制度见表 2。

表 2 各试点省市区域碳市场主要配套制度（截至 2023 年 12 月 31 日）

试点省市	文件名称	颁布单位
北京	《北京绿色交易所碳排放权交易规则(试行)》	北京绿色交易所
	《北京市碳排放权抵消管理办法（试行）》	北京市发展改革委
	《北京市生态环境局关于做好 2022 年本市重点碳排放单位管理和碳排放权交易试点工作的通知》	北京市生态环境局
	《北京市碳排放权交易管理办法（修订）》（征求意见稿）	北京市生态环境局
深圳	《深圳市碳排放权交易市场抵消信用管理规定（暂行）》	深圳市发展改革委
	《深圳排放权交易所有限公司碳排放权现货交易规则》	深圳排放权交易所
	《深圳市 2023 年度碳排放配额分配方案》	深圳市生态环境局
广东	《广东省发展改革委关于碳排放配额管理的实施细则》	广东省发展改革委
	《广东省发展改革委关于企业碳排放信息报告与核查的实施细则》	广东省发展改革委
	《广东省企业碳排放核查规范(2022 年修订)》	广东省生态环境厅
	《广东省 2022 年度碳排放配额分配方案》	广东省生态环境厅
天津	《天津市碳达峰碳中和促进条例》	天津市生态环境局
	《天津市 2023 年度碳排放配额分配方案》	天津市生态环境局
	《天津排放权交易所碳排放权交易规则(暂行)》	天津排放权交易所

① 陈洪波、杨来：《"双碳"目标和能源安全下中国油气资源开发利用的战略选择》，《城市与环境研究》2022 年第 3 期。

试点省市	文件名称	颁布单位
上海	《上海市碳排放核查工作规则（试行）》	上海市发展改革委
	《上海环境能源交易所碳排放交易规则》	上海环境能源交易所
	《上海市2022年碳排放配额分配方案》	上海市生态环境局
湖北	《湖北省2022年度碳排放权配额分配方案》	湖北省生态环境厅
	《湖北省温室气体排放核查指南（试行）》	湖北省发展改革委
重庆	《重庆市工业企业碳排放核算和报告指南（试行）》	重庆市发展改革委
	《重庆市企业碳排放核查工作规范（试行）》	重庆市发展改革委
	《重庆市2021、2022年度碳排放配额分配实施方案》	重庆市生态环境局

（二）纳入行业及门槛

确定碳排放权交易市场覆盖范围是碳排放权交易体系建设过程中要解决的首要问题之一。各试点碳市场的覆盖范围虽然不尽相同，但均遵循"抓大放小"的原则，并基于当地产业结构和控排计划考虑纳入行业[1]。在最初的启动阶段（2013~2014年），各试点区域纳入的行业均以六大耗能行业为主，基本覆盖了试点区域的重点耗能与重点排放单位。其中，广东、天津碳排放权交易试点覆盖的行业排放总量约占地方排放总量的60%，其他试点碳排放权交易市场纳入行业的排放总量也分别占各地排放总量的40%以上。随着碳市场的交易运行，各区域不断扩充碳市场的纳入行业。截至2023年底，达到排放标准的工业企业已基本全部被纳入区域碳市场，并且未来更多非工业行业也可能逐步被纳入各碳市场。

在纳入门槛方面，各试点区域主要结合地方产业结构和经济发展水平设定不同的碳排放纳入门槛。随着各试点碳排放权交易市场的发展和完善，北京、广东等试点区域通过陆续扩充试点行业范围或降低行业纳入门槛，进一步扩大了碳排放权交易市场覆盖的行业范围。目前，各试点碳市场综合考虑

---

① 袁路、潘家华：《Kaya恒等式的碳排放驱动因素分解及其政策含义的局限性》，《气候变化研究进展》2013年第3期。

了管理成本、管理效率和碳排放量的覆盖比例等因素，选择不同的行业，确定不同水平的纳入门槛（见表 3）。目前，中国工业排放约占全国总排放的66%，工业化石燃料的燃烧排放是温室气体的主要来源，因此工业行业是各区域碳市场的控排重点[1]。

表 3　各区域试点碳市场总体情况对比（截至 2023 年 12 月 31 日）

试点	启动时间	覆盖行业/范围	纳入门槛	企业数量	配额数量	覆盖气体
深圳	2013年6月	供电、供水、供气、制造、平板显示、信息化学品及其他专用化学品行业，公交、地铁、港口码头、危险废弃物处理、污泥处理、污水处理、服务行业及高校重点排放单位	CO_2 排放量 ≥3000 吨/年	680 家	0.26 亿吨	CO_2
北京	2013年11月	热力生产和供应业、其他服务业、其他行业、交通运输业、石油化工生产业、水泥制造业、其他电力生产业、民用航空运输业	CO_2 排放量 ≥5000 吨/年	909 家	/	CO_2
上海	2013年11月	工业，发电、电网和供热等电力热力行业，数据中心，航空业、港口业、水运业、自来水生产业、建筑（商场、宾馆、商务办公楼、机场等）	工业企业：CO_2 排放量≥20000 吨/年；非工业企业：CO_2 排放量≥10000 吨/年	378 家	1 亿吨	CO_2
广东	2013年12月	水泥、钢铁、石化、造纸、民航、陶瓷、交通（港口）等行业和数据中心	CO_2 排放量 ≥10000 吨/年或年综合能源消费量 5000 吨标准煤，或运行机架数达到 1000 标准机架（数据中心）	控排企业：200 家新建项目企业：17 家	2.66 亿吨	CO_2

---

① 尚梅、徐紫瑞、陈德桂等：《重污染行业碳生产率动态演进路径及驱动机制研究——基于环境规制及技术创新视角》，《生态经济》2023 年第 7 期。

续表

试点	启动时间	覆盖行业/范围	纳入门槛	企业数量	配额数量	覆盖气体
天津	2013年12月	建材、钢铁、化工、石化、油气开采、航空、有色、机械设备制造、农副食品加工、电子设备制造、食品饮料、医药制造、矿山等行业	CO_2排放量≥20000吨/年	145家	0.75亿吨	CO_2
湖北	2014年2月	水泥、热力生产和供应、造纸、玻璃及其他建材、水的生产和供应、设备制造、纺织、化工、汽车制造、钢铁、食品饮料、有色金属、医药、石化、陶瓷制造及其他行业	工业企业：CO_2排放量≥13000吨/年	343家	1.8亿吨	CO_2
重庆	2014年6月	水泥、钢铁、电解铝、玻璃及玻璃制品制造、造纸与纸制品生产、化工、生活垃圾焚烧、机械设备制造、电子设备制造、其他有色金属冶炼和压延加工、石油化工、石油和天然气生产、陶瓷生产及其他行业	CO_2排放量≥13000吨/年	308家	/	CO_2及其他温室气体

资料来源：深圳市配额分配方案参见《深圳市生态环境局关于印发〈深圳市2022年度碳排放配额分配方案〉〈深圳市2023年度碳排放配额分配方案〉的通知》，https：//www.sz.gov.cn/cn/xxgk/zfxxgj/tzgg/content/post_ 10652419.html；北京市配额分配方案参见《北京市生态环境局关于做好2022年本市重点碳排放单位管理和碳排放权交易试点工作的通知》，https：//sthjj.beijing.gov.cn/bjhrb/index/xxgk69/zfxxgk43/fdzdgknr2/zcfb/hbjfw/2022/325814559/index.html；上海市配额分配方案参见《上海市生态环境局关于印发〈上海市纳入2022年度碳排放配额管理单位名单〉及〈上海市2022年碳排放配额分配方案〉的通知》，https：//www.shanghai.gov.cn/gwk/search/content/88d1f2dc6c1c468780b0b1a66998d478；广东省配额分配方案参见《广东省生态环境厅关于印发广东省2022年度碳排放配额分配方案的通知》，https：//gdee.gd.gov.cn/shbtwj/content/post_ 4058200.html；天津市配额分配方案参见《市生态环境局关于天津市2022年度碳排放配额安排的通知》，https：//sthj.tj.gov.cn/ZWGK4828/ZCWJ6738/sthjjwj/202212/t20221202_ 6049138.html；湖北省配额分配方案参见《省生态环境厅关于印发〈湖北省2022年度碳排放权配额分配方案〉的通知（鄂环函〔2023〕201号）》，https：//www.hbets.cn/view_ 1653.html；重庆市配额分配方案参见《重庆市生态环境局办公室关于做好重庆碳市场2021和2022年度配额分配及清缴相关工作的通知》，https：//sthjj.cq.gov.cn/zwgk_ 249/zfxxgkml/zcwj/qtwj/202311/t20231121_ 12586841_ wap.html。

　　从表3可以看出，即使不考虑电力行业，7个试点覆盖的行业仍均以工业为主。一般而言，试点省市第二产业体量越大，该区域碳市场的排放量就越大，即使市场纳入门槛偏高，企业数量相对较少，区域碳市场的规模依然

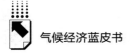

很大。例如，在7个试点碳市场中，湖北和广东的纳入企业数量分别排第4位和第6位，但2022年这两个区域碳市场发放的配额总量远超过其他碳市场。而第二产业体量较小的试点碳市场，为了扩大市场规模，纳入门槛往往相对偏低，并且除工业外，覆盖行业还包括服务、交通、港口、航空运输等行业，但区域碳市场规模却相对较小。例如，深圳的纳入门槛为7个试点碳市场中最低，并且纳入企业数量在7个碳市场中排第2位，但2022年度深圳发放的配额总量是已公开配额发放量的试点碳市场中最低的。

除纳入控排名单中的企业外，北京、上海、广东、深圳等试点均对低于纳入碳配额管理门槛一定范围的企业进行了碳排放监管，这主要是考虑到企业年度排放量通常具有波动性，因此碳排放权交易市场的控排企业名单保持动态更新更加符合市场变化规律。从全国碳市场角度考虑，在全国碳排放权交易市场启动后，也有必要对已纳入控排行业范围但又低于管控门槛的行业企业进行碳排放监管，并要求其报告年度碳排放量，待其达到碳配额管理门槛即纳入管理，以确保全国碳排放权交易市场的公平性。同时，按照分阶段逐步扩大碳排放权交易市场覆盖范围的要求，对于未纳入控排监管的行业企业，也要加强对其碳排放权交易能力建设的培训，提高企业的碳资产管理意识，并适时组织开展对未纳入行业的前期研究与纳入准备工作，为进一步扩大碳排放权交易市场覆盖范围做好准备。

（三）配额分配方法

各区域试点碳市场经过10年的探索运行，目前已基本形成较为完备的配额分配方法。各试点的生态环境部门每年发布《年度碳排放权配额分配方案》，确定纳入碳排放管理的控排企业名录，并公布当年的配额结构和分配方式①。目前，各试点碳市场采用的配额分配方法主要包括历史法、历史强度法和标杆法。除此之外，各试点碳市场结合自身减排工作部署和所纳入

---

① 潘家华：《"双碳"目标再解析：概念、挑战和机遇》，《北京工业大学学报》（社会科学版）2024年第3期。

行业特点，也设计出了具有区域特色的配额分配方法，如组合法、等量法等，各区域试点碳市场不同行业的配额分配方法如表4所示。

表4 各区域碳市场的配额分配方法（截至2023年12月31日）

试点	配额分配方法	应用行业/企业/工序/项目
深圳	标杆法 （行业基准强度法）	供电、供水、供气行业
	历史强度法 （历史产量强度法）	公交、地铁、危险废弃物处理、污泥处理、污水处理、港口码头、平板显示、信息化学品及其他专用化学品行业
	历史强度法 （历史增加值强度法）	制造业及其他行业
北京	标杆法 （基准线法）	火力发电、水泥制造、热力生产和供应、其他发电、电力供应行业和数据中心重点单位
	历史法 （历史总量法）	石化行业、其他服务业（数据中心重点单位除外）、其他行业（水的生产和供应业除外）
	历史强度法	其他行业中水的生产和供应业
	组合法 （历史总量法+基准线法）	交通运输业
上海	标杆法 （基准线法）	发电、电网和供热等电力热力行业及数据中心
	历史强度法	工业（产品3类及以下）、航空业、港口业、水运业、自来水生产行业
	历史法 （历史排放法）	商场、宾馆、商务办公楼、机场等建筑及产品复杂的工业企业
广东	标杆法 （基准线法）	水泥行业的熟料生产和水泥粉磨工序，钢铁行业的炼焦、石灰烧制、球团、烧结、炼铁、炼钢工序，普通造纸和纸制品生产企业，航空企业
	历史强度法 （历史强度下降法）	水泥行业、钢铁行业的钢压延与加工工序、外购化石燃料掺烧发电、石化行业煤制氢装置、特殊造纸和纸制品生产企业、有纸浆制造的企业、其他航空企业
	历史法 （历史排放法）	水泥行业的矿山开采、石化行业企业（煤制氢装置除外）
天津	历史强度法	建材行业
	历史法 （历史排放法）	钢铁、化工、石化、油气开采、航空、有色、机械设备制造、农副食品加工、电子设备制造、食品饮料、医药制造、矿山行业

续表

试点	配额分配方法	应用行业/企业/工序/项目
湖北	标杆法	水泥(外购熟料型水泥企业除外)
	历史强度法	热力生产和供应、造纸、玻璃及其他建材(不含自产熟料型水泥、陶瓷行业)、水的生产和供应、设备制造及纺织行业
	历史法	全部的:化工、汽车制造、钢铁、食品饮料、有色金属、医药、石化、陶瓷制造及其他行业; 存在企业生产两种以上的产品、产量计量不同质、无法区分产品排放边界等情况的:水泥(外购熟料型水泥企业)、热力生产和供应、造纸、玻璃及其他建材(不含自产熟料型水泥、陶瓷行业)、水的生产和供应、设备制造及纺织行业
重庆	标杆法 (基准线法)	水泥行业的熟料生产工序、电解铝生产工序
	历史强度法 (历史排放强度下降法)	水泥行业的熟料生产工序、电解铝生产工序之外的其他生产线/生产工序
	历史法 (历史排放总量下降法)	不满足行业基准线法、历史排放强度下降法的其他生产线/生产工序
	等量法	生活垃圾焚烧行业和页岩气开采行业、水泥熟料生产和电解铝生产新建项目(投产满一个年度前)、其他新建项目(投产满两个年度前)

资料来源:各区域碳市场2022年度配额分配方案。

从表4可以看出,目前,各试点碳市场的配额分配方法已经细化到结合行业生产工序以及企业产品数量等特点进行针对性设计。例如,广东、湖北、重庆均根据水泥企业是否外购熟料、产品生产数量等情况,对不同企业选择性地应用标杆法或历史强度法等进行配额分配。这主要是因为钢铁、水泥、电解铝等行业的企业通常碳排放量较大,并且这些行业往往生产工序复杂、产品类型众多,因此企业间的碳排放情况会存在较大的差异,仅应用单一方法对行业内所有企业进行配额分配难以保证企业间的公平性。不仅如此,有针对性地进行配额分配更有利于识别当下配额方案中存在的问题并及时进行调整和优化,不断提高行业的数据质量。

（四）市场交易规模

2011 年 10 月，国家发展改革委下发《关于开展碳排放权交易试点工作的通知》，批准在北京、天津、上海、重庆、湖北、广东和深圳开展碳排放权交易试点工作。2022 年度，7 个试点碳市场纳入的排放企业和单位共有 2963 家。截至 2023 年 12 月 31 日，各试点碳市场累计完成二级市场配额现货交易总量约 9.09 亿吨，达成交易额约 226.95 亿元。在 7 个试点碳市场中，累计成交总量较大的 3 个碳市场分别是湖北、广东和深圳，3 个试点碳市场累计成交量之和占 7 个试点碳市场累计总量的比例达到 79.2%。重庆和天津的累计成交量和累计成交额则相对较低，两者成交总量之和占 7 个试点碳市场累计总量的比例不到 9%。此外，从累计成交的平均价格上，历年以来北京、广东碳配额的平均价格相对较高，两者均在 25 元/吨以上，深圳和重庆则相对较低（见表 5）。

表 5　各试点碳市场配额现货交易累计成交量与累计成交额情况

试点省市	成交总量(万吨)	成交总额(万元)	平均价格(元/吨)
湖北	38778.56	957516.77	24.69
广东	21853.12	585150.16	26.78
深圳	11349.36	245138.79	21.60
上海	5755.63	133412.28	23.18
北京	5308.58	162215.85	30.56
重庆	4192.09	95221.76	22.71
天津	3644.55	90843.21	24.93
总　计	90881.89	2269498.81	—

注：数据截至 2023 年 12 月 31 日。

7 个试点碳市场运行至今，线上交易均保持了较高的活跃度。2023 年，在 7 个试点碳市场中，湖北、广东、重庆的交易活力较强，3 个试点一、二级市场的交易量之和占 7 个试点总量的比例达到 58.3%，其中，湖北和广东的总交易额排名居 7 个试点碳市场的前两位。表 6 展示了 2023 年各个试点碳市场的线上交易情况。

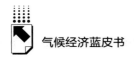

表6　2023年各试点碳市场线上交易情况

区域	一、二级市场总交易量（万吨）	一、二级市场总交易额（万元）	协商议价最高成交价（元/吨）	协商议价最低成交价（元/吨）	一、二级市场成交均价（元/吨）
湖北	1118.39	47189.20	52.13	37.20	42.19
广东	979.37	80662.17	87.50	60.57	82.36
重庆	677.42	19924.71	47.60	25.00	29.41
天津	575.20	18520.61	39.80	27.00	32.20
北京	517.84	28954.44	149.64	51.47	55.91
上海	490.85	32077.40	74.71	47.10	65.35
深圳	398.83	23408.50	67.06	50.53	58.69
合　计	4757.89	250737.01	—	—	—

　　如表6所示，2023年7个试点碳市场共完成线上配额交易量4757.89万吨，累计达成线上交易额25.07亿元。从市场波动性来看，北京试点碳市场最高成交价与最低成交价之间相差最多，是各试点碳市场中价格波动性最大的。重庆碳市场的年平均成交价最低，碳配额的价格有待提升。从市场流动性来看，湖北试点碳市场的总交易量最多，是各试点碳市场中流动性最高的，深圳试点碳市场的总交易量最少。此外，从碳配额价格来看，广东和上海试点碳市场的成交均价较高，在2023年分别为82.36元/吨和65.35元/吨，而重庆试点碳市场的成交均价最低，为29.41元/吨。

　　从2023年每日成交量的情况来看，广东、湖北碳市场的交易总量居前列，并且几乎每日都有碳配额交易，市场活跃度较高。重庆碳市场的总交易量最少，并且在1~2月的大部分交易日没有成交量，市场活跃度最低。上海碳市场的日成交量分布较为均匀，日成交量的变化幅度较小，市场集中度较低。深圳和天津碳市场的日成交量明显集中在6~7月，即交易量多集中分布在年中履约期截止日期附近，市场成熟度有待进一步提高。

　　总体来看，2023年全国7个试点碳市场的差异性仍然较大，运行效果也不尽相同，这与不同碳市场间的配额分配方法、MRV机制以及违约处罚等存在较大的差异有关。整体来看，广东、湖北的碳市场表现较好，重庆碳市场表现有待提升。

二 试点碳市场运行效率评估

碳市场是一种控碳减排的政策工具，有必要对其一定时期内的运行效率进行评估，通过碳市场发挥的实际作用，及时调整碳排放权交易机制，来实现既定的降碳目标。在碳市场的运行过程中，配额分配和履约阶段最能直观反映出碳市场的运行效率。一方面，配额分配作为碳市场的核心机制，其合理性和公平性直接关系到碳市场的稳定性和运行效率。通过对配额分配情况的细致剖析，能够更好地理解市场供求关系，从而为政策制定提供科学依据。另一方面，纳入企业的履约情况反映了市场主体的参与程度和责任感。纳入企业作为碳市场的主要参与者，其履约行为直接影响市场的运行秩序和减排效果。因此，对企业履约情况的深入研究有助于评估市场的成熟度和发展潜力。此外，交易连续性和配额换手率作为市场活跃度的重要指标，能够有效表征碳市场的流动性和投资者信心。通过对这两个维度的分析，可以判断市场的稳定性和发展潜力，从而为投资者提供决策参考。综上所述，为了合理评估碳市场的运行效率，有必要从配额分配情况、被纳入企业履约情况、交易连续性和配额换手率4个维度进行深入研究，以剖析碳市场在促进碳排放减少和生态文明建设方面所发挥的实际价值。

（一）配额分配情况

配额分配情况是碳市场运行有效性的基础。合理的配额分配应当确保碳排放权的市场价值得到体现，同时也要兼顾到不同企业的实际情况，起到激励企业减少碳排放的作用。配额分配的公平性和效率将直接影响企业的参与热情和市场的整体表现。

目前，各试点碳市场主要通过标杆法、历史法和历史强度法等进行配额分配，基于标杆值、市场调节因子、行业控排系数等因子的设计，各区域的生态环保部门以市场机制要求企业在限定的碳排放框架内运作，通过确定的配额数量促使企业主动减少碳排放量、降低碳排放强度或提高碳效率，从而

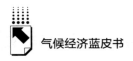

有效促进碳减排目标的实现。

在配额分配过程中，标杆法主要应用于那些对环境有重大影响、碳排放量较大的行业，如供水、供热、水泥生产等行业。标杆法主要从需求侧管理来实现减排，通过设计行业基准即标杆值，以有限配额分配的方式推动其他企业向行业基准看齐，从而达到行业整体减排的目标。同时，这种方法也为减排高效的企业提供了合理的奖励机制。某一行业标杆值的变化，可以反映该行业整体碳排放强度的变化，标杆值的降低在一定程度上也可以说明试点碳市场有效推动了该行业的整体减排。表7展示了碳市场开市前期（2014年）与近年来（2019～2022年度）各试点碳市场应用标杆法进行配额分配的部分行业的标杆值。

表7 2014年、2019～2022年度试点碳市场部分行业的标杆值

区域	行业/企业/工序	2014年度	2019年度	2020年度	2021年度	2022年度
北京	火力发电行业 （吨二氧化碳/兆瓦时）、 （吨二氧化碳/吉焦）	—	机组供电： 0.3694、 0.4341； 机组供热： 0.0528	机组供电： 0.3694、 0.4341； 机组供热： 0.0528	机组供电： 0.4341； 机组供热： 0.0528	机组供电： 0.4341； 机组供热： 0.0528
	水泥制造企业 （吨二氧化碳/吨熟料）	—			0.86	0.86
	热力生产和供应行业 （吨二氧化碳/吉焦）	—			0.0631	0.0631
天津	无应用标杆法行业	—	—	—	—	—
上海	纯供热企业 （吨二氧化碳/吉焦）	—	燃煤锅炉： 0.1046； 燃气锅炉： 0.06233	燃煤锅炉： 0.1046； 燃气锅炉： 0.06233	燃煤锅炉： 0.1046； 燃气锅炉： 0.06233	燃气锅炉： 0.06233
	发电企业 （吨二氧化碳/万千瓦时）	—	燃油： 8.103	燃油： 8.103	燃油： 8.103	燃油： 8.103
湖北	水泥企业 （吨二氧化碳/吨熟料）	—	0.7823	—	—	—
	电力行业燃煤机组 超临界600兆瓦 （吨二氧化碳/兆瓦时）	—	0.78408	—	—	—

续表

区域	行业/企业/工序	2014 年度	2019 年度	2020 年度	2021 年度	2022 年度
广东	水泥熟料生产线［4000 吨/天（含）以上普通熟料］	0.893	0.884	0.884	0.884	0.884
	电力行业燃煤机组超临界 600 兆瓦（克二氧化碳/千瓦时）	865	845	845	—	—
深圳	无应用标杆法行业	—	—	—	—	—
重庆	水泥行业熟料生产工序（吨二氧化碳/吨熟料）	—	—	—	0.8289	0.8244
	电解铝生产工序（吨二氧化碳/吨铝液）	—	—	—	7.7614	7.7557

资料来源：各区域碳市场 2014 年、2019~2022 年度配额分配方案。

由表 7 可以看出，自各试点碳市场正式运行以来，重庆试点碳市场的水泥、电解铝生产工序及广东的水泥、电力生产工序的标杆值均有所下降，在一定程度上说明广东、重庆试点碳市场有效推动了所在区域的减排降碳进程。

在碳排放权交易体系中，历史法可以为配额分配提供参考和依据，利用历史法根据各方的历史表现来进行配额分配，在一定程度上可以保证配额分配的公平性[1]。历史法主要适用于碳排放量较大、历史排放数据完整且准确的行业，如电力、钢铁、化工等行业。利用历史法进行配额分配，主要是鼓励企业在历史排放数据的基础上，通过技术进步和碳排放管理来降低碳排放强度。通过不断降低碳排放强度，企业可以在未来的配额分配中获得更多的配额，从而激励企业积极采取减排措施。目前，我国试点碳市场在应用历史法的过程中引入了市场调节因子和行业控排系数等因子来进行优化。市场调节因子可以根据市场供需情况对分配过程进行调整，确保配额分配的合理性和公平性。行业控排系数则可以根据不同行业的碳排放特点和减排潜力

---

[1] 张波、雍华中、陈洪波：《基于生态文明建设的企业低碳发展战略研究》，《北京联合大学学报》（人文社会科学版）2014 年第 2 期。

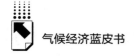
来调整配额分配比例，以激励企业积极采取减排措施。

除了标杆法和历史法，目前各试点碳市场还采用了历史强度法来进行配额分配。历史强度法主要适用于那些碳排放量与产出量密切相关的行业，如造纸、水泥等行业。这种方法是根据企业历史碳排放强度（即单位产出量的碳排放量）来确定未来的配额分配。设定合理的碳排放强度上限，可以鼓励企业通过提高生产效率和降低碳排放强度来获得更多的配额。历史强度法在实践中也展现出了其独特的优势。首先，它紧密结合了企业的实际生产活动，使得配额分配更加贴近企业的实际需求。其次，历史强度法鼓励企业通过技术创新和管理优化来降低碳排放强度，这不仅有助于实现碳减排目标，还能提升企业的整体竞争力。

碳市场运行的高效性是实现低碳经济发展的重要手段，其中对标杆法、历史法和历史强度法等配额分配方法的合理运用起到了关键作用。标杆法将行业先进排放水平作为基准，激励企业追求卓越的排放表现；历史法依据企业的历史排放数据，确保了配额分配的公平性和合理性；历史强度法结合了历史排放量和生产量，以历史碳排放强度为分配依据，进一步推动企业提高能效。这3种方法的有机结合，既保证了碳市场的公平性和透明度，又激发了企业的减排动力，有助于实现碳市场的高效运行，进而促进整个区域的绿色低碳发展。未来的碳排放权交易体系可以考虑进一步完善和优化配额分配方法，例如，可以加强跨行业、跨区域的合作与交流，共同探索更加科学、合理的配额分配方法。

（二）纳入企业履约情况

碳市场作为一种新兴的市场机制，需要在政府的宏观调控和企业的落实执行下配合运行，因此纳入企业的履约率是反映碳市场制度设计与运行情况的一面镜子，各个试点碳市场运行有效性的一个重要体现就是纳入企业的高履约率。纳入企业作为市场的主体，需要按照分配到的配额履行减排责任。企业的履约情况不仅关系到企业的社会责任和环境形象，也是碳市场发挥功能的重要保障。

　　自启动碳交易以来，各个试点碳市场的履约率均接近100%。如表8所示，2013~2022年，我国各试点碳市场的履约率均保持在96%以上，并且在2022年度，除重庆未公开数据外，其余6家试点碳市场的履约率均达到100%。

表8　2013~2022年度试点碳市场纳入企业履约率

单位：%

区域	2013年	2014年	2015年	2016年	2017年	2018年	2019年	2020年	2021年	2022年
北京	97.1	100	100	100	100	100	100	100	100	100
天津	96.5	99.1	100	100	100	100	100	100	100	100
上海	100	100	100	100	100	100	100	100	100	100
湖北	—	100	100	100	100	100	100	100	100	100
广东	98.9	98.9	100	100	100	99.20	100	100	100	100
深圳	99.4	99.7	99.8	99.0	99.1	99	99	100	99.87	100
重庆	—	70	—	—	—	<100	—	—	—	—

　　值得注意的是，各区域试点碳市场的高履约率并非偶然，而是在生态环境部门、纳入企业共同努力下的结果。一方面，政府部门持续加大对碳市场的监管力度，健全交易体系，不断完善市场机制，为企业提供了良好的交易环境。另一方面，随着碳市场的运行，纳入企业逐步提高对碳市场相关工作的重视程度，积极参与碳交易和配额履约工作。以湖北试点碳市场为例，自开市以来，湖北试点碳市场的履约率始终保持在100%，这主要得益于全面且严格的约束机制。湖北省生态环境部门每年印发《年度配额分配方案》，明确纳入企业的配额发放、履约及抵销机制，并且密切关注区域内纳入企业的经营动态，及时处理因关停、搬迁等原因无法履约的企业，积极督促省内纳入企业完成排放控制目标，从而实现开市至今保持100%履约率的优秀成果。

（三）交易连续性

　　区域碳市场作为一个旨在减少碳排放、促进绿色发展的市场化机制，其核心功能是通过交易机制实现碳排放权的流动，从而达到控制行业整体排放的目的。首先，碳市场的交易连续性保证了碳排放权的流动性和市场价格的稳定性,是碳市场运行有效性的重要体现。交易连续性有助于提高碳市场的吸引力和影响力,吸引更多的企业和个人参与到碳交易中来,增加市场的交易量和交易频率,从而提高市场的流动性和效率。其次,交易连续性能促进碳排放权的合理定价,从而提高交易效率,激励更多的企业采取减排措施,推动绿色低碳发展。不仅如此,具有连续性的碳市场还有助于增强市场参与者的信心和预期,形成稳定的市场环境,促进碳市场长期稳定发展。

图1和图2展示了2013~2023年我国各区域碳市场年度成交量和成交额占比情况。由图1和图2可以发现,我国7个试点碳市场均保持了良好的连续性。除湖北和重庆在2014年启动外,多数区域碳市场于2013年就已启动,截至2023年,已成功持续运行10年。从累计运行情况的角度来看,湖北、深圳和广东碳市场的累计成交量较高。尽管启动时间相对较晚,但2023年湖北碳市场的年度成交量居7个碳试点首位。此外,从年度成交情况的变化趋势来看,7个碳市场的年度成交量和年度成交额均呈现波动上升的趋势。充分说明,随着各区域碳市场的逐渐成熟和完善,市场参与者的积极性正在不断提升,碳市场的连续性和稳定性得到了进一步保障。

未来为了进一步提升碳市场的交易连续性,可以考虑采取以下措施。首先,优化交易规则和制度设计,提高市场的透明度和公平性,降低交易成本,吸引更多的市场参与者。其次,加大监管和执法力度,保障市场的规范运行,防控市场风险,维护区域碳市场的稳定。最后,加强碳市场与其他金融市场的联动,推动碳金融产品的创新和发展,提高碳市场的吸引力和影响力。

(四)配额换手率

在传统金融市场中,通常采用换手率(一定时期内的成交量与其流通资本的比值)这一指标来衡量市场的流通性与交易活跃度。换手率作为衡量市场流动性的指标,同样也是判断碳市场有效性的一项重要标准。换手率越高,通常意味着市场中资本的流动性越好,投资者的交易活跃度也越高,这对于建立和完善碳市场定价机制具有重要意义。作为一种新兴的市场机制,试点碳市场也可根据配额换手率(一定时期内的配额成交量与发放配

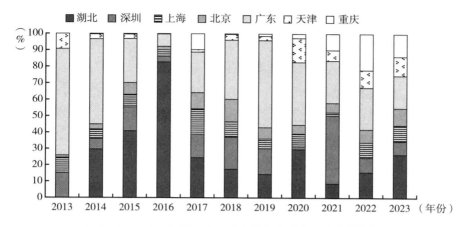

图 1　2013~2023 年各试点碳市场年度成交量的市场占比

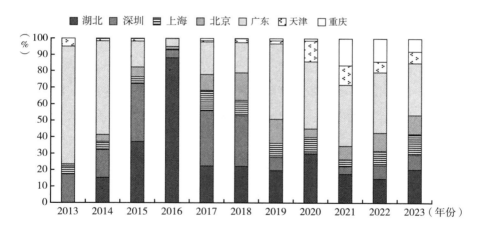

图 2　2013~2023 年各试点碳市场年度成交额的市场占比

额总量）来衡量其流通性与交易活跃度。图 3 展示了 2023 年我国各试点碳市场的配额换手率（重庆和北京未公开数据）。

我国碳市场运行至今，各区域试点碳市场均已实现平稳运行。考虑到各区域碳市场的纳入主体需要足额的配额数用以履约，绝大多数发放的配额主要被用于年底履约，并不会被用于交易。因此，目前的换手率在一定程度上

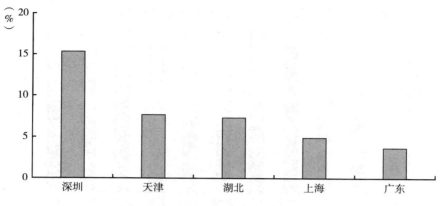

图3 2023年各试点碳市场配额换手率

可以表明，目前各区域试点的市场情绪较高，市场主体积极参与配额交易，配额的流动性较好。

然而，也应看到，相较于传统金融市场，目前各试点碳市场的配额换手率仍然处于较低的水平。这主要是由于目前各试点的参与者以控排企业为主，市场结构相对单一，投资者参与度不高。因此，进一步提高配额换手率可以从以下几个方面考虑：一是丰富碳市场的参与者类型，适当引入金融机构和社会资本，增加市场主体的多样性；二是优化配额分配方法，使配额分配手段更加合理、科学，减少企业的配额囤积行为；三是完善碳市场的交易规则，提高市场的透明度和公平性，增强市场主体的信心；四是加强碳市场的宣传和教育，提高公众对碳市场的认知度和参与度。

三 中国试点碳市场的经验启示

（一）制度体系建设方面

一是加强顶层设计和战略研究，确保制度执行"有的放矢"。碳排放权交易是利用市场机制控制和减少温室气体排放，推动经济社会绿色化、低碳化发展的重大制度创新，也是实现碳达峰、碳中和目标的重要政策工具。中国试点碳市场的实践经验表明，制度体系的完善是碳市场健康发展的重要保障。目前，各区域碳市场已形成"1+N"或"1+1+N"的基础制度体系，并在运行过程中不断调整优化，持续出台、更新政策。2024年公布了《碳排放权交易管理暂行条例》（以下简称《条例》），为碳排放权交易相关活动夯实了法律基础。随着《条例》的正式实施，全国碳市场也需要结合市场发展形势，持续完善交易规则，保障全国碳市场的长远运行。

二是坚持区域碳市场与全国碳市场的联合互补、错位发展。《条例》明确要求地方试点碳市场健全完善相关的管理制度，加强监督管理。结合目前区域碳市场缺少全国统一管理制度的情况，一方面，区域碳市场需要参照《条例》，规范、修订、完善区域碳市场交易制度，同时以《条例》为方向，结合区域发展特点，建立相对统一的区域碳市场管理体系；另一方面，在国家层面，可以针对即将纳入全国碳市场的行业，出台相应的衔接政策，以及统一的行业管理措施或交易规则，为重点行业由区域碳市场顺利进入全国碳市场做好准备。

三是加大法规建设和监管力度，确保市场的公平性和透明度。试点碳市场的实践经验表明，法规建设和监管力度的加大是保障碳市场健康发展的重要保障。因此，在未来全国碳市场的建设中，应加大法规建设和监管力度，制定严格的法规和标准，加强对市场主体的监管和约束，确保市场的公平、公正和透明。《条例》明确提出全国碳市场将建立风险防控、信息披露等制度。各区域碳市场也在加快推进交易规则、风险防控、会员体系等制度文件的修订完善工作，为全国碳市场相关制度的建立探索经验。例如，湖北碳市场对标国家标准，及时更新出台法律和规范。2023年12月，湖北发布了《湖北省碳排放权交易管理暂行办法》，并已于2024年3月正式实施。新规进一步扩大了湖北碳市场的纳管范围，并强调了对市场主体违规行为的惩处措施，有效保障了市场的公平性。

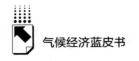
（二）技术支撑方面

一是提高数据质量，巩固信息基础，降低碳市场的潜在风险。碳排放数据质量是碳市场有效规范运行的生命线，国家生态环境主管部门已就碳排放数据质量工作做出部署①。对于全国碳市场而言，在未来运行中，可以从横向和纵向两方面加强数据质量管理工作，巩固提升碳排放数据质量。从横向角度，目前水泥、电解铝等重点排放行业即将被纳入全国碳市场，尽管这些行业分布广，但在各区域间的标杆值相对一致，变化幅度不会很大。因此应加强各区域间年度标杆值的横向比较，使碳排放数据在区域间得到交叉验证，降低数据失真风险。从纵向角度，由于全国碳市场所纳入的行业均是由各试点区域转入的，因此需要加强与地方生态环境部门的交流和数据互通，在控排企业的数据报送环节，及时将企业所报送的数据与其在试点区域填报的历年数据进行对比，避免数据的异常波动。

二是优化配额分配机制，发挥市场调节作用，提高市场效率。试点碳市场的实践经验表明，配额分配机制的优化是提高市场效率的关键。因此，在未来全国碳市场的建设中，应优化配额分配机制，确保配额分配的合理性和科学性，减少企业的配额囤积行为，提高市场的运行效率②。配额分配是碳市场的核心环节，其公平性和合理性直接影响到市场的运行效果。各区域试点碳市场在配额分配方面进行了积极的探索和实践，并根据行业特点和实际情况不断进行调整和优化。这些经验为全国碳市场的建设提供了有益的参考，具体措施包括：设计初始配额连续结转年度上限，限制控排企业长期连续持有初始配额，保障市场供给；以有偿分配形式开展配额拍卖，加大市场供给；完善配额分配方案，充分考虑纳入先后、行业差异等因素，优化供需关系；适时引入投资机构，提升全国碳市场配额供需调节能力。

---

① 张丽峰、潘家华：《中国区域碳达峰预测与"双碳"目标实现策略研究》，《中国能源》2021 年第 7 期。

② 玄婉玥、朱昱承、丁日佳等：《碳税与碳交易机制下基于演化博弈模型的钢铁企业碳减排投资决策分析》，《煤炭经济研究》2024 年第 3 期。

三是优化碳市场履约保障政策设计,确保纳入企业顺利履约。明确碳市场纳入和准出规则对于打造公平竞争的市场环境、提高企业的履约热情具有重要意义。在现阶段各区域的碳排放权交易规则中,已明确碳市场的纳入门槛,并且结合企业的实际经营状况,设计了合理的退出机制。这些经验对于全国碳市场也具有借鉴意义,具体措施包括:优化控排企业名录报送流程,加强与统计、税务部门的协同,实时把握企业的生产经营动态,加强控排企业双碳能力建设,加强对控排企业和核查机构的监管,防范数据失真风险;设计豁免、退出机制,完善破产、注销等控排企业履约处置措施。

四是扩大市场覆盖范围,丰富市场主体,提高市场活跃度。试点碳市场的实践经验表明,市场覆盖范围的扩大和市场参与者类型的丰富有助于提升市场流动性和影响力。因此,在未来全国碳市场的建设中,一方面,应逐步扩大市场覆盖范围,纳入更多的行业和企业,同时加强市场宣传和推广,提高市场主体的参与度和活跃度。另一方面,应丰富市场参与者类型,使市场主体更加多元化。在未来全国碳市场的建设中,应丰富市场参与者类型,适当引入更多的金融机构和社会资本,增加市场主体的多样性,提高市场的竞争力和活力。

(三)金融创新方面

碳金融作为碳市场的延伸,可以通过碳金融产品配合银行、投资机构为区域内的控排企业提供资金支持。试点碳市场的实证表明,引入碳金融工具和机制,不仅可以提升市场的流动性和活跃度,还可以为碳市场的参与者提供更多的投资选择和风险管理工具。从全国碳市场的角度考虑,首先,可以通过积极开发碳排放权质押融资、碳债券、碳基金等金融产品,推动碳金融产品创新,为控排企业提供多样化的融资渠道,降低融资成本。其次,可以鼓励企业利用碳金融产品进行风险管理,提高抵御市场风险的能力。再次,可以加强碳市场与金融市场的联动,提高市场的定价效率。例如,可以探索将碳排放权纳入金融衍生品市场,开展碳排放权期货、期权等交易,为投资者提供更多的风险管理工具。最后,还可以推动

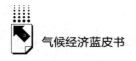

碳市场与绿色金融、普惠金融等领域的融合。通过发展绿色金融和普惠金融，引导更多的社会资本流向低碳领域，促进绿色低碳发展。同时，也可以推动碳市场与绿色金融、普惠金融等领域的信息共享和合作，提高市场的透明度和效率。

四　中国试点碳市场的未来转型方向

随着全国碳市场启动上线交易，重点排放行业将逐步由区域碳市场转入全国碳市场，如已纳入全国碳市场的发电行业，以及即将被纳入全国碳市场的水泥、电解铝等八大重点控排行业。在国家碳达峰、碳中和的时代关口，为了继续发挥区域低碳减排的作用，地方碳市场势必要在保障持续良好运行的基础上，进一步发展延伸、转型升级。结合各地方碳市场的历史运行经验以及未来的减排规划，本报告主要从地方碳市场发挥先行先试作用、碳普惠体系建设和碳金融创新及业务拓展3个方面，为区域碳市场的转型升级提出如下建议。

（一）持续发挥地方碳市场的先行先试作用

《碳排放权交易管理暂行条例》明确指出：对本条例施行前建立的地方碳排放权交易市场，应当参照本条例的规定健全完善有关管理制度，加强监督管理。本条例施行后，不再新建地方碳排放权交易市场，重点排放单位不再参与相同温室气体种类和相同行业的地方碳排放权交易市场的碳排放权交易。

基于此；为加快全国碳市场建设，发挥碳交易推动社会绿色低碳转型的重要政策工具的价值，势必要充分发挥地方碳市场的先行先试优势，结合区域实际，继续拓展其"试验田"价值，具体措施包括以下两点。

一是扩大市场规模，与全国碳市场形成功能互补。丰富交易产品，以传统碳配额交易为依托，增设碳普惠、碳期货、碳回购等碳配额衍生品的交易渠道，为全国碳市场多标的物交易提供现实经验；降低纳入门槛，扩充纳入行业，补充纳入数据中心等高能耗、高排放，但未被全国碳市场纳入的消费侧行业，推动消费侧行业的绿色转型发展。

二是完善技术保障体系，探索基于监测数据的碳核查实施方案。完善并创新地方碳市场的核算核查体系，制定可持续的碳核查实施方案。一方面，新增第三方核查机构复审制度，强化对重点排放单位、第三方核查机构、碳排放权交易机构等碳市场相关主体的管理监督工作，新增建立信用惩戒制度条款；另一方面，针对控排企业开展碳排放实时监测工作，积极探索利用监测数据代替第三方机构进行碳核查工作的可能性[①]。

（二）积极完善碳普惠体系建设

碳普惠的本质是一种减碳机制，作为一个旨在鼓励和激励社会公众、社区及中小微企业等主体参与绿色低碳生活的激励机制，碳普惠机制可以对主要面向控排企业的碳配额交易形成良好的补充。碳普惠的核心理念是通过正向的奖励和反馈，引导和促进社会各界在日常生活和消费行为中采取更加环保和节能的方式，进而实现减排降碳的目标[②]。因此，在地方碳市场的转型过程中，完善碳普惠体系，以较低的经济成本扩充区域的自愿减排市场，有助于实现区域整体的高质量发展，具体措施包括以下两点。

一是通过碳普惠体系引导企业绿色生产，推动地方经济绿色低碳转型。完善地方碳普惠管理体系，规范并拓展开发方法学，推动碳普惠减排量纳入区域碳市场，统筹推动各地碳普惠试点建设。

二是开展地方碳普惠宣传活动，深化个人碳普惠理念。引导公众参与，加强碳普惠等绿色低碳理念宣传教育，倡导绿色低碳生活方式，并通过开展个人碳普惠减排量在线登记、打造特色碳普惠应用场景等方式，向用户提供低碳激励。

---

① 张波、雍华中、陈洪波：《基于生态文明建设的企业低碳发展战略研究》，《北京联合大学学报》（人文社会科学版）2014 年第 2 期。

② 刘启龙、刘伟：《"双碳"目标下我国地方碳普惠实践经验及建议》，《环境影响评价》2023 年第 6 期。

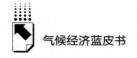
（三）强化碳金融创新和提升业务拓展能力

碳金融是依托碳配额交易，融合传统金融工具，包含多品类衍生品，逐步向上堆叠的金融业务。在碳排放权交易的基础上，碳金融产品可以碳配额和碳信用等为媒介或标的进行资金融通活动，从而服务于区域减排，并增强地方碳市场的金融属性。在未来转型中，地方碳市场要创新碳金融业务，会同金融部门积极引导金融机构扩大绿色金融资源投入，提升绿色低碳转型金融服务水平，支持绿色低碳产业发展壮大，具体措施包括以下两点。

一是创新碳金融产品，支持金融机构开展建筑节能与绿色建筑领域的贷款业务。紧扣民营非上市企业短期融资难、融资利率高的困境，以预发碳排放权为主要标的物，积极拓展碳远期、碳债券、碳借贷等现有碳金融产品的供给途径，探索开发碳期权、碳期货等创新金融产品，并逐步拓展到经纪机构及国有、上市企业。

二是完善绿色金融标准体系，推动碳金融业务增量提质。引导金融机构实施差异化的融资支持措施，精准支持绿色产业发展，提升绿色贷款质量。探索碳资产证券化融资工具，借鉴绿色资产证券化模式，形成碳资产证券化业务模式。

B.6
全球碳金融发展动态

李　肇　马艳娜　牛岚甲　陈宇轩　易　晗*

摘　要： 在碳达峰、碳中和目标下，碳金融的发展是碳市场持续蓬勃发展的重要动力，是实现双碳目标的关键一环。本报告首先回顾了碳金融的起源，界定了碳金融的概念。其次，从国际和国内两个方面阐述了全球碳金融体系的发展。分析发现，在国际方面，欧盟碳交易日益盛行，其内部发展差异较大，德国和荷兰等通过建立基金、完善相关监管机制等方式积极推进碳金融发展。北美碳金融产品创新与制度设计经验丰富，积极鼓励私人部门参与。英国、日本和新西兰也积极参与碳金融实践。同时，社会组织和国际组织也是碳金融创新发展的重要推手。在国内方面，试点碳市场在碳排放权质押贷款、碳债券、碳排放权远期、碳指数、碳基金等方面的碳金融工具都有了良好的实践，其中湖北地区为推动碳金融发展起到了重要作用。区域性碳市场的发展为全国碳市场金融奠定了良好的基础，但同时对风险防控提出更高的要求。最后，在对国际国内现状分析的基础上，预测和展望了中国碳金融的发展趋势。

关键词： 碳市场　碳金融　碳资产　碳债券

---

* 李肇，湖北碳排放权交易中心绿色金融部副经理，澳大利亚联邦大学会计学学士，主要研究方向为绿色金融和碳金融体系制度建设；马艳娜，博士，中国社会科学院大学博士后，主要研究方向为新能源经济学、气候金融；牛岚甲，中国社会科学院大学博士研究生，主要研究方向为零碳微单元、气候金融；陈宇轩，美国加州大学伯克利分校硕士研究生，主要研究方向为数量经济学和可持续发展经济学；易晗，中碳登市场服务部经理，中南财经政法大学金融硕士，主要研究方向为碳金融政策、气候金融及转型金融。

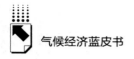
一 碳金融概述

（一）碳金融的起源

碳金融起源于国际社会对全球碳排放引起的气候问题的关注，可追溯于两个重要的国际公约，分别是 1992 年的《联合国气候变化框架公约》（UNFCCC）和 1997 年的《京都议定书》。[①] 为应对全球逐渐升高的 CO_2 浓度以及由此产生的温室效应，联合国大会制定了《公约》，要求这些国家采取减缓大气中的温室气体浓度上升的政策和措施，并定期报告。而《京都议定书》是为落实《联合国气候变化框架公约》减排目标的补充，其通过使工业化国家和转型经济体根据商定的具体目标，承诺限制和减少温室气体排放。

《京都议定书》的一个重要作用是建立了以排放许可证交易为基础的灵活的市场机制，分别是国际排放权交易（International Emission Trading，IET）、清洁发展机制（Clean Development Mechanism，CDM）、联合履行机制（Joint Implementation，JI）。国际排放权交易指，允许拥有多余排放单位的国家（即允许排放但未"使用"的排放量）将多余的排放能力出售给超出目标的国家。这一机制的出现，以减少或消除排放的形式创造了一种新的商品。清洁发展机制允许在《京都议定书》下做出减排或限制排放承诺的国家在发展中国家实施碳减排项目。实施这些项目可以获得可出售的认证减排（Certified Emission Reduction，CER）信用额，每个信用额相当于一吨二氧化碳，可用于实现《京都议定书》的目标。联合履行机制允许在《京都议定书》下做出减排或限制承诺且减碳花费较高的国家，以项目合作的方式，与其他减排花费较低的缔约方国家，推动实施共同减排计划，交换或取得减排单位（Emission Reduction Units，ERU），每个单位相当于一吨二氧化碳，可计入实现其《京都议定书》的目标。

---

① 周文璐：《2010~2011 年中国碳金融研究热点综述》，《经济问题探索》2012 年第 6 期。

《京都议定书》的这三种市场机制，鼓励温室气体减排从最具成本效益的地方开始，刺激发展中国家降低碳排放的投资，并有效调动了私营部门参与到全球碳减排的努力中来，从而减少温室气体排放，并促使其稳定在一个安全的水平。这些市场机制使温室气体减排量成为一种商品，是碳金融交易的基础，为碳金融的兴起提供了广阔的平台。

（二）碳金融的定义

碳金融探讨了生活在一个碳约束世界中金融的含义，即目前在这个世界中，二氧化碳和其他温室气体的排放是有代价的，企业或其他相关单位需要为超过限额排放的温室气体付费。碳金融有狭义和广义之分，从狭义方面，世界银行认为碳金融是用于出售交易碳排放许可证或者出售基于项目的温室气体减排量所获得的一系列现金流的统称。[1] 广义方面，魏一鸣认为碳金融是为降低温室气体的排放服务的金融工具和制度安排，其目的是促进低碳经济的发展。[2] 在此基础上，本报告认为狭义的碳金融指以碳排放配额、核证减排量（CCER）等碳资产为标的而开展的金融活动。本报告所研究的碳金融主要从广义方面进行考察，广义的碳金融指致力于限制碳排放相关的金融交易和金融制度安排，既包括基于碳排放权交易市场产生的金融业务，也包括对限制碳排放相关项目的直投或间接投融资活动以及相关的金融中介服务。碳金融主要包含两类：一类是充分利用市场的灵活性，使温室气体减排量成为一种国际认可的商品，在市场上进行流通交易；另一类是通过金融工具、制度安排和相关政策为低碳项目或限制碳排放的活动提供投融资服务，促进低碳发展。碳金融是应对气候变化市场化的解决方案之一，其目的是使碳排放降低至适应生态发展的水平，减缓气候变化，促进经济低碳发展。金融活动需要相关交易场所，延续碳金融的界定，本报告认为广义的碳金融市场是指相关交易主体按照法律依据，依法为限制碳排放相关标的物提供金融

---

① 世界银行：《碳金融十年》，石油工业出版社，2011。
② 魏一鸣：《碳金融学》，中国人民大学出版社，2023。

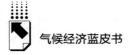

服务的市场，以及为降低碳排放项目、清洁发展项目以及碳交易相关项目进行投融资的市场。

碳金融包含多样化的金融产品和金融工具，可将其分为三类，分别为碳金融市场融资工具、碳金融市场交易工具、碳金融市场支持工具。碳金融市场融资工具包括碳债券、碳基金、碳质押（碳资产质押融资）、碳回购、碳托管、碳拆借和碳信贷等。碳金融市场交易工具一方面包括碳金融现货交易，即碳配额交易、碳减排项目交易；另一方面包括碳金融衍生品交易，而碳金融衍生品主要包括碳期货、碳期权、碳远期、碳掉期、碳指数交易产品等。碳金融市场支持工具包括碳指数和碳保险。具体介绍如表1所示。

表1 碳金融包含的金融产品和金融工具

类型	分类	具体内容
碳金融市场融资工具	碳债券	碳债券是企业或政府为降低碳排放的项目筹集资金而发行的债券，本质上是以低碳项目和碳配额的未来收益权作为基础而进行的债券融资类型。它是低碳企业在市场中的主要融资形式，具有融资和分散风险的双重功能
	碳基金	碳基金是指为碳市场建设、参与减排项目或促进低碳经济的相关投资而设立的基金，既可以直接投资于低碳项目，也可参与低碳项目或碳排放权二级市场的交易。碳基金是碳市场的重要投资主体，目的在于在促进低碳发展的同时获得相关收益
	碳质押	碳质押是指将碳排放权或项目减排量等碳资产作为质押物从银行或其他金融机构获得资金的融资方式
	碳回购	碳回购指碳配额所有者将碳配额出售给其他机构并在约定的时间内按照合约价格将其回购的融资方式。在出售期限内，购买者有自由处置碳配额的权力
	碳托管	碳托管指碳资产所有者为使其碳资产保值增值而将其交予专业机构进行集中管理和交易，并获得相关收益，而不需要直接对碳资产进行交易的金融服务
	碳拆借	碳拆借是指有需求的碳资产借入者向借出者拆借碳资产，用于交易或碳排放履约，并约定拆借期限，等约定期满后，借出者归还碳资产，并支付相关约定费用的行为
	碳信贷	碳信贷指为低碳项目或购买低碳资产而向银行或其他金融机构借贷的融资行为。其目的是向低碳项目或节能减排等低碳活动提供资金，促进低碳经济发展

类型	分类		具体内容
碳金融市场交易工具	碳金融现货交易	碳配额交易	碳配额交易内容是企业或机构所获得的碳配额
		碳减排项目交易	碳减排项目交易的内容是清洁发展机制或联合履行机制所产生的碳减排项目
	碳金融衍生品交易	碳期货	碳期货是指以碳排放配额、项目减排量或碳信用等为标的物的标准化可交易合约
		碳期权	碳期权是指交易双方在未来某特定时间以特定价格买入或卖出一定数量的碳标的权利,碳期权持有者,拥有可以在合约时间内买或者卖标的物的权利,也可以选择放弃该权利
		碳远期	碳远期指买卖双方以合约的方式,约定在未来某段时期内以一定价格购买约定数量排放权或项目减排量等碳资产的交易方式
		碳掉期	碳掉期指交易双方约定在某一时间双方以固定价格交换碳排放权等碳资产的活动
		碳指数交易产品	碳指数交易产品指以碳指数为标的物而进行相关交易的行为
碳金融市场支持工具	碳指数		碳指数指交易所或相关机构运用统计或大数据的方法测度出能够反映碳市场或其细分市场交易情况,包括交易价格、交易活跃度、未来趋势的一系列指标
	碳保险		碳保险指为降低或规避碳减排项目、企业低碳转型或碳交易过程等相关低碳活动中出现的风险,而产生的一种担保工具。目的是降低碳市场和碳金融市场中可能出现的风险,促进碳金融市场健康发展

（三）相关概念辨析

认知碳金融,需要明晰碳金融与气候金融、绿色金融之间的区别和联系。

1. 碳金融

碳金融主要是以降低全球二氧化碳（CO_2）、甲烷（CH_4）、氧化亚氮（N_2O）、氢氟碳化物（HFC_s）、全氟碳化物（PFC_s）和六氟化硫（SF_6）六

种温室气体排放为目的，进而减缓气候变化，即碳金融主要是以约束温室气体排放为目的，服务于碳交易、碳资产管理而产生的一系列投融资模式、制度和安排。

2. 气候金融

气候金融（climate finance）衍生于联合国气候变化大会关于资金机制的谈判，最初指使用多样化的资金来源，包括公共、私人或其他渠道，支持减缓和适应气候变化行动的地方、国家和跨国融资，并强调这是政府、企业和家庭必须承担的投资，以使世界经济向零碳道路转型，降低温室气体浓度，提升各国应对气候变化的能力。随着气候变暖加剧以及国际气候谈判的不断推进，气候金融也赋予了更新的含义。世界银行 2011 年为 G20 会议撰写的报告中提出，气候金融是指促进零碳和适应气候变化所使用的所有资源，通过覆盖气候行动的成本和风险，支持具有适应和减缓气候变化能力的有利环境以及鼓励新技术的研究，所需资金来源包括国际、国内和私人部门。王遥、崔莹将气候金融定义为，与气候变化相关的金融创新，指利用多种渠道的资金来源，运用多样化的金融创新工具，旨在提高人类社会应对气候变化的弹性，促进世界低碳发展。①

我们认为气候金融指与适应和减缓气候变化相关的金融创新活动，即与气候变化相关的投融资、金融产品和服务创新、金融监管、风险防范和金融政策制定的一系列金融活动。具体包括：（1）减缓气候变化的投融资，包括可再生能源研究开发与利用的投融资、储能技术研发利用的投融资、提高能源效率的技术研发利用的投融资、负碳技术（CCS/CCUS、碳汇等）等；（2）适应气候变化的投融资，包括水利基础设施建设、海绵城市建设、生态修复、农业灌溉及适应技术研发利用、气候相关疾病防治等；（3）与应对气候变化相关的金融产品和服务创新，如开发应对极端高温天气的保险产品、提供应对气候冲击的基金产品等；（4）评估和防范气候变化以及应对气候变化过程中出现的金融风险的活动，如企业零碳转型过程中的金融风险

---

① 王遥、崔莹：《气候金融》，中国社会科学出版社，2021。

评估和防范、开发防范物理风险相关的金融工具等；（5）为更有效地利用气候资金，而制定有关气候投融资的金融监管条例、进行制度安排和政策制定等。气候金融旨在通过使用和创新金融工具、制度和模式，更高效推动因气候变化引起灾害风险的评估和应对，引导金融资源向气候友好型项目和业务聚集，以便更好地应对气候变化、提高气候韧性、推动净零碳转轨，促进绿色可持续发展。

就气候金融与碳金融的关系而言，气候金融不仅包括对降低碳排放的项目进行投融资而创新的金融工具、制度安排和政策制定，如对降低碳排放、促进碳交易的项目给予金融支持，还包括为应对气候变化可能产生的灾害而提前进行防范的投融资活动以及对气候灾害进行相关治理的金融活动，如对监测气候变化基础设施的投资，对治理可能出现的洪涝、冰雹等灾害而进行的预防性投资。可见，气候金融的范围大于碳金融，碳金融是气候金融的一部分，碳金融与气候金融为部分和整体的关系。

3. 绿色金融

绿色金融的相关实践最初起源于 20 世纪 70 年代，1974 年，德国成立了全球第一家环境银行，专门为环境保护与污染治理项目提供融资。此后，国际组织、机构和各国政府开始重视绿色发展，推动绿色投融资。Salazar 认为绿色金融是一种金融创新，是金融产业和环境产业的重要渠道，目的是保护环境，促进经济发展。[①] Labatt 和 White 则认为绿色金融是以市场作为研究基础、降低环境风险、提高环境质量的重要金融工具，目的是保护环境和应对环境危机。[②] 随着全球经济绿色低碳发展，绿色金融的内涵和外延也在不断延展和丰富。

绿色金融是指对绿色建筑、绿色交通、清洁能源、节能、环保等领域的项目投融资、项目运营、风险管理等所提供的金融服务，目的是改善环

---

① Salazar, J., "Environmental Finance: Linking Two World," Presented at A Workshop on Financial Innovations for Biodiversity Bratislava, 1998, (1): 2–18.

② Labatt, S. White, R., *Environmental Finance: A Guide to Environmental Risk Assessment and Financial Products* (Canada: John Wiley & Sons Inc, 2002).

境、应对气候变化和高效利用资源，进而促进经济绿色发展。[①] 具体包括：
（1）创新金融工具，促进经济绿色发展，如绿色信贷、绿色股票、绿色债券、绿色保险、绿色产业基金等相关创新；（2）绿色金融政策的制定，如政府在发放贷款或金融机构在放贷、股票融资、债券融资等方面规定的融资条件，对绿色型企业或环保型企业给予一定优惠政策或优先权；
（3）为实现环境保护和经济协同发展，而实行的一系列绿色金融体系和制度安排。

从绿色金融和气候金融的关系来看，绿色金融强调使用金融的方法和手段将资金引导至节约资源和生态保护的相关产业上来，同时利用资金引导企业注重绿色生产、消费者注重绿色消费。绿色金融包含对减缓气候变化和进行气候治理的投融资的一系列金融制度和安排。在减缓气候变化方面，绿色金融包含与降低碳排放、促进绿色低碳发展相关的金融活动；在适应气候变化方面，绿色金融包含对改善环境和应对气候变化的基础设施的投融资等。但绿色金融着重关注环境治理和绿色发展融资的功能，较少关注绿色相关的金融风险；气候金融除了关注气候投融资外，还有相当多的文献探讨气候变化引起的物理和转型金融风险。可见，气候金融与绿色金融虽有交叉重叠，但彼此互不隶属。因此，碳金融、气候金融和绿色金融的关系如图1所示。

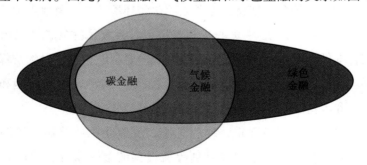

图1　碳金融、气候金融、绿色金融概念辨析

---

① 中国人民银行等：《关于构建绿色金融体系的指导意见》，生态环境部官网，2016年8月31日，https：//www.mee.gov.cn/gkml/hbb/gwy/201611/t20161124_368163.htm。

二 国际碳金融发展现状、经验与创新

（一）国外主要碳金融体系发展现状

当前国际碳金融主要建立在区域碳排放权交易活动的基础上，按照《联合国气候变化框架协议》《京都议定书》《巴黎协定》等文件的指导，服务于减少温室气体排放或增加碳汇能力，以碳配额和碳信用等碳排放权益为媒介或标的，通过碳交易所和碳金融工具提供碳金融产品。

1. 欧盟

欧盟碳金融日益盛行，石油和天然气巨头、对冲基金和银行参与积极。欧盟碳市场基于"总量控制与交易"的理念，控制一级市场的配额发放总量，并允许各碳排放行业主体在二级市场买卖配额，利用市场机制推动市场主体履行减排义务。欧盟碳排放配额（EUA）从免费分配到鼓励参与者通过自愿碳信用额交易抵销温室气体排放，同时增加航空碳排放配额（EUAA）等行业配额，并通过市场稳定储备机制（MSR）解决配额过剩。另外，欧盟以配额为基础，建立期权、期货等一系列金融衍生品机制调节市场交易活力，设立多种合作机制，如核证减排量（CER）和减排单位（ERU）等。欧盟通过设立创新基金、现代化基金和筹建社会气候基金，以及借助各类公募基金、私募基金、碳保险等多种金融手段支持不同国家和部门绿色转型。欧盟对碳排放权的初始分配、拍卖过程、权利交易等行为进行监管，由各层级的公共机构及登记系统和交易平台依法监督。欧盟加快碳市场数字化建设，确保各碳市场 MRV 规范、准确、及时，不断完善处罚制度。欧洲能源交易所、欧洲气候交易所等绿色交易所先后在欧洲成立，推动欧洲碳市场、碳金融快速发展，欧盟碳交易平台发展概况见表2。

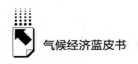

表2　欧盟碳交易平台发展概况

交易所	主要事件	交易产品	市场地位
欧洲气候交易所（ECX）	2004年成立，2010年被洲际交易所（ICE）收购	电力、能源、农业、金属、碳排放权等产品	全球最大碳交易市场，最大碳期货交易平台
欧洲能源交易所（EEX）	2002年成立	电力、能源、环境金属、农产品现货和期货	欧洲最大碳现货交易平台和拍卖平台
Climex交易所	2001年成立	能源、电力及环境产品	自愿减排量交易为主
北欧电力库（Nord Pool）	1993年成立，2010年被纳斯达克-OMX集团收购	电力、能源、环境衍生品	全球最大能源衍生品交易所
绿色交易所（Green Exchange）	2008年成立，2012年4月被芝加哥商品交易所集团（CME）收购	碳排放权期货期权	全球品种最齐全的碳交易平台，覆盖欧洲和北美地区
伦敦能源经纪商协会（LEBA）	2003年成立	天然气、煤气以及各类排放量合约	欧洲最大的场外交易市场

资料来源：殷子涵、王艺熹、吉苏燕《欧盟碳排放权及其衍生品市场发展历程》，《清华大学五道口金融学院》2022年第16期，http：//thuifr.pbcsf.tsinghua.edu.cn/info/1013/2375.htm。

（1）欧盟市场稳定储备机制

欧盟市场稳定储备机制（MSR）规定了碳配额的储备方式，有力缓解了碳市场风险。欧盟碳市场由第二阶段向第三阶段过渡时配额严重过剩，碳配额过剩超20亿欧元，严重供大于求，引起碳价格下降。配额过剩主要是因为欧盟在第二阶段采用祖父法发放配额，而2008年金融危机导致企业实际排放量减少，造成配额过剩。另外，当时欧盟委员会允许企业通过CDM机制与其他国家开展减排项目合作或购买CER，并可以用部分CER代替EUA，由于CER的成本远低于EUA，因此企业购买CER抵销碳排放，同时保留EUA配额，从而导致EUA大量剩余。[①]

---

① Anouk Faure and Chimdi Obienu，"EU Carbon Market：2023 State of the EU ETS Report，" 2023-05-09. EcoAct.

为应对碳配额过剩问题，欧盟在第三阶段采取折量拍卖（延迟拍卖，返载）措施并在 2019 年施行市场稳定储备机制。折量拍卖通过将近期拍卖配额总量转移至未来以减少近期配额供应，并在未来逐步释放。折量拍卖保持总量不变但调整短期供给结构。欧盟委员会把 2014 年的 4 亿吨、2015 年的 3 亿吨和 2016 年的 2 亿吨碳排放配额拍卖推迟至 2019～2020 年。此外，欧盟将 2014～2016 年未拍卖的 9 亿吨配额转入市场稳定储备机制，该机制按照预定规则实施，欧盟委员会或成员国没有自由裁量权。具体地，每年 5 月 15 日前，欧盟通过计算市场上流通的配额总量来制订储备计划，并决定将多少配额纳入储备或从储备中释放多少配额。欧盟委员会规定，从 2019 年至 2023 年，如果拍卖配额总量超过 8.33 亿吨，则该储备中流通配额的比例将暂时翻倍，从 12% 增至 24%，并且当年拍卖量不得高于上一年。市场稳定储备机制和折量拍卖通过吸收或释放碳配额来调整配额的供求关系，合理配置碳配额，能够有效稳定市场价格、降低排放量波动、减缓成本波动风险，提升企业应对外部冲击的能力，保障企业生产水平。

（2）配额拍卖机制

欧盟在第三阶段开始拍卖配额，并逐步扩大有偿比例。拍卖可以提高价格效率和交易收入，增加企业减排的灵活性。欧盟在第三阶段拍卖超过 57% 的总配额，包括 15% 的航空配额，年均下降 1.74%。欧盟委员会将拍卖配额的 10% 分配给人均国内生产总值低于欧盟平均水平 60% 的成员国，其余 90% 则根据欧盟各成员于 2005 年至 2007 年（第一阶段）的平均排放量进行分配，包括成员国之间和欧洲经济区-欧洲自由贸易联盟国家。欧盟各成员国指定拍卖场所，如欧洲能源交易所（EEX）或洲际交易所集团（ICE）等，并每周举行拍卖。各成员国有权支配拍卖收入，但需要将其中的 78% 投资于气候和能源相关项目，2% 以上用于支持欧盟现代化基金。相较于免费配额，企业根据自身发展竞价购买排放额度能够有效提升配额分配

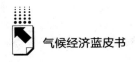
的透明度，更有助于落实"污染者付费"原则，加快企业减排行动。[①] 同时，拍卖有利于增加各国财政收入，促进全社会零碳转型。

（3）欧盟基金

欧盟建立创新基金（Innovation Fund）和现代化基金（Modernisation Fund），筹建社会气候基金（Social Climate Fund），以及借助公募基金、私募基金投资者参与碳市场，以增加市场流动性，提高资源配置能力。创新基金是欧盟气候政策基金，重点关注能源和工业，支持创新低碳技术，帮助欧洲的能源密集型工业脱碳。2023年，该基金的整体规模已从4.5亿份配额增加到约5.3亿份配额。现代化基金支持保加利亚等13个欧盟低收入成员国建设现代化能源系统和提高能源效率，减少工业、运输、建筑、农业和废弃物处理等部门碳排放，充分利用可再生能源解决欠发达地区能源贫困等问题。2021~2030年，欧盟将碳配额拍卖总收入的2%以上纳入该基金。社会气候基金预计于2027年与ETS2一起推出，用于降低在建筑、运输和其他工业部门的燃烧排放量，以支持脆弱家庭和小微企业，为弱势群体提供专项资金。欧盟要求成员国负责该基金25%的融资，同时将5000万份配额的拍卖收益划入该基金。

（4）欧盟碳金融衍生品

欧盟碳金融衍生品市场发展早、优势大，企业和金融机构等市场主体参与积极，投资者充分竞争，合约价格能够有效反映市场供需关系。碳金融衍生品为政府和市场提供良好预期，期货和期权通过传达明确的价格目标促进资源配置，加强参与者管理风险能力。[②] 欧盟在第二阶段90%的碳配额交易均为碳期货市场交易。排放企业和金融机构通过持有EUA期货的多头或空头进行博弈，如果碳市场价格达到合约价格则多头获利；反之空头获益，碳期货的定价充分反映了市场主体对碳配额的需求。碳期权可以帮助市场参与者锁

---

① Wang, K. H., et al., "Does Green Finance Inspire Sustainable Development? Evidence from A Global Perspective," *Economic Analysis and Policy*, 2022, 75.

② Dechezleprêtre, A., et al., "Fighting Climate Change: International Attitudes toward Climate Policies," NBER Working Paper, 2022.

定交易价格，减小溢价风险，提升金融体系完备性。另外，欧盟持续完善管理制度避免碳期货、期权市场的投机交易，对部分市场主体实行持仓限制。

（5）欧盟成员国碳金融实践案例

德国积极推进碳金融，将所有国家碳交易收入纳入政府"气候与转型基金"（KTF）。该基金用于减少温室气体排放，鼓励发展气候友好型交通和节能建筑，或补贴"可再生能源附加费"。任何自然人或法人都可以持有交易账户，从交易平台或通过金融中介机构购买配额，德国的银行和证券交易法律规定配额不具有金融工具或金融衍生品属性，只能按照预定价格发放，① 配额最低拍卖价格为每吨二氧化碳 55 欧元，最高价为 65 欧元。

荷兰是欧盟碳金融的先行者，荷兰银行自 2015 年起要求所有的投资都要符合环境、社会和治理标准，并开展碳交易中介业务，提供融资担保、购碳代理、碳交易咨询等服务，同时监测贷款组合的碳强度，使其与《巴黎协定》的目标保持一致。② 荷兰大众银行采用碳核算金融联盟（PCAF）的标准，计算实现气候中性资产负债表目标的投资策略，并提出根据每个贷款项目能效标签的平均能耗计算二氧化碳排放量，从而使所有贷款项目的碳排放量等于客户的碳减排量。

2. 英国

英国政府于 2012 年全资设立绿色投资银行（UK GIB），通过提供担保、股权投资和承担直接风险，发行绿色金边债券和零售绿色储蓄债券，帮助项目安全落地并降低投资者风险，为企业解决绿色项目的融资缺口。伦敦证券交易所为不同资产类别的绿色金融提供专业服务，涵盖固定收益和股票，包括投资基金和交易型开放式指数基金。2021 年，英国政府为个人投资者发行全球首只个人绿色债券，使个人能够支持绿色项目。然而，随着绿色债券在英国的不断扩张和普及，欺诈风险逐渐增加，一些通过绿

---

① ICAP, *Emissions Trading Worldwide：2023 ICAP Status Report*，2023.

② Warmerdam, W., Walstra, J., *Mobilised Private（Climate & Biodiversity）Finance 2022 Report*，2023-06-30.

色债券筹集的资金没被投入绿色项目中。① 为此，英国政府成立了绿色技术咨询小组，以促进《绿色分类法》的制定和实施，为绿色标准提供了明确的定义。

英国金融行为管理局负责监管碳金融衍生品，包括碳期权和期货、碳排放数据系统和碳信用交易系统。英国确立碳排放配额为金融工具，由企业、金融机构、公共机构通过拍卖获得。洲际交易所集团（ICE）欧洲期货交易所负责管理英国碳排放配额拍卖，二级市场的参与者必须满足 ICE 期货交易所的要求，并在英国注册处拥有账户。英国建立了市场稳定条款供应调整机制，基于欧盟市场稳定储备机制以确保提供最低价格。英国碳排放权交易体系设立成本控制机制（CCM），通过拍卖额外的配额避免价格飙升。② 如果 CCM 被触发，监管机构可以决定是否以及如何进行干预，干预措施包括：重新分配本年度剩余配额；提前释放未来几年的配额；从市场稳定储备中提取配额；拍卖剩余配额的 25%；其他行业剩余的配额。从 2023 年 2 月起，如果配额价格是参考期平均价格的 3 倍，则触发 CCM。

3. 北美

北美碳金融市场发展水平处于世界领先，碳金融产品创新与制度设计经验丰富，私营部门和地方政府扮演着活跃的角色。美国碳金融监管体系复杂，包括美联储、美国证券交易委员会、美国商品期货交易委员会、全美保险监督官协会等机构，也包括 RGGI 等组织。RGGI 要求每个州先根据自身的减排份额获取相应的配额，再以拍卖的形式将配额下放给州内的减排企业，RGGI 覆盖企业要按照规定安装二氧化碳排放跟踪系统，记录相关数据。美国的花旗集团、摩根大通、高盛等著名金融机构共同成立了绿色债券原则（Green Bond Principle），为国际绿色债券市场提供了自愿性流程指南。③ 加拿大魁北

---

① Department for Energy Security and Net Zero, "Together for People and Planet: UK International Climate Finance Strategy," 2023-03-30.

② LSEG, *Carbon Market Year in Review 2023: Growth Amid Controversy*, 2023.

③ Commodity Futures Trading Commission, "CFTC Announces Voluntary Carbon Markets Convening," 2022-05-11.

克省碳交易系统与美国加利福尼亚州碳交易系统是联通的，市场参与者的碳额度能够在任一市场进行交易，极大地增加了市场的体量和碳配额的流通性。魁北克省碳市场将超过 51 亿美元的收入用于支持"电气化和气候变化基金"（FECC）。

4. 日本

日本绿色转型联盟（GX 联盟）汇集了企业、政府和学术界，已有来自制造业、服务业、金融业等多个行业的 600 多家企业加入该联盟。该联盟要求参与者提交减排目标和温室气体排放预测，并计算和报告他们的实际排放量。企业须承诺在 2025～2026 财年和 2030～2031 财年分别减少范围 1 和范围 2 的排放，超过减排目标的企业可以交易其剩余减排量。如果参与者实现高于国家自主贡献（NDC）同等水平的温室气体减少或清除（到 2030 年减少 46% 的温室气体），则将配额分配给这些参与者。[①] 日本绿色转型联盟在 2024 年启动配额交易，参与者之间可以转售配额。如果一些参与者无法实现高于 NDC 同等水平的温室气体减少或清除，则这些参与者需要将其温室气体排放量抵销为"合格的温室气体排放量"或者抵销碳信用额度（包括 J-信用额、JCM 信用额）。该联盟奖励那些实现目标的企业，并创建一种机制对那些未能实现目标的企业施加更高的成本以激励企业降低排放量，通过市场驱动的方法鼓励企业减少排放。

5. 新西兰

新西兰以农业为主的产业结构导致新西兰碳市场是目前唯一覆盖林业和农业部门的碳市场。新西兰通过排放交易计划发展碳融资，将林业纳入减排战略和更广泛的环境政策。新西兰纳入了上游监管和对排放密集型行业的免费配额，引入政府拍卖配额并实施价格控制机制，设立拍卖底价和成本控制储备。[②]

---

① Kenji Miyagawa, Mai Kurano and Ryotaro Kagawa, "Japan: Energy Practice Legal Update-Recent Developments in Carbon Offset Markets in Japan for Achieving Green Transformation and Carbon Net-Zero," Anderson Mori & Tomotsune, 2023-11-08.

② Carver, T., Dawson, P., O'Brien, S., Kotula, H., Kerr, S. and Leining, C., "Including Forestry in An Emissions Trading Scheme: Lessons from New Zealand," Front. For. Glob. Change 5: 956196. doi: 10. 3389/ffgc. 2022. 956196.

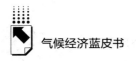
（二）主要碳金融工具概述

全球碳金融工具种类伴随着金融创新发展逐渐多样化，主要包括以碳资产为标的进行各类资金融通的碳市场融资工具，如碳债券、碳资产质押融资、碳回购、碳托管等；以碳配额和碳信用为标的的碳市场交易工具，如碳远期、碳期货、碳期权、碳掉期等；以碳资产的开发管理和市场交易量化服务、风险管理及金融产品开发为标的的碳市场支持工具，如碳指数、碳保险、碳基金等。① 国外主要碳金融工具见表3。

表 3　国外主要碳金融工具

区域	名称	碳金融工具
欧洲	欧洲气候交易所（ECX）	碳排放配额（EUA）、减排单位（ERU）和核证减排量（CER）类期货产品、期权产品 EUA 和 CER 类现货产品、期货期权产品
	欧洲能源交易所（EEX）	电力现货、EUAs
	北欧电力库（NP）	电力、EUA 和 CER 类现货、期货、远期和期权产品
	Blue Next 交易所	EUA、CER、ERU 类现货产品以及 EUA 和 CER 类期货产品
	Climex 交易所	EUAs、CERs、自愿碳减排（VERs）、ERUs 和分配数量单位（AAUs）
美洲	绿色交易所（Green Exchange）	EUA 类现货、期货和期权产品，CER 类期货和期权产品，RGGI、加州碳排放配额和气候储备行动（CAR）的期货和期权合约
	芝加哥气候交易所（CCX）	北美的六种温室气体的补偿项目信用交易（2010 年已停止交易）
	芝加哥气候期货交易所（CCFE）	CER 类期货和期权、碳金融工具合约（CFI）期货、欧洲 CFI 期货、清洁能源指数期货以及 RGGI 期货和期权
	蒙特利尔气候交易所（MCeX）	加拿大减排单位多种商品交换期货合约
	巴西期货交易所（BM&F）	多个 CERs 的拍卖
大洋洲	澳大利亚气候交易所（ACX）	CERs、VERs、可再生能源证书（RECs）
	澳大利亚证券交易所（ASX）	RECs
	澳大利亚金融与能源交易所（FEX）	环境等交易产品的场外交易服务

---

① 中国证券监督管理委员：《碳金融产品》，中华人民共和国金融行业标准 JR/T 0244—2022。

续表

区域	名称	碳金融工具
亚洲	新加坡贸易交易所(SMX)	碳信用期货期权
	新加坡亚洲碳交易所 （ACX-change）	远期合约或已签发的 CERs 或 VERs 的拍卖
	印度多种商品交易所(MCX)	CERs 和 CFIs
	印度国家商品及衍生品交易所(NCDEX)	CERs

资料来源：作者整理。

1. 碳市场融资工具——碳资产质押融资

碳资产质押融资（CAPF）是碳资产的持有者（即借方）将其拥有的碳资产作为质物或抵押物，向资金提供方（即贷方）进行抵质押以获得贷款，到期再通过还本付息解押的融资合约。碳资产质押融资作为一种新兴的抵押贷款模式，不仅可以盘活碳资产，还可以解决企业资金不足的问题，特别是在寻求将碳配额货币化作为融资手段的行业内。[①] CAPF 已成为碳排放依赖型企业（尤其是工程机械再制造行业企业）的一个有前景的金融工具。围绕使用碳信用额进行融资的法律框架因司法管辖区而异，[②] 例如，英国的碳信用额需要以实物商品作为抵押品而获得贷款。碳信用额的无形性质及其作为资产类别的新颖性要求金融企业熟悉各自司法管辖区的法律制度，以确保他们能够对碳信用融资建立有效且可执行的担保权益。CAPF 体现了技术发展潜在应用与金融创新之间的动态相互作用。

然而，由于企业、银行、第三方碳资产评估机构、政府等都参与了 CAPF 的运作，受信息不对称和不同利益相关者之间的互动的影响，CAPF

---

① Fu, S., Chen, W., & Ding, J., "Can Carbon Asset Pledge Financing Be Beneficial for Carbon Emission-Dependent Engineering Machinery Remanufacturing?" *International Journal of Production Research*, 2023, 61 （19）, pp. 6533 – 6551, https：//doi. org/10. 1080/00207543. 2022. 2131929.

② 张济建、张欢、刘悦：《异质性减排政策下碳资产质押融资演化博弈分析》，《中国环境管理》2021 年第 6 期，第 70~80 页。

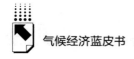
很容易发生寻租行为。CAPF寻租行为治理需要不同参与主体的配合，需要利用风险分担机制和惩罚机制减少寻租行为。同时，控排企业与金融机构的融资积极性尚未被完全激发，致使CAPF发展缓慢，需要持续促进政企融协同创新。

2. 碳市场交易工具——碳期货

碳期货（Carbon Futures）是期货交易场所统一制定的、规定在将来某一特定的时间和地点交割一定数量的碳配额或碳信用的标准化合约。碳期货以碳买卖市场的交易经验为基础，标的物为二氧化碳排放量。目前碳期货的品种主要有欧盟碳排放配额期货、联合国碳抵销平台、RGGI期货交易等。一些企业利用芝加哥商业交易所（CME Group）提供的CBL全球排放抵销期货合约等工具，转向期货来实现其碳减排目标。这些合同包括具体标准，提供碳定价的全球基准，为公司提供管理与碳抵销相关风险的方法。洲际交易所（ICE）推出了华盛顿上限和投资碳配额期货，为欧盟、北美和英国的污染成本提供基准价格。

3. 碳市场交易工具——碳期权

碳期权（Carbon Options）是期货交易场所统一制定的、规定买方有权在将来某一时间以特定价格买入或者卖出碳配额或碳信用（包括碳期货合约）的标准化合约。碳期权交易是一种买卖碳期货合约权利的交易，国际碳期权种类多样，针对多种期货产生相应期权，例如，以欧盟碳排放配额期货合约为标的，对应产生欧盟碳排放配额期权。国外主要碳期权见表4。

表4　国外主要碳期权

产品名称	产品说明
欧盟碳排放配额期权（EUA Options）	以欧盟碳排放权交易体系下碳排放配额期货合约为标的,持有者可在到期日或之前履行该权利
经核证减排量期权（CER Options）	通过清洁生产机制产生的经核证减排量的看涨期权或看跌期权。由于国际碳排放单位一致且认证标准及配额管理规范相同,市场衍生出了CER和EUA期货的价差期权(Spread Option)

续表

产品名称	产品说明
欧盟减排单位期权 （ERU Options）	在联合履约机制下,以发达国家之间项目开发产生减排单位期货为标的的期权合约
区域温室气体倡议配额期权 （RGGI Options）	区域温室气体倡议下以二氧化碳排放配额期货合约为标的的期权合约。RGGI 期权合约为美式期权,期权将在 RGGI 期货合约到期前第三个月交易日期满,最小波动值为每排放配额 0.01 美元。RGGI 期权合约于 2008 年开始在纽约商品交易所（NYMEX）场内进行交易
加利福尼亚州限额期权 （CCA Options）	以加利福尼亚政府限定碳配额期货合约为标的的期权
核发碳抵换额度期权 （CCAR-CRT Options）	以核发碳抵换额度期货合约为标的的期权,由气候行动储备宣布基于项目的减排额度,并由加利福尼亚州气候行动登记的项目抵销减排额度

资料来源：作者整理。

4. 碳市场支持工具——碳保险

碳保险（Carbon Insurance）是为降低碳资产开发或交易过程中的违约风险而开发的保险产品，目前主要包括碳交付保险、碳信用价格保险、碳资产融资担保等、碳交易信用保险、JI 和 CDM 项目保险等。碳保险为自愿碳市场提供了支持减少或消除碳排放项目的金融机制，能够降低投资风险并为市场参与者提供信心。碳信用保险产品旨在减轻与碳信用交易相关的风险，例如，项目失败或欺诈，从而使碳融资更容易获得和可靠。例如，保险公司 Oka 利用碳信用保险为低碳项目释放融资，帮助买家在发生不可预见和不可避免的发行后风险（包括失效和撤销）时提供经济补偿。[1]苏黎世保险集团等参与为生物炭等创新碳去除技术的开发和商业化提供前期融资。[2]

---

[1] Laura Fritsch, "Carbon Insurance: The Role of Insurance in the Carbon Transition," Oka, 2023-09-28.

[2] Howard, L. S., "Insurance Industry Support of Carbon Removal Needed in Drive to Net Zero," *Insurance Journal*, 2022, （7）.

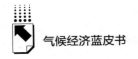
（三）企业与社会组织引领碳金融发展创新

1. 先行者联盟积极融资减排

先行者联盟是（First Movers Coalition）由美国气候问题总统特使约翰·克里与世界经济论坛在COP26发起，由世界上一些有影响力的企业共同建立的公私合作伙伴关系组织，先行者联盟通过利用成员的集体购买力来推进最关键的新兴气候技术。[①] 先行者联盟到2024年4月已经发展到98名成员，包括苹果、微软、亚马逊、波音、空中巴士、福特、船运龙头马士基、风电龙头沃旭等知名跨国、跨领域企业，专注于可以大幅减少全球碳排放的7个行业：铝业、航空、水泥和混凝土、航运、钢铁、货运、二氧化碳去除。

先行者联盟通过发出明确的新兴气候技术需求信号，利用其购买力使世界重排放行业脱碳。苹果公司通过加入先行者联盟致力于为影响更广泛的运输业脱碳举措提供支持，例如开发可持续航空燃料，还积极通过采用技术创新（包括代用燃料和电动汽车）以及选择提供低碳选项的供应商，来积极推动行业内的脱碳行动，确保其产品的制造全过程都使用100%清洁电力。福特是先行者联盟低碳铝行业承诺的创始成员之一，福特承诺到2030年前至少购买10%的接近零碳的钢材和铝材。日本商船三井公司和丹麦马士基集运公司均于2023年12月宣布将在新船订单中以绿色甲醇来代替传统燃料。

2. Frontier预先市场承诺计划

美国联邦政府能源部在2024年3月14日首次发布了启动自愿碳清除信用额的采购通知。谷歌公司于3月16日第一个响应号召，计划到2025年3月前购买至少3500万美元的碳清除信用额合同。谷歌公司通过Frontier计划进行碳清除预先市场承诺采购。

Frontier是一项预先市场承诺（AMC），预先承诺在2022年至2030年间

---

① World Economic Forum, "First Movers Coalition: 120 Commitments for Breakthrough Industrial Decarbonization Technologies," 2024-01-16.

购买 10 亿美元以上的初始永久碳清除服务。它由支付服务商 Stripe、谷歌母公司 Alphabet、加拿大电子商务公司 Shopify、Facebook 母公司 Meta、麦肯锡等企业创立。Frontier 通过发出承诺保证未来的需求来加速碳去除技术的开发，目标是向研究人员、企业家和投资者发出强烈的需求信号，表明这些技术的市场正在不断增长，扩大突破性的持久碳清除方法，帮助创造新的净碳清除供应，而不是与现有的碳清除供应进行竞争。在实践中，其技术和商业专家团队代表买家进行从高潜力碳去除公司的采购。Frontier 的 10 亿美元以上的大部分将通过承购进行分配——如果成功交付吨数，则购买碳清除的合同协议，签署合约 1.57 亿美元（2023 年 4 月至 2024 年 4 月已达 1.04 亿美元），签署合同吨数 33.9 万吨（2023 年 4 月至 2024 年 4 月已达 22.7 万吨）。Frontier 的运作方式概述如图 2 所示。

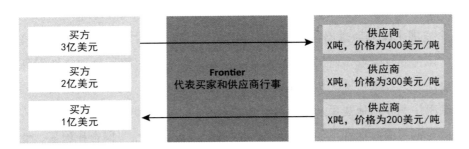

图 2　Frontier 的运作方式概述

资料来源：Frontier 官网。

　　Frontier 的运营方式大致分为以下三步。一是 Frontier 汇总需求以设定年度最高支出。Frontier 通过汇总买家承诺在 2022 年至 2030 年间每年支出的碳清除数额，设定年度总需求池。二是 Frontier 审查供应商资质并促进碳清除采购。对于小供应商，Frontier 采取小批量预采购的形式；对于准备扩大规模的大型供应商，Frontier 将签订承购协议，在交付时以商定的价格购买未来的碳清除吨数。三是供应商清除碳并将吨数返还给买家。供应商完成承购协议的碳清除后会得到报酬，并按照承购协议将剩余吨数返还给买家。

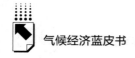
（四）国际组织推动碳金融发展

1. 联合国碳抵销平台

联合国碳抵销平台支持公司、机构和普通公民购买交易单元（碳信用额）来抵销其温室气体排放或支持气候行动。该平台通过计算碳排放量（碳足迹）确定参与者减排量，参与者每帮助减少、避免或清除一吨温室气体，就会获得相应核证减排量。核证减排量是《联合国气候变化框架公约》发布的交易单元（碳信用额），以二氧化碳当量吨计量，任何人都可以在该平台上购买这些交易单元，以补偿或抵销排放量并帮助项目获得融资。

2. 世界银行森林碳汇

世界银行的森林碳伙伴基金（FCPF）致力于减少毁林和森林退化造成的排放、森林碳储量保护等。[①] 刚果民主共和国、危地马拉、印度尼西亚等15个发展中国家通过出售因保护森林而产生的碳信用额，利用碳市场将其货币化，预计赚取25亿美元的收入。世界银行碳信用额具有独立性和高度完整性。世界银行确保该信用是唯一的、真实的、永久的和可衡量的，同时确保原住民和当地居民从这些计划中受益最多。每项碳信用额均由第三方根据世界银行的标准和世界银行环境和社会标准进行监控、报告和验证，使用尖端技术来确保准确测量和核算碳信用额。世界银行在2023年12月1日宣布了发展高度诚信的全球碳市场的雄心勃勃的计划。

三 中国碳金融创新实践

（一）中国碳市场金融创新发展背景

全国碳市场发展带来全国范围内碳金融产品供需规模的突破。2021年7月全国碳市场启动运行，首批电力行业就覆盖超过50亿吨二氧化碳排放量，

---

① World Bank, *State and Trends of Carbon Pricing 2023*，2023.

是欧盟碳市场的 4 倍，一经启动就成为全球覆盖配额规模最大的碳市场。2024 年 1 月，全国自愿碳市场重启，不仅与全国碳市场共同构成互补衔接、互联互通的全国碳市场体系，还丰富了碳金融产品的底层资产，调动了更多主体参与碳交易。2024 年 2 月，国务院公布《碳排放权交易管理暂行条例》，界定了碳市场交易产品的现货属性，明确了交易主体将包括重点排放单位及其他主体，为全国碳市场后续丰富交易主体、交易产品和交易方式等提供了法律依据，为全国碳市场深化发展提供制度保障。

区域碳金融创新为全国碳金融实践提供实践基础。全国碳市场覆盖规模大，涉及的控排企业性质多样，市场协同监管机制仍待完善，因此在全国范围内开展碳金融创新存在较大的系统性金融风险，试点碳市场规模相对可控，风险防控和处置的难度相对较低，市场配套制度较完善，具备良好的创新实践基础，可持续为全国碳金融开发提供试验田。

碳排放权作为一种天然标准化的权利凭证，具备开发为金融产品的条件和潜力，下一步全国碳市场将在生态环境主管部门监督指导下，结合试点碳金融创新成功经验，研究开发符合全国碳市场制度框架的碳金融产品，率先落地符合市场需求和产品模式相对成熟的产品。

（二）中国碳市场碳金融创新实践

全国碳市场建设初期阶段，坚持全国碳市场作为控制温室气体排放政策工具的基本定位，重点发挥其减排功能。目前，国家层面暂未统一部署开展全国碳市场配额相关金融业务，但各区域试点市场已对碳资产质押融资、碳债券、碳基金等碳市场融资工具展开了充分的探索，本报告将从全国碳市场和试点碳市场两个维度介绍中国碳市场碳金融的创新实践。

1. 碳资产质押融资

地方已积极开展全国碳质押和地方碳配额的碳排放权质押实践，帮助企业盘活碳资产、降低融资成本、缓解融资压力，碳资产质押融资业务发展基础好、市场需求大，是当前碳市场机制下最具备可行性和推广性的融资模式。

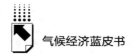

试点碳市场已开展试点碳市场的碳资产质押融资。上海市、山东省、浙江省、广东省、江苏省、湖南、湖北省、辽宁省等地方政府先后出台了碳排放权质押贷款相关政策和指引。以湖北省试点碳市场为例，2022年10月，人民银行武汉分行联合湖北省生态环境厅、湖北银保监局、湖北省地方金融监管局印发《湖北省碳排放权质押贷款操作指引（暂行）》，明确了碳排放权质押登记、冻结和处置的全流程闭环操作流程，并首次引入借碳、担保的模式，协助企业和银行开展跨履约期碳排放权质押贷款业务，为金融机构深入开展碳排放权质押业务提供指引。2023年3月，湖北落地的首笔通过引入借碳模式开展的跨履约期碳排放权质押贷款，截至2024年4月，湖北碳市场落地碳质押业务12笔，融资总额6.84亿元。各地方政策指引文件的出台和实践探索为未来全国碳排放权抵质押政策指引文件的出台和业务开展提供了宝贵的经验。

全国碳市场暂未正式开放质押业务但已有部分企业、银行率先进行业务探索。现阶段，全国碳排放权注册登记机构即中碳登未受理碳排放权质押登记申请，全国碳配额未经冻结便用于开展质押业务，存在配额重复质押或者无效质押的风险，但部分银行认为风险可控，将碳质押业务作为一项绿色金融创新业务进行了探索。截至2024年4月，湖北、浙江、江苏、山东、天津等地的一些企业自行与银行开展了全国碳排放权碳质押贷款业务。其中，经中碳登协助落地的质押业务已有28笔，主要以"全国碳配额质押+固定资产抵质押"的形式开展，即全国碳配额并非唯一的抵质押物，企业通过添加固定资产抵押作为补充担保措施，质押业务涉及融资金额约17亿元。

2.碳债券

我国碳债券市场尚处于发展初期，发行主体以国有企为主，发行场所以银行间市场为主，发行主体信用等级高且稳定，运行机制呈特色化、规范化特征。根据中诚信绿金发布的《2023年国内碳中和债券市场年报》，截至2023年底，从规模上看，我国累计发行448只碳中和债券，发行规模累计6,385.43亿元，占同期绿色债发行规模的27.70%，是绿色债券的重要组成部分；从发行主体所属行业来看，主要集中于金融行业和电力生产与供应行业，但电力生产与供应行业依旧为碳减排的重点行业，是碳中和债券发行规模最大的行业；从碳中和债券资金主要投向来看，现阶段的碳中和债券市场主要为能源行业低碳发展和转型等提供资金支持，以支持清洁能源项目和清洁交通类项目为主。

3.碳排放权回购

碳排放权回购交易业务在区域试点市场已有相对成熟的实践经验。上海、湖北、广州等试点碳市场已出台回购交易业务细则并落地相关案例。广州是最早出台相关业务指引并开展基于试点碳排放权配额回购交易业务的试点城市，2015 年，其出台《广东省碳排放配额回购交易业务指引》，落地44 笔碳回购交易业务，为其试点控排企业和参与机构完成融资 2 亿元，但已于 2022 年 5 月 25 日宣布停止广东省碳排放配额回购交易业务。2023 年，湖北试点碳市场，结合碳市场制度特色推出碳资产回购交易，通过融合证券市场"融资融券"业务模式，推进试点碳回购业务，截至 2024 年第一季度，共开展碳回购 6 笔，总融资金额超 1.5 亿元。[①] 2024 年 1 月，上海试点碳市场，正式推出上海碳市场回购交易业务，截至 2024 年第一季度，共完成 7 笔碳回购业务。[②] 不仅上述省份试点碳市场，北京、深圳、福建、四川等试点碳市场虽未出台业务指引等相关细则，但都开展了碳排放权回购业务并落地了首单案例。从试点实践经验来看，目前碳排放权回购存在成本高、融资额少等问题，可替代的传统融资工具多，在全国碳市场尚未形成落地案例。

4.碳排放权远期

根据《期货交易管理条例》等规定，期货、期权等场内金融衍生品仅允许在经证监会批准设立的期货交易所内进行交易，北京、天津、上海、重庆、湖北、广东和深圳这七个试点碳市场从理论上来说均不具备期货交易的

---

① 根据湖北碳交中心内部数据整理。
② 《上海碳市场落地首批次回购交易业务》，中国证券网，2024 年 2 月 1 日，https：//news. cnstock.com/news，bwkx-202402-5186168.htm。

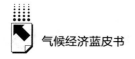
资格，因此各试点碳交易所均从远期交易产品入手，进行碳金融交易衍生品的创新。

我国上海、湖北、广东等试点碳市场都进行了碳远期交易的尝试。广东试点碳市场的远期合约，定制化程度高、要素设计自由度更高且不可转让，是传统的远期交易产品。2016年2月，广州碳排放权交易所正式发布了《广州碳排放权交易中心远期交易业务指引》，并在同年3月28日完成了第一单交易，但广州碳市场现货交易活跃度不足，配额履约属性较强，企业参与碳市场交易套期获利的欲望并不强烈，同时受制于非标准化产品的影响，交易撮合的难度大，市场流通性弱，导致广东试点碳市场期货交易长期处于成交量和笔数低迷的状态。上海以及湖北试点碳市场的远期合约均可转让且为线上交易，其形式和功能与碳期货接近，但两个试点在交易模式上仍存在一定的差异，湖北试点采用的是集中撮合交易模式，而上海采用的是挂牌点选模式。截至2024年4月，由于远期风险较大，湖北、广东试点碳市场已停止远期业务。

5. 碳排放权置换

碳排放权置换本质上是一种远期合约交易，在全国碳市场启动之前，试点碳市场已积极探索试点碳市场碳配额与CCER置换业务，即交易双方签订合约，约定在未来确定的期限内，相互交换等量碳配额和核证自愿减排信用及其差价的交易。目前，我国现有的7个试点碳市场均不具有期货交易资格，碳配额与CCER置换业务创新性地利用远期产品的优势，为市场主体提供了对冲价格风险的工具，避免了碳资产的价格波动对控排企业的履约造成财务影响。以2015年壳牌能源（中国）有限公司（以下简称壳牌）与华能国际电力股份有限公司广东分公司（以下简称华能）签订全国首单碳交易互换协议为例，2015年7月，华能以市场价格向壳牌交付约定的碳配额，2016年6月，壳牌将向华能提供一定数量并符合广东履约标准的省内、省外CCER，用于兑换等量的碳配额，华能按照2015年7月支付的价格减去相应差价（视已交付CCER的类型和年份而定）支付款项。此次碳配额与CCER置换交易中，华能提前锁定全国CCER资源，壳牌则利用远期交易锁定碳配额价格，降低履约成本，在双方均获得经济收益的同时，共同推动碳市场的健康发展。

在全国碳市场与试点碳市场并行的现状下，各试点碳市场开展了试点碳配额与全国碳市场配额置换的探索工作。该模式的主要参与者是在两个市场均有投资行为的碳金融机构，包括不限于控排企业、碳资产管理公司、投资机构、基金公司等，其核心目的是增强金融机构在两个市场资产配置上的灵活变通性。例如：一个制造企业拥有一家自备发电厂，且该企业与自备发电厂同属于一个法人主体，根据全国碳市场和试点碳市场的要求，其制造部分参与试点碳市场的配额履约和交易，自备发电厂部分被纳入全国碳市场履约，即该法人主体同时拥有全国碳配额和试点碳配额。假设该法人主体有全国碳市场的结余配额量，而试点碳市场存在配额缺口，那么该企业可以通过与碳金融机构开展碳置换交易，将全国碳市场结余的配额置换成试点碳市场的配额，帮助企业获取增加碳配额的途径。同时，在置换的过程中，因全国市场的体量、市场参与者、价格均高于试点碳市场，企业开展碳置换交易可以要求碳金融机构以不等值交换，帮助企业获得额外收益。

6. 碳指数

碳指数产品有助于构建全国碳市场建设和运行评估指标体系，是指导市场主体决策、协助主管部门监测市场运行、引导社会资源支持企业低碳转型的碳市场支持工具。现阶段，部分行业协会、高校和金融机构已对碳市场相关指数的研究和应用进行了初步探索，但从指数类型来说，主要以反映市场价格类型的指数为主，且主要在公司官网与公众号公布，应用范围不广。以中碳登为例，中碳登针对全国碳市场开发了十支指数，主要分为三类：第一类是反映市场运行现状的指数，如与中债登、上清所合作的价格指数和流动性指数；第二类是工具类指数如与兴业银行、农业银行合作的碳排放权质押价格指数，主要为碳排放权质押业务提供定价工具；第三类是与金融市场相关的指数，如与中债登合作的电力行业优质转型企业信用债，主要用于筛选衡量减排效果较为领先的企业，作为投资该主题债券的业绩基准和标的指数。发布碳指数有助于及时反映全国碳市场运行成效、为开展基于碳排放权

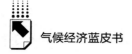

的投融资活动提供定价工具以及引导社会资金向低碳领域流动，具有很大的开发潜力及研究价值。

除了与碳市场运行直接相关的指数，湖北碳排放权交易中心还联合中碳登、中国钢铁工业协会和六家券商相关专家共同开发了"中国对外贸易成本碳指数（钢铁）"，通过定量化表征我国钢铁行业受到外部气候政策影响下的碳成本水平和变化趋势，为企业设计节能减碳规划、应对外部气候政策提供量化参考。

7. 碳基金

我国目前已经出现了许多低碳领域的基金，但相比于欧美等发达国家，仍然处于起步阶段。我国的低碳基金早期大部分是专注于投资绿色低碳企业股权的私募基金，投资于国内碳市场的基金在 2014 年后才逐渐开始涌现。

从资金发起方来看，随着国家各项低碳政策出台，各省市开始尝试建立低碳基金。碳基金主要服务于国家、地方战略，以国家设立并出资为主，资金通常由政府承担。以湖北省为例，2021 年 7 月 16 日，武汉市人民政府、武昌区人民政府与各大金融机构、产业资本共同宣布，将共同成立总规模为100 亿元的武汉碳达峰基金，这是目前国内首只由地方政府牵头组建的百亿级碳基金。该基金将立足武汉，面向全国，优选碳达峰、碳中和行动范畴内的优质企业、细分行业龙头进行投资；该基金重点关注绿色低碳先进技术产业化项目，以成熟期投资为主，通过资本赋能加快绿色低碳转型提速，助力湖北省武汉市打造绿色低碳产业集群，实现中部绿色崛起。

从投资策略来看，基金管理人基于对不同投资项目的需求和风险承受能力将资金进行安排和配置，包括选择投资项目类型、配置投资项目比例、安排投资周期等，不同种类的碳基金对应于不同的投资策略，其中购买信用和风险投资是最主要的策略类型。购买碳信用通常包括购买碳排放配额或通过碳市场购买碳信用，碳基金通过购买这些碳信用，帮助企业或个人实现低碳减排，并推动碳市场的发展，购买信用策略主要适用于那些碳市场较为成熟、碳信用市场规模较大的地区，如欧洲的欧洲排放交易系统；风险投资是指碳基金将资金投至具有碳减排潜力的项目或公司，例如可再生能源项目、清洁技术公司等，以推动低碳经济的发展。碳基金通过投资具有较高成长潜力和技术创新的低碳企业或项目，旨在获得较高的投资回报，风险投资策略适用于那些碳市场较为不成熟、碳技术较新颖的地区，如亚洲和拉美地区的碳市场。购买信用和风险投资通常被结合使用，购买信用可以帮助碳基金在短期内实现碳减排目标，风险投资则为长期碳减排提供了可持续的解决方案。

（三）中国气候投融资创新实践

1. 我国气候投融资发展现状

气候投融资是建立在《联合国气候变化框架公约》下的一种利用公共、私人和其他来源包括国家、地方和跨国资金的投融资行为，主要支持减缓气候变化和适应气候变化的行动。我国推动气候投融资的核心目的与意义在于解决气候资金需求与供给之间存在的长期矛盾，现阶段主要以"自上而下与自下而上相结合"的方式促进企业转型。"自上而下"是指通过政府政策引导，自上而下地推动企业应对气候变化问题；"自下而上"是指加强对社会大众的宣传教育，自下而上地倒逼企业开展绿色环保、节能降碳生产和生活方式的转变。2016 年 8 月，中国人民银行、财政部等七部委联合发布《关于构建绿色金融体系的指导意见》，提出要建立我国特色绿色金融体系制度，推动气候投融资体系建设，是我国气候金融的基础指导文件。2020年 10 月，生态环境部等五部委联合发布了《关于促进应对气候变化投融资的指导意见》，首次提出了气候变化投融资该怎么干、要怎么干，明确了气候投融资是绿色金融的重要组成部分，需加强气候投融资与绿色金融的政策协调配合。

2021 年 12 月，生态环境部等九部门联合发布了《关于开展气候投融资试点工作的通知》，鼓励各地区开展气候投融资试点，探索气候投融资创新模式。《气候投融资试点工作方案》也明确了气候投融资支持的范围和产业类型，其分类模式与国际通行气候投融资定义基本一致，将气候投融资的支持范围分为"减缓气候变化"和"适应气候变化"两个方面。其中，"减缓气候变化"包括调整产业结构，积极发展战略性新兴产业；优化能源结构，大力发展非化石能源；开展碳捕集、利用与封存试点示范；控制工业、农业、废弃物处理等非能源活动温室气体排放；增加森林、草原及其他碳汇等；"适应气候变化"包括提高农业、水资源、林业和生态系统、海洋、气象、防灾减灾救灾等重点领域适应能力；加强适应基础能力建设，加快基础设施建设、提高科技能力等。

2022年8月，生态环境部发布了第一批23个气候投融资试点名单，包括12个市、4个区和7个国家级新区。据统计，截至2024年3月末，23个获批试点中已有19个采取了行动。其中，8个试点公布了地方工作计划，10个试点发布了项目申报指南、入库评价标准等文件，17个试点建立起了具体推进气候投融资的部门或网络平台。① 截至2023年底，23个地方气候投融资试点地区授信总额4553.84亿元。②

2. 国际气候投融资的实践

从国际层面来看，气候金融的主要创新在风险分担机制、融资工具和风险转移工具方面。

从风险分担机制创新来看，大部分公益类和低投资回报率类的气候投融资项目，一般通过政府提供贴息、担保等举措来实现资金的筹集，无法最大化地撬动社会资本参与。因此，为了解决风险分担问题以及降低投融资不确定性问题，组合融资模式应运而生。组合融资模式将不同性质和目的的资金组合成具备稳定收益的投资计划，从而达到降低气候投融资项目的投资风险或者提升投资收益的目的，增强融资组合对社会资金的吸引力。其模式比较类似于我国推动开展的EOD模式。自2015年，组合融资模式开始逐步在全

---

① 《23个气候投融资试点项目库盘点：平均投融资需求差异较大，深圳项目库溢出效应明显》，新浪网，2023年10月26日，https：//city.sina.cn/finance/2023-10-26/detail-imzskaxe2172736.d.html。
② 《5月例行新闻发布会答问实录》，生态环境部官网，2024年5月30日，https：//www.mee.gov.cn/ywdt/xwfb/202405/t20240530_1074457.shtml。

球气候变化应对等可持续发展领域得到推广，截至 2023 年末，全球组合融资总体规模达到 2600 亿美元，其中撒哈拉以南的非洲、南亚以及东亚为主要投资地区。

从融资工具创新来看，各国政府及专业组织利用成熟的传统金融工具与气候效益指标相结合的模式，发展与气候投融资直接相关的金融工具，例如气候债券、气候挂钩债券、气候挂钩贷款等。建立明确的分类体系，明确项目和企业的贴标要求，严格遵循标准的分类和统计口径。例如气候债券倡议组织发布了气候债券标准和认证机制，主要从资金用途、项目和资产的评估和筛选流程、募集资金管理以及信息披露等方面进行界定，推动发行人落实与《巴黎协议》相一致的气温上升控制目标。目前，气候债券多被用于支持新能源发展或者企业技术改造，受制于债券收益率要求，社会资本支持气候适应投融资的债券不多，2017 年，欧洲复兴开发银行发行了气候韧性债券，主要是为欠发达国家的农业、水利基础设施建设提供资金支持。截至 2022 年 1 月，全球认证的气候债券发行规模为 2180 亿美元，特别是 2018 年以来，气候债券发行规模明显加速，这与各国重视应对气候变化的政策导向有很大关系。再如气候挂钩债券（贷款），是一种基于绩效表现的气候投融资工具，通过将企业绿色低碳发展目标与债券发行和利率进行挂钩，当预定目标实现时，可以下调票面利率，反之亦然，从而倒逼企业持续推进绿色低碳发展，实现气候目标。从全球目前发行的可持续发展目标相挂钩的债券来看，60% 左右与应对气候变化有关。2020 年，国际资本市场协会发布气候（可持续发展）挂钩债券标准，主要是要求设定关键绩效目标，校验气候可持续发展目标，设定与目标相关的债券要素，定期报告绩效目标实现情况，聘请外部专业机构审核披露信息真实性。

从气候风险转移工具创新来看，气候风险对于个人、企业乃至国家层面都具有极强的风险转嫁的作用，鉴于全球极端天气的频繁化、极端化，为了有效应对气候变化可能造成的自然灾害，提高气候变化适应能力，一些国家已创新开发与气候指数挂钩的保险产品。气候指数保险以风力、降水量、温度等气候指标为标准，与农产品产量等建立联系，气候指标或者指数高于或者低于临界值，不管受保者是不是遭受灾害，保险企业都将依据气象条件指数值向保户赔付。气候指数保险有利于提升农户等人群适应气候变化的能力，帮助他们更快地从气候灾害中恢复。

3. 我国气候投融资发展的问题

我国各气候投融资试点城市和地区依托自身产业基础和比较优势，探索差异化发展模式和实践路径，例如青岛西海岸新区侧重发展光伏、风电、氢能和低碳建筑等减缓类气候投融资产业，武汉市武昌区以中碳登和湖北碳市场为抓手重点发展气候金融创新和气候服务型产业。但从各气候投融资试点开展的实际情况分析，仍存在顶层制度待完善、部门间协同不足、融资工具待丰富、入库项目偏少等方面的问题。一是试点顶层设计方面，大部分试点推出了气候投融资试点管理办法或工作方案，明确工作要点和职能，基本建立各行业主管部门的联动机制。但气候投融资所涉及的政策面较广，各试点城市产业结构、金融业态存在较大差异，管理办法或工作方案还需更加聚焦急需解决的重点问题和发展方向。二是部门协同方面，气候投融资需要协调和统一的行业主管部门较多，大多数试点所设立的气候投融资专营机构尚未发挥作用，制度的执行情况有待提高。三是融资工具方面，气候投融资试点并未扩大气候资金来源，在各气候投融资试点启动后，绿色信贷依旧是气候金融的主要融资渠道，占比超过90%，且资金来源仍主要依靠银行业金融机构。与此同时，现阶段气候金融与绿色金融高度重合，无法形成差异化、精准化支持的目标，在减缓气候变化领域，有90%的项目可被纳入绿色信贷支持范围，但适应气候变化领域几乎都不在绿色信贷的支持范围。未被纳入绿色信贷、绿色债券统计口径的气候投融资项目无法获得相应的顶层财税政策支撑。四是试点入库项目方面，新能源和节能技改项目居多，适应类项目偏少，存量项目入库的情况较为普遍，真实新增项目数量有待考证。

总体来看，我国气候投融资与国外相比，制度设计还有待完善，成熟的气候金融工具较少，政策支持力度仍需加大（见表5）。

表 5　中国气候投融资与欧盟气候投融资差异

	顶层设计	政府层面	社会层面
中国	《关于促进应对气候变化投融资的指导意见》《气候投融资项目分类指南》《关于开展气候投融资试点工作的通知》《国家适应气候变化战略 2025》等	中国清洁发展机制基金、国家绿色发展基金	绿色信贷、绿色债券、股权投资等
欧盟	《可持续发展融资行动计划》《欧盟可持续金融分类方案》等	欧盟气候基金、复苏基金等	绿色债券、股权投资、气候韧性债券、蓝色债券等

四　我国碳金融发展展望

目前，我国碳市场整体偏向商品市场，碳金融缺少交易工具，交易量小且不活跃。碳金融与气候金融、绿色金融相比范围太小。随着国内外碳市场及绿色低碳产业的发展，我国碳市场必然要被赋予金融属性，金融机构碳金融业务必然要延伸至气候金融领域。

（一）赋予碳市场金融属性是必然趋势

碳金融与碳市场的发展是相辅相成的，碳金融市场实际上就是金融化了的碳市场，金融功能应该是内置于碳市场的。国际经验表明，引入丰富的金融活动能够有效提升碳市场流动性，促进碳价更加充分地反映全社会平均减排成本，提升交易主体的收益，控制交易主体的风险。[①] 随着碳市场的发展，其纳入的控排行业范围、交易主体范围、金融工具范围将逐步扩大，强制减排市场与自愿减排市场的互动更频繁，金融化特征将逐步加深。比如，欧盟碳市场经过几个阶段的发展，已经包括电力、工业、航空等多个行业，对高碳行业的覆盖率很高[②]；参与碳市场交易的主体排名前三的分别是投资

---

① 刘粮等：《国际经验推动我国碳金融市场成熟度建设的发展建议》，《西南金融》2024 年第 1 期。

② 毕马威：《2023 年中国碳金融创新发展白皮书》，2023 年 11 月。

公司或银行信贷等金融机构、非金融机构、基金产品[1]；欧盟碳市场已经纳入了除碳借贷外的所有碳市场交易工具，其中碳期货交易量占总成交量的90%以上。[2]

目前全国碳市场整体更偏向商品市场，只有电力行业的控排企业参与交易，企业持有现货配额以完成履约，交易量很小，交易不活跃，没有纳入期货、期权等碳市场核心交易工具，也没有金融机构、非金融企业、基金产品等主体参与交易。在缺少碳市场交易工具的情况下，我国金融体系的碳金融业务以碳资产质押融资、碳回购、碳托管、碳债券等融资工具，以及碳指数等支持工具为主，全国和区域碳市场的大部分碳金融产品在突破首单后难以延续，仅具有首单意义、宣传意义，无法形成规模效应。然而，涉碳融资业务往往以碳资产作为抵押或质押，持有碳资产的商业银行等机构会产生风险敞口，商业银行等机构只有作为交易主体参与碳市场交易，才能管理碳资产风险敞口，提升碳资产交易量和活跃度。

因此，无论是从国际碳市场、碳金融发展的经验来看，还是从国内碳金融发展的客观情况和实际需求来看，我国都必然要逐步突破碳金融服务于碳减排的从属性工具定位，将金融功能内置于碳市场，完善立法、监管和标准体系，允许金融机构等多元化投资者参与交易多元化的金融产品，为控排企业和其他交易机构提供有效的价格发现、收益实现和风险对冲工具，届时我国以履约为主的碳市场将发展为以金融活动为主的碳金融市场。

（二）金融机构的碳金融业务将延伸至气候金融领域

以碳资产为标的的碳金融在短期内无法形成规模效应，金融机构应将视野延伸至服务于产业链全生命周期碳排放控制的碳基金、碳债券等，以及服务于气候友好型项目的气候金融领域。

我国大力发展碳基金、碳债券等直接融资是新时代的迫切需要且潜力巨

---

[1] European Securities and Markets Authority, *Final Report of Emission Allowances and Associated Derivatives*, March 2022.

[2] 鲁政委等：《"碳中和"愿景下我国碳市场与碳金融发展研究》，《西南金融》2021年第12期。

大。由于我国碳市场的金融化发展需要相关部门的协调配合以及完善的法律法规和标准体系，以碳资产为标的开展的信贷等间接融资活动在短期内很难形成规模效应，无法成为金融机构的主要业务。而传统产业绿色低碳转型，以及战略性新兴产业和未来产业等天生的低碳、零碳产业发展需要大量的资金支持，特别是大规模、长期限、高风险的低碳转型和零碳科技创新项目需要耐心资本支持，需要基金、债券等直接融资工具的支持。根据国家气候战略中心基于 IAMC 模型的测算，我国实现碳中和愿景的总资金需求为 140 万亿元左右，长期资金缺口年均为 1.6 万亿元。[①] 因此，从广义碳金融的视角看，强调对产业链全生命周期碳排放控制的支持，投资于具有碳减排潜力的项目或者低碳、零碳科技项目的碳基金，以及资金用于支持低碳转型项目的碳债券有巨大的发展潜力。

构建有中国特色的气候金融体系是我国碳金融创新发展的必然方向。从金融活动的范围来看，气候金融的外延大于碳金融，具有显著的应对气候变化特性和可持续发展属性。当前，我国金融机构尚无法参与碳市场交易，碳基金和碳债券等广义碳金融的发展也依赖于低碳、零碳科技的发展，需要较长时期的探索。在全球应对气候变化的背景下，低碳资产具有更高的投资价值和增长潜力，金融机构通过调整资产组合、配置低碳资产来对冲风险，在气候相关领域的资产管理规模占比达 30% 左右，未来还会增长。全球用于减缓气候变化目标的资金占比超过 90%，用于适应气候变化目标的资金不足 10%，但在碳达峰后有很大的增长空间。[②] 因此，我们有理由相信，在我国碳金融还没有发展壮大之前，在气候投融资政策引导下，如果有更多有创新精神的金融机构将气候金融作为发展的重点方向之一，将资金投资、投放于具有显著的减缓气候变化和适应气候变化效应的项目，以及能够增加碳汇和生态产品价值的气候友好型项目，增强我国"负碳"发展能力，在不远的将来，有中国特色的气候金融体系必将成为现实。

---

① 《国家气候战略中心柴麒敏：要实现碳中和，长期资金缺口年均 1.6 万亿》，新浪网，2023 年 6 月 9 日，https://finance.sina.com.cn/esg/2023-06-09/doc-imywrwws4289319.shtml。

② 刘锦涛：《气候投融资试点助推地方绿色转型》，《中国银行保险报》2022 年 2 月 8 日。

专题篇 ▷▷

B.7
碳市场动力机制下的CCUS技术
发展路径研究

王思洋 黄 岱*

摘 要： 在全球气候变暖、环境问题日益严重的背景下，碳市场作为一种有效的减排机制，正在逐步成为全球范围内的共识。作为一种关键的二氧化碳（CO_2）减排技术，碳捕集、利用与封存（CCUS）技术正受到全球关注，其在碳市场动力机制下的发展路径研究具有重大的理论和实践意义。本报告深入分析了国际和国内的CCUS技术发展状况及其所处的产业成长阶段，通过参考国际碳市场促进CCUS产业发展的经验，探讨了碳市场和激励政策如何推动CCUS技术的进步，并提出相应的CCUS产业发展政策建议。

关键词： 碳市场 负碳技术 CCUS

---

* 王思洋，中碳登研究院研究员，主要研究方向为清洁能源利用、低碳技术研发、临港重化工行业低碳转型路径；黄岱，中碳登副总经理、中碳登研究院执行院长，高级经济师，主要研究方向为碳中和产业、气候金融和零碳城市建设与发展等。

在应对全球气候变化的挑战中，碳市场和碳捕集、利用与封存（CCUS）技术都被视为关键的解决方案。碳市场通过碳排放定价，释放价格信号构建经济激励机制，将资金引至更具减排潜力的技术上，为减排提供了经济激励。CCUS 技术则直接针对温室气体排放的减少问题提供了技术手段，是钢铁、石化、水泥等难减排行业实现碳中和的可行性技术。将 CCUS 技术的减排量纳入全国碳市场交易体系，不仅能够为 CCUS 技术的发展提供必要的经济激励，而且能够增加碳市场交易活力。这一措施有助于缓解那些难以通过常规方法减排的行业在碳市场中面临的压力。因此，CCUS 技术在碳市场动力机制下的发展具备战略性研究的意义。本报告分析了全球 CCUS 技术的发展现状，探讨了碳市场和激励政策如何推动 CCUS 技术的进步，并提出了相应的政策建议，以促进 CCUS 技术在碳市场动力机制下的发展。

研究发现，尽管 CCUS 技术在国际上已有多项成功示范，但在中国，该技术仍处于早期测试阶段，尚未实现大规模商业化。为了推动 CCUS 技术的发展，需要在国家应对气候变化的顶层政策设计的指引下，在明确技术发展战略的基础上，在政策支持、资金投入和市场机制等方面进行综合施策，为 CCUS 技术的商业化和规模化提供必要的条件，从而为实现中国碳达峰、碳中和目标和促进全球气候治理做出贡献。

一 CCUS 技术发展背景

CCUS 技术是 CCS（Carbon Capture and Storage，碳捕获与封存）技术新的发展趋势，即捕集大气中或工业排放过程中的二氧化碳，并进行提纯加以利用的技术，而不是简单的封存。与 CCS 技术相比，CCUS 技术可以将二氧化碳资源化，能产生经济效益，更具有现实操作性。

CCUS 技术是控制温室气体排放的重要技术手段之一。随着全球工业化进程的加快，二氧化碳的大量排放导致气候变暖。CCUS 技术的应用可有效解决碳排放问题，IPC 在其关于全球变暖 1.5℃ 的特别报告中指出，

CCUS 技术对于实现 2050 年碳零排放意义重大。此外，G20 能源与环境部长级会议也将 CCUS 技术纳入议题。尽管 CCUS 技术在全球范围内得到了一定程度的发展，但仍面临成本、技术成熟度、政策支持等方面的挑战。[1]

CCUS 技术在全球范围内正逐步得到重视和发展，它被视为实现全球气候目标和碳中和愿景的关键技术之一。随着技术的不断进步和政策的持续支持，未来，随着技术的成熟和成本的降低，CCUS 技术有望在全球范围内更广泛地应用，预计将在全球减排行动中扮演越来越重要的角色。

（一）碳移除与 CCUS 技术

人类各种排放活动即使实施减排措施仍不能完全实现零排放，不可避免的碳排放和大气中存量二氧化碳的移除在这里被统称为碳移除。目前主要的碳移除途径有生态固碳（植被和土壤）和生态建设（见表 1）。

表 1　碳移除/碳捕捉技术对比

碳移除技术		负排放技术路径	碳移除/碳捕捉途径	形成可利用的产品	碳移除潜力
CCUS	CO_2 化学利用	二氧化碳制化学品	烟道气、空气等来源 CO_2→化工产品	甲醇、尿素、塑料等	0.1~0.3/3~6
		二氧化碳制燃料		甲醇、甲烷	0/10~42
	CO_2 生物利用	微藻的生产	烟道气、空气等来源 CO_2→植物产品	水产养殖饲料等生物制品	0/2~9
		生物能源的碳捕捉和储存		农作物植物	5~50
	CO_2 地质封存	提高原油采收率	烟道气、空气等来源 CO_2→油气藏/矿物/地层水	石油	1~18
		矿物碳化		农作物利于形成的生物质	20~40
	混凝土碳捕集		烟道气、空气等来源 CO_2→粉状硅酸盐矿物	碳化水泥、混凝土	1~14

---

[1]　邓一荣等：《碳中和背景下二氧化碳封存研究进展与展望》，《地学前缘》2023 年第 4 期。

碳移除技术	负排放技术路径	碳移除/碳捕捉途径	形成可利用的产品	碳移除潜力
生态建设	植树造林	植物生长	森林	5~36/0.7~11
生态固碳	土壤碳封存技术	大气 CO_2 →海陆生态系统	农作物利于形成的生物质	23~53/9~19
	生物炭		农作物利于形成的生物质	3~20/1.7~10

CCUS 技术是一种人工碳减排方法，涉及从工业排放、能源使用或大气中分离 CO_2，并将其再利用或地质封存，以实现工业降碳发展和大气中 CO_2 的长期移除。[1] 在CCUS 技术体系中，工业过程和能源利用过程中的碳捕集、利用与封存技术发展较为成熟，总体上已经进入大规模工程示范阶段（具体技术路径与发展现状如图1和图2所示）。[2] 现阶段 CO_2 的转化利用还大多停留在实验室阶段，下一阶段将进行中试及技术推广；而地质利用与地质封存减碳潜力最大，在全球范围内已有众多大型示范及商业化项目。

目前，人类社会碳排放量远大于自然吸收能力，大气中二氧化碳存量持续增加。从各类碳移除途径发展潜力来看，CCUS 技术负碳能力最强。生态固碳自然吸收途径是实施成本最低的负碳途径，但负碳能力基本固定，且短时间难以大规模提升固碳能力。生态建设能够进一步提高自然吸收能力，但规模受限。通过能源结构调整、高效节能技术的发展与 CCUS 技术协同作用，可使二氧化碳排放量快速降低至等同甚至低于自然吸收能力从而实现零排放（存量二氧化碳不再增加）或负排放（存量二氧化碳逐渐减少）目标。

① 李志清等：《我国 CCUS 发展现状研究及国际经验借鉴》，《金融纵横》2021 年第 10 期。
② 王鼎等：《从碳源到碳汇：我国实现碳中和的路径分析》，《水利发展研究》2022 年第 5 期。

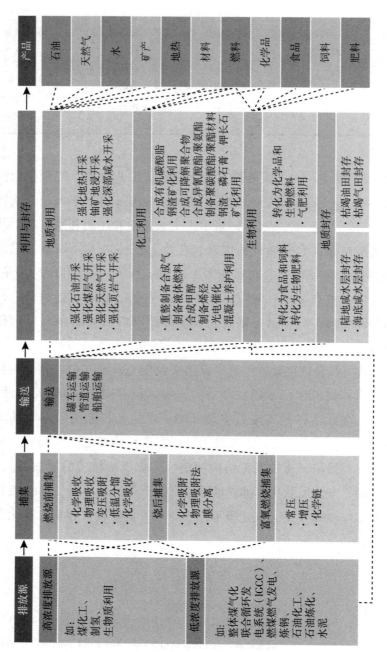

图 1 工业过程和能源利用过程中的 CCUS 技术路径

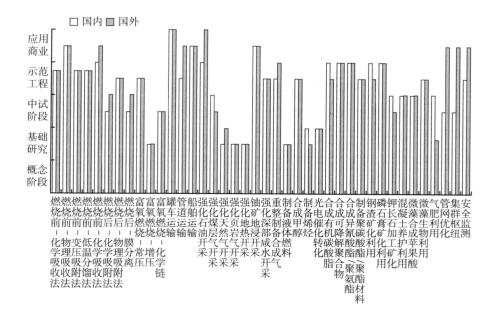

图 2　CCUS 技术类型及发展阶段

（二）CCUS 技术作为减缓气候变化的潜在解决方案

我国能源消费市场规模巨大，能源结构呈现多样性。在实现"3060"双碳目标的背景下，中石油集团国家高端智库预测，到 2030 年，我国一次能源消费中化石能源与非化石能源的比例大约为 7∶3。而到了 2060 年实现碳中和时，化石能源在能源消费中的占比预计将降至 21%。① 因此，为了平衡国家能源安全与实现"双碳"目标，确保能源结构的多样性和灵活性，化石能源可能在未来长期占据中国能源消费的一定比例。在此情况下，CCUS 技术成为实现这部分化石能源近零排放的关键技术选择。钢铁水泥等难以减排行业通过工艺改进、效率提升、能源和原料替代等常规减排手段后

也面临类似不可避免的排放问题，[①] CCUS 技术是消除该部分碳排放的有效手段；CCUS 技术能够实现其他污染物的协同减排，对改善生态环境具有重要作用；CCUS 技术易与传统行业结合，并对行业原有技术体系影响小，能够在能源结构调整和高效节能技术迭代过程中减轻企业减排压力。

在不可避免的碳排放中，电力、钢铁、水泥等集中高排放设施可以实施大规模 CCUS 技术，其他零散来源的排放可由 BECCS 和 DACCS 间接消除，根据中国 21 世纪议程管理中心预测数据，2030 年我国各行业 CCUS 二氧化碳减排需求潜力为 0.2 亿~4.08 亿吨，2060 年为 10 亿~18.2 亿吨（见表2）。[②]

表2　2025~2060 年各行业 CCUS 二氧化碳减排需求潜力

单位：亿吨

各行业	2025 年	2030 年	2035 年	2040 年	2050 年	2060 年
煤电	0.06	0.2	0.5~1	2~5	2~5	2~5
气电	0.01	0.05	0.2~1	0.2~1	0.2~1	0.2~1
钢铁	0.01	0.02~0.05	0.1~0.2	0.2~0.3	0.5~0.7	0.9~1.1
水泥	0.001~0.17	0.1~1.52	0.2~0.8	0.3~1.5	0.8~1.8	1.9~2.1
BECCS	0.005	0.01	0.18	0.8~1	2~5	3~6
DACCS	0	0	0.01	0.15	0.5~1	2~3
石化和化工	0.05	0.5	0.3	0	0	0
全行业	0.09~0.3	0.2~4.08	1.19~8.5	3.7~13	6~14.5	10~18.2

二　全球 CCUS 产业发展形势分析

近年来，随着巴黎协定签署国，如美国、欧盟、加拿大、中国等全球主

---

① 胡永乐等：《CCUS 产业发展特点及成本界限研究》，《油气藏评价与开发》2020 年第 3 期。
② 中国 21 世纪议程管理中心、中科院武汉岩土所、清华大学：《中国二氧化碳捕集利用与封存（CCUS）年度报告（2023）》，2023 年 5 月。

要国家和地区相继确立碳中和目标，CCUS 技术在全球范围内得到了显著的发展和应用。

（一）全球 CCUS 产业发展政策

1.国外 CCUS 产业发展政策

一直以来，美国、英国、加拿大等发达国家长期投入资金支持 CCUS 技术研发，支持 CCUS 示范项目建设，在推进 CCUS 技术的商业化进程方面积累了丰富的实践经验。[①]

美国在 CCUS 技术的研发、示范和商业化方面居世界领先地位，预计将首先实现该技术的规模化应用。美国能源部国家能源技术实验室（NETL）制定的发展路线图旨在推动 CCUS 技术到 2030 年在美国广泛应用。美国通过 45Q 税收法案等措施提供财政激励，鼓励 CO_2 捕集与封存，并在 2018 年通过法案提高补贴额度，扩大补贴范围，并取消了补贴总量的限制。此外，新的税收法案还降低了补贴门槛，支持 CO_2 的多种利用途径，并提供了税收抵免，以促进 CCUS 技术的发展。2022 年 8 月 16 日，美国总统拜登在白宫签署的《降低通货膨胀法（IRA）》进一步加大了对 CO_2 捕集项目的财政支持力度。

英国将 CCUS 技术研发和早期示范作为发展重点，并通过电力系统的低碳补贴电价、明确的碳减排目标和严格的煤炭行业标准来提供政策支持。[②]虽然英国较早开展了 CCUS 技术研究，但直到 2012 年才发布了第一份 CCUS 技术发展路线图，其中包括提供 10 亿英镑资金支持商业规模的 CCUS 项目，推动技术研发与示范，并致力于降低成本。此外，英国政府还实施了电力市场改革，以促进低碳电力市场的发展，通过差异化上网电价合同、基本碳价和排放绩效标准等政策工具来激励 CCUS 的发展。同时通过设备供应链和运输封存网络基础设施来解决 CCUS 应用的关键障碍。2017 年，英国发布了

---

① 秦阿宁等：《碳捕集、利用与封存国际研发态势及应用比较研究》，《全球科技经济瞭望》2023 年第 4 期。

② 徐冬等：《煤电+CCUS 产业规模化发展政策激励》，《洁净煤技术》2023 年第 4 期。

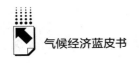

清洁增长战略，计划到 2030 年大规模部署 CCUS 技术。

加拿大的 CCUS 发展策略涵盖了政策框架构建、公众教育、技术监测、国际合作、科研开发和新技术示范等方面。该国通过政策法规和财政税收政策为 CCUS 技术提供长期支持。2013 年，加拿大发布了清洁增长和气候行动计划，并在 2016 年推出了清洁能源创新项目，承诺 5 年内投入 2500 万加元资助 CCUS 项目。2019 年，加拿大实施了碳税政策，并计划逐步提高税率。艾伯塔省出台了 CO_2 地质封存法规，支持相关技术应用。加拿大边界大坝 CCUS 示范项目作为全球首个全流程燃煤电厂改造项目，对技术验证和商业模式有着显著影响。在国际层面，加拿大参与了"弃用煤炭发电联盟"，致力于淘汰煤炭发电。

2. 国内 CCUS 产业发展政策

"十四五"规划和 2035 年远景目标纲要强调了推动重大节能低碳技术产业化，包括 CCUS 技术在内的示范项目。《2030 年前碳达峰行动方案》着重于推动低碳技术的研发和应用，特别是在 CCUS 领域。此外，科技部联合其他部门发布的实施方案提出了支持 CCUS 技术能力提升的具体措施，而中共中央、国务院的意见也明确提出了推进 CCUS 技术研发和产业化的目标。这些政策文件共同构成了推动 CCUS 技术发展的政策基础，旨在通过科技创新实现碳达峰和碳中和目标。

除顶层规划外，一系列 CCUS 技术支持政策和规划陆续落实，有序推进 CCUS 技术的研发和示范。随着全国"双碳"行动的逐步落实，碳排放统筹的逐步收紧，这些支持政策不仅涉及国家战略、技术发展、行业规划、补贴投资、示范建设等，而且正朝着更加具体、操作性强、可执行性高、具有示范作用以及可广泛推广的方向发展（主要政策文件及信息参见文末附表1）。① 例如，科技部 CCUS 路线图建议给予 CCUS 与可再生能源同等配套政策支持，探索设立 CO_2 利用专项扶持资金以及把 CCUS 纳入碳交易体系；启动制

---

① 袁士义：《CCUS 是最现实可行的化石能源低碳发展技术——写在〈中国碳捕集利用与封存技术评估报告〉发布之际》，《可持续发展经济导刊》2022 年第 5 期。

定 CCUS 技术及核算相关标准，为 CCUS 技术实施进行监管环境建设，包括明确地下空间利用权和长期责任。国家发改委、国家能源局发布的《关于完善能源绿色低碳转型体制机制和政策措施的意见》明确提出要完善火电领域 CCUS 技术研发和示范项目支持政策；扩大 CO_2 利用与封存运用场景，CO_2 驱油应用，探索油气开采空间用于碳封存。

中国的政策体系已为 CCUS 技术的大规模示范提供了支持，但 CCUS 技术的商业化仍面临挑战。政策层面的限制包括缺乏具体的法律和监管措施，以及对 CCUS 产业基础设施的建设相对落后。目前，仅有科技部设立的阶段性目标；部门间合作不足，缺乏协同推进 CCUS 的机制；CO_2 缺乏针对 CCUS 技术流程和环境风险评估的详细管理体系。这些局限性限制了潜在投资者对 CCUS 价值的理解和认同，并增加了监管者对 CCUS 项目执行带来风险的顾虑。

（二）全球 CCUS 产业发展形势

1. 国外典型示范项目

在全球碳中和的大背景下，近年来全球 CCUS 项目处于快速发展态势，根据 2023 年全球碳捕集与封存研究院的统计，截至 2023 年 7 月，全球运行和建设中的规模化 CCS/CCUS 项目合计 392 个，目前运行中的项目年捕集量为 4900 万吨，全部投产后年捕集总量可达 3.61 亿吨。示范项目主要分布在美国、北欧、加拿大、澳大利亚、中国等国家和地区，主要包括钢铁、水泥、石油化工等行业。

1972 年 1 月 26 日，雪佛龙公司（Chevron）在得克萨斯州 Scurry 县的油田开展了世界上第一个二氧化碳驱油示范项目 Scurry Area Canyon Reef Operating Committee（SACROC）。全球最大的二氧化碳驱油示范项目是美国怀俄明州的 Shute Creek 示范项目，于 1972 年投资建成，实现了 CO_2 年封存量 700 万吨；全球最早开展二氧化碳咸水层封存的国家是挪威，于 1996 年开展 Sleipner 油田 CCS 示范项目，其 CO_2 年封存量为 90 万吨。目前全球最大的咸水层封存项目是 2019 年运行的澳大利亚 Gorgon 咸水层封存项目，其

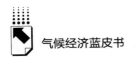
CO_2 年封存量达 400 万吨。

目前，全球已投运的 26 个代表性年封存 50 万吨及以上的 CCUS 项目中，纯二氧化碳驱油项目有 17 个，衰竭油气藏封存项目有 1 个，纯二氧化碳咸水层封存项目有 7 个，同时采用咸水层封存和驱油利用的项目有 1 个。从年封存量来看，年封存量 100 万吨及以上的项目有 18 个，占比 69.23%（见表 3）。从项目数来看，CO_2 驱油封存项目占据主导地位；整体上，国外 EOR（CO_2 驱油）起步早，但咸水层封存项目发展迅速，2015 年后二氧化碳年封存规模达到 990 万吨。

表 3　国外代表性 CCS 项目（年封存 50 万吨及以上）

项目名称	碳源	去向	碳封存地点	规模（万吨/年）	国家/地区	投运年份
Enid	化肥厂	EOR	俄克拉何马州	70	美国	1982
Snøhvit	天然气处理厂	咸水层	Norwegian sea	70	挪威	2008
Lula	海上油田伴生气	EOR	里约热内卢近海 300 公里	70	巴西	2013
Coffeyville	化肥厂	EOR	堪萨斯州	80	美国	2013
Uthmaniyah	天然气处理	EOR	沙特阿拉伯	80	沙特	2015
Abu Dhabi	钢铁厂	EOR	阿联酋阿布扎比	80	阿联酋	2016
Sleipner	天然气处理厂	咸水层	Sleipner 油田	90	挪威	1996
Lost Cabin	天然气处理	EOR	怀俄明州	90	美国	2013
Air Products	甲烷重组	EOR	得克萨斯州	100	美国	2013
Boundary Dam	燃煤电厂	EOR/咸水层	萨斯喀彻温省埃斯特万	100	加拿大	2014
Decatur	乙醇化工厂	咸水层	伊利诺伊州	100	美国	2016
Illinois Industrial CCS	甲醇	咸水层	伊利诺伊州	100	美国	2017
Quest	甲烷重整	咸水层	艾伯塔省	110	加拿大	2015
In Salah	天然气处理厂	衰竭油气藏	Central Algeria	120	阿尔及利亚	2004
Val Verde	天然气处理	EOR	得克萨斯州	130	美国	1998

续表

项目 名称	碳源	去向	碳封存地点	规模 （万吨/ 年）	国家/ 地区	投运 年份
Alberta Carbon Trunk Line （ACTL）	制氢	EOR	艾伯塔省	140	加拿大	2020
SACROC	前期 CO_2 气藏， 后期天然气处理厂	EOR	得克萨斯州	150	美国	1984
Petra Nova	燃煤电厂	EOR	得克萨斯州	160	美国	2016
Qatar LNG CCS	天然气处理	咸水层	拉斯拉凡	210	卡塔尔	2019
Weyburn	煤气化和煤发电厂	EOR	萨斯喀彻温省	300	加拿大	2000
Kemper	燃煤电厂	EOR	密西西比州	340	美国	2016
Gorgon	天然气处理	咸水层	澳大利亚	400	澳大利亚	2016
Century	化肥厂	EOR	得克萨斯州	500	美国	2010
Shute Creek	天然气处理	EOR	怀俄明州	700	美国	1986
Alberta Trunk	炼油厂	EOR	艾伯塔省	120~140	加拿大	2017
Alberta Trunk	炼化厂	EOR	萨斯喀彻温省	150~200	加拿大	2016

2. 国内典型示范项目

中国已具备大规模捕集、利用与封存 CO_2 的工程能力，正在积极筹备全流程 CCUS 产业集群。中国已建成或建设、规划中的主要 CCUS 示范项目近百个（见附表 2），已建成或建设中项目的捕集能力超过 1500 万吨/年。[①] 已建成项目约 52 个，主要包括中石油吉林油田吉林石化合作 CCUS 项目、齐鲁石化-胜利油田二氧化碳捕集利用与封存全流程项目、国家能源集团鄂尔多斯咸水层封存项目和中海油恩平 15-1 油田群二氧化碳封存项目等。[②]

国内年捕集量超过 15 万吨的项目有：中石油吉林油田吉林石化合作

---

① 窦立荣等：《全球二氧化碳捕集、利用与封存产业发展趋势及中国面临的挑战与对策》，《石油勘探与开发》2023 年第 5 期。
② 宋阳等：《二氧化碳捕集、地质利用与封存项目环境管理研究》，《中国环境管理》2022 年第 5 期。

CCUS 项目、齐鲁石化-胜利油田二氧化碳捕集利用与封存全流程项目、延长石油榆林煤化公司 30 万吨/年二氧化碳捕集装置项目和中海油恩平 15－1 油田群二氧化碳封存项目。从 CCUS-EOR 项目开始，2011 年开始出现咸水封存（国家能源集团鄂尔多斯咸水层封存项目）。截至 2023 年底，已投运项目总年捕集量超过 400 万吨。

规划中的项目主要包括中石油"四大示范工程"（中石油大庆油田大庆石化合作 CCUS 项目、中石油吉林油田吉林石化合作 CCUS 项目、中石油长庆油田姬塬 CCUS 先导试验项目、中石油新疆油田 CCUS 工业化项目），六个油田先导试验区（辽河油田、南方石油勘探开发公司、冀东油田、华北油田、吐哈油田、塔里木油田），中国海油、广东省发改委、壳牌集团和埃克森美孚公司四方签署的大亚湾区 CCS/CCUS 集群示范项目，以及中国石化与壳牌、宝钢、巴斯夫在北京完成的华东 CCS（碳捕集与封存）四方合作项目等。国内项目具有以下特征：规划建设中的 CCUS 项目逐年增多，二氧化碳封存量逐年增大；运行中的项目主要集中在煤化工和油气行业；设计规划中的项目主要集中在电力、煤化工、石油化工和钢铁行业（见图 3）。

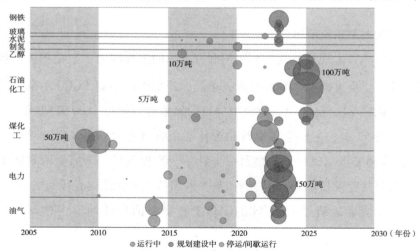

图 3　我国 CCUS 项目发展趋势

资料来源：中国 21 世纪议程管理中心、中科院武汉岩土所、清华大学发布的《中国二氧化碳捕集利用与封存（CCUS）年度报告（2023）》，2023 年 5 月。

项目规模逐年增大。出现百万吨级齐鲁石化-胜利油田二氧化碳捕集利用与封存全流程项目和国家能源集团江苏泰州电厂的 50 万吨 CCUS 项目，以及规划中的千万吨级大亚湾区 CCS/CCUS 集群示范项目和华东 CCS（碳捕集与封存）四方合作项目等。

二氧化碳的利用方式正在多样化。除了传统的油田驱油和咸水层封存技术外，目前还开发了包括玄武岩封存和生物利用在内的多种新利用技术的示范项目。例如浙能兰溪 CO_2 捕集与矿化利用集成示范项目、包融环保包头碳化法钢铁渣综合利用项目以及中科院上海高研院鄂尔多斯 CO_2 微藻生物肥项目。二氧化碳化学与生物利用等新利用方式项目逐年增加。

大规模集群式发展。项目向排放源聚集带靠拢，跨行业全流程和位于主要排放源的项目逐步增多，出现位于长三角、珠三角的 1000 万吨级项目。南方的项目逐渐增多。如华东 CCS（碳捕集与封存）四方合作项目、大亚湾区 CCS/CCUS 集群示范项目、通源石油库车百万吨 CCUS 一体化示范项目。

国内 CCUS 技术逐步成熟，CCUS 技术应用范围逐步扩大。如中国石油将启动以新疆油田千万吨级 CCUS 重大示范工程为代表的中石油"四大六小"CCUS 示范项目。

3. 全球 CCUS 产业发展对比

国内外 CCUS 产业的发展阶段存在一定差异，主要体现在以下几个方面。

（1）技术成熟度与应用范围。国际上，CCUS 技术已经在多个国家和地区得到商业化应用，特别是在北美和欧洲地区，CCUS 技术在提高油气采收率（EOR）方面和电力行业中得到了广泛应用；在国内，CCUS 技术仍处于发展阶段，虽然已有一些示范项目在运行，但整体上还未实现大规模商业化。

（2）政策支持与市场机制。在国外，尤其是发达国家，已经建立了较为完善的政策支持体系和市场激励机制，如税收优惠、补贴政策和碳交易市场，这些措施有效促进了 CCUS 技术的发展；在国内，政策支持正在逐步加

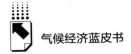
强，政府出台了一系列指导意见和行动计划，但在具体的市场机制和财政补贴方面还有待进一步完善。

（3）资金投入与项目规模。国际上，CCUS 项目得到了较多的资金投入，项目规模相对较大，一些项目已经成为全球 CCUS 技术应用的典范；在国内，CCUS 项目的资金投入和规模相对较小，虽然政府和企业的投资正在增加，但与国际先进水平相比仍有差距。

总体来看，国际上 CCUS 产业的发展相对成熟，而国内虽然发展迅速，但在技术应用、政策支持、资金投入等方面仍需进一步提升和完善。随着全球各国对气候变化问题认识的深化和减排压力的增大，CCUS 技术在全球范围内都将迎来更加广阔的发展空间。

三 CCUS 技术的发展驱动力

目前，CCUS 产业发展的五大驱动因素包括政府及公共基金支持、国家激励政策、税收（碳税）、强制性减排政策、碳交易市场。[①] 当前，CCUS 项目主要集中在研发和项目示范阶段，其发展的主要驱动力来自政府的资金扶持、国家的激励政策以及税收（碳税）的激励。预计未来，强制性减排政策和碳交易将成为推动 CCUS 技术向大规模工业化和商业化转型的关键动力。

（一）政府及公共基金支持

政府及公共基金支持是推动 CCUS（碳捕集、利用与封存）技术发展的重要因素。这类支持通常包括直接的资金投入、研究资助、项目补贴等形式，旨在降低 CCUS 技术的研发和示范成本，加速其从概念验证到商业化应用的进程。[②]

---

① 胡永乐等：《CCUS 产业发展特点及成本界限研究》，《油气藏评价与开发》2020 年第 3 期。
② 王柯钦等：《二氧化碳捕集、利用与封存技术应用研究》，《新型工业化》2022 年第 7 期。

政府的资金支持可以帮助企业和研究机构克服 CCUS 技术开发初期的高风险和高成本挑战，鼓励创新和技术突破。公共基金的介入还能够吸引私人资本的参与，通过公私合作模式（PPP）等途径，为 CCUS 项目提供更加多元化的资金来源。

此外，政府及公共基金的支持还能够促进相关产业链的发展，包括设备制造、工程建设、运营管理等，从而形成有利于 CCUS 技术成长的生态系统。通过这种支持，可以推动相关技术标准的制定、技术人才的培养和国际合作的加强，为 CCUS 技术的长期可持续发展奠定坚实的基础。

（二）国家激励政策

国家激励政策对 CCUS（碳捕集、利用与封存）技术的发展起到了关键的推动作用。[①] 这些政策通常包括财政补贴、税收优惠、贷款担保、研发资金支持等措施，旨在降低 CCUS 项目的初期投资风险和运营成本，提高项目的经济效益，从而鼓励企业和组织机构投资于 CCUS 技术的研发和部署。[②]

通过这些激励政策，政府可以有效地促进 CCUS 技术的创新，加速从实验室研究到商业化应用的转变。例如，补贴和税收减免可以减轻企业的财务负担，使 CCUS 项目更具吸引力；贷款担保可以减少金融机构的风险顾虑，增加对 CCUS 项目的投资；研发资金支持则可以直接推动技术的进步和成本的降低。此外，国家激励政策还可以提高公众和私营部门对 CCUS 技术的认识和接受度，创造有利于 CCUS 技术发展的政策环境。

（三）碳税

税收机制中的碳税是一种对温室气体排放征税的政策工具，旨在通过对排放行为的经济惩罚来激励减排。碳税为 CCUS 技术提供了一种经济上的刺

---

① 周新媛等：《二氧化碳封存现状及经济性初探》，《油气与新能源》2022 年第 3 期。
② 梁希等：《CCUS 技术商业化应用面临的挑战和路径建议》，《可持续发展经济导刊》2023 年第 6 期。

激，使得未经处理的碳排放成本更高。[①]

当企业面临碳税时，CCUS技术成为一种减少税负的策略。通过投资和实施CCUS项目，企业可以捕集和储存CO_2，从而减少其应税排放量。这样，企业不仅可以避免支付高额的碳税，还可能通过出售碳信用或排放配额来获得额外收入。

碳税的实施通常会在市场中为CO_2排放定价，这有助于明确减排的成本效益，并为CCUS技术创造一个更加有利的经济环境。随着碳税的提高，CCUS技术的经济吸引力相对增加，因为它提供了一种相对成本可控的减排途径。

总体而言，碳税通过经济激励促进了CCUS技术的发展和应用，有助于推动企业采用更清洁的技术，减少温室气体排放。

（四）强制性减排政策

强制性减排政策是政府为了实现环境保护目标和应对气候变化而制定的法律规定，要求工业部门、能源生产和消费等领域减少温室气体排放。这类政策通常包括排放标准、排放限额和排放交易系统等措施。

CCUS技术在强制性减排政策中扮演着重要的角色，因为它提供了一种直接减少大型排放源，特别是化石燃料电厂和重工业排放的可行方法。通过捕集排放的CO_2并将其储存或转化为有用的产品，CCUS技术有助于企业满足更严格的排放要求，同时继续使用现有的能源和生产基础设施。

在强制性减排政策的推动下，企业可能会发现采用CCUS技术是实现合规的最经济或最有效的方式。此外，这些政策还可能伴随着经济激励措施，如税收优惠、补贴或碳信用，进一步鼓励企业投资CCUS项目。随着全球对减少温室气体排放的关注日益增加，强制性减排政策的实施预计将更加普遍，这将为CCUS技术的发展和应用提供更加广阔的空间。

---

① 张芃等：《英国控制温室气体排放的主要财税政策评述》，《中国人口·资源与环境》2015年第8期。

（五）碳交易市场

碳市场与 CCUS 技术关系密切。碳市场通过经济激励促进 CCUS 技术的发展，而 CCUS 技术则是实现碳市场减排目标的核心手段之一。

在碳市场中，通过设定排放上限和允许排放配额的交易，企业被鼓励减少温室气体排放。对于那些难以通过改变生产过程或采用可再生能源来减少排放量的企业，投资 CCUS 技术成为一种可行的选择。通过捕集和封存 CO_2，企业可以减少其排放量，从而在碳市场中遵守排放限制或满足排放配额要求。同时，碳市场的运作也为 CCUS 项目创造了收入来源。企业可以通过出售未使用的排放配额或通过 CCUS 项目产生的减排信用来获取收益。这种市场机制使得 CCUS 技术不仅是一种环境保护措施，也成为具有商业价值的投资项目。

此外，碳市场的建立和完善需要依靠 CCUS 技术的支持。随着技术的进步和成本的降低，CCUS 技术有望成为实现长期减排目标的重要工具。碳市场的扩大和深化将进一步推动 CCUS 技术的发展和应用，两者相互促进，共同为实现低碳经济转型和气候变化目标做出贡献。

四　国外碳市场促进 CCUS 产业发展经验借鉴

全球范围内碳减排政策渐趋明确，各国碳交易市场的逐渐完善为 CCUS 产业进一步发展带来了良好契机。[①]

（一）美国 CCUS 产业发展路径：国家激励政策与碳市场协作

美国在 CCUS 技术的研发上起步较早，截至 2022 年，已有 14 个商业化的 CCUS 项目正在运行。美国尚未形成全国统一的碳交易市场，其中 CCUS 减排项目主要被纳入美国气候行动储备（Climate Action Reserve，CAR）碳

---

① 周显峰等：《碳捕集、利用与封存（CCUS）浅析》，《国际工程与劳务》2023 年第 7 期。

市场和美国碳登记（American Carbon Registry，ACR）碳市场。[①] 其中 CAR 碳市场服务于美国 45 个州和墨西哥，截至 2021 年，共备案 400 余个节能减排项目；CCUS 项目在 ACR 中的注册量最多。截至 2020 年初，ACR 的项目注册数为 122 个，总计核减 CO_2 排量 5000 万吨，其中 CCUS 项目注册核减 CO_2 排量 2160 吨，占其核证减排量占总签发量的 43.2%。并且，在 ACR 碳市场中交易的 CCUS 项目依旧适用于美国 Form-45Q 法案。

CCUS 项目在美国碳市场中的活跃表现，主要得益于美国政府制定的有针对性的激励政策，尤其是 Form-45Q 法案的推行。这项法案直接为 CCUS 项目提供税收补贴，最初于 2010 年设立，并在 2018 年经过修订，进一步加大了补贴力度。根据 CCUS 技术的应用场景的不同，Form-45Q 法案提供了差异化的补贴标准：CO_2 用于提高石油采收率的项目，补贴 35 美元/吨；纯粹地质封存的项目，则给予 50 美元/吨。Form-45Q 法案不仅与美国各州的激励措施高度兼容，而且在享受联邦层面的补贴之外，还为 CCUS 项目提供了地方政府的额外补贴，确保了项目能在稳定的政策环境中持续运作。这种做法有效规避了碳市场价格波动对 CCUS 项目运作可能造成的风险，为项目的稳定推进提供了坚实的支持。该法案显著提高了能源行业对 CCUS 项目的投资热情，增强了投资者的信心，推动了商业化 CCUS 项目的大规模部署。

（二）加拿大 CCUS 产业发展路径：税收（碳税）机制与碳市场协作

加拿大在推动 CCUS 项目的商业化方面取得了显著成就，到 2021 年已经成功建立了 3 个大型的百万吨级别的 CCUS 项目。在全国范围内，加拿大已经建立了 13 个地方碳市场，阿尔伯塔省的市场在整合 CCUS 项目方面表现尤为突出，其 CCUS 项目的减排量占到了该市场总减排量的约 10%。[②] 这些项目普遍在阿尔伯塔省的排放抵销系统（Albert Emission Offset System，AEOS）下得到认证。截至 2020 年，AEOS 已经注册了 271 个项目，发放了

---

① 王硕等：《国际碳交易机制复杂化及中国应对》，《国际展望》2021 年第 3 期。
② 刘牧心等：《碳中和驱动下 CCUS 项目衔接碳交易市场的关键问题和对策分析》，《中国电机工程学报》2021 年第 3 期。

总计 5600 万吨 CO_2 当量的减排信用，其中 CCUS 项目贡献了 516 万吨。阿尔伯塔省碳市场采取了积极措施来促进化工企业广泛采用 CCUS 技术。为此，该市场对于辖区内实施的 CCUS 项目提供了一项优惠政策：根据项目实际减少的碳排放量，发放双倍的核证减排量，从而激励企业大规模、商业化地部署 CCUS 项目。

2018 年，加拿大实施了《温室气体污染定价法案》（*Greenhouse Gas Pollution Pricing Act*），法案计划将碳税从 2021 年的 40 加元/吨逐步提高到 2030 年的 170 加元/吨。[①] 加拿大以立法手段提升碳税，通过提高碳税，政府鼓励石油化工企业投资 CCUS 技术。

加拿大实施碳税和创新的碳市场政策，阿尔伯塔省油气开采和石油炼化行业的发达，共同推动了 CCUS 项目与碳市场的融合，加速了 CCUS 技术在加拿大的商业化进程。

（三）欧盟 CCUS 产业发展路径：配额拍卖补贴机制与碳市场协作

欧盟在 CCUS 技术发展方面的迅速进展，得益于其创新的资金支持机制。通过碳市场的配额拍卖，欧盟将部分财政收入用于支持 CCUS 项目的建设。此外，实施成本补贴机制，对从事 CCUS 项目的企业进行直接补贴，这一做法有效激发了企业的积极性，并促进了 CCUS 技术的应用和发展。

2011 年推出的 NER300 项目是欧盟支持 CCUS 技术的一个典型例子。该项目通过向二级市场投放 3 亿碳排放配额并进行交易，成功为新能源技术和 CCUS 技术筹集了 2.1 亿欧元的政策性补助。这种将成本补贴和配额拍卖相结合的策略，不仅平衡了不同行业间的成本差异，还有助于公平分配公共资源，同时增加了碳市场的活跃度和产品的多样性。

碳市场和 CCUS 技术都是实现碳减排目标和推动绿色低碳发展的重要手段。碳市场通过市场机制激励减排，而 CCUS 技术则提供了直接减少温室气体排放的途径。两者的结合使用将为气候行动提供强大动力。

---

① 胡大洋等：《中企海外绿色低碳发展工作研究》，《化工管理》2021 年第 1 期。

五 碳市场动力机制下加快我国 CCUS 产业发展的建议

鉴于 CCUS 技术当前的成本挑战,在我国现行的碳市场体系下,该技术尚未能实现大规模的商业化应用。借鉴国外碳市场促进 CCUS 产业发展的经验,我国可以将 CCUS 技术整合进碳市场框架中,并与其他产业政策相辅相成,以此构建一个强大的 CCUS 技术激励体系。因此,迫切需要将 CCUS 减排项目纳入全国性的碳市场,并在完善的碳市场顶层设计的基础上,与多样化的 CCUS 技术产业政策相结合,为我国 CCUS 产业技术的可持续发展注入动力。这不仅能有效推进 CCUS 技术产业的成长,还能助力实现我国的碳减排目标,推动经济社会向绿色低碳方向转型,增强我国在全球气候治理和低碳技术发展领域的地位与影响力。

(一)加强碳市场顶层机制设计,明确碳市场中 CCUS 技术激励政策

建议生态环境主管部门将 CCUS 减排项目尽快纳入全国温室气体自愿减排交易市场。参考国外 CCUS 碳市场发展经验,尽快开展 CCUS 方法学研究,争取将 CCUS 项目尽早纳入全国温室气体自愿减排交易市场,为 CCUS 项目盈利打下关键基础;借鉴国外先进经验,在 CCUS 技术发展的早期阶段,设立特殊的碳市场激励措施。例如加拿大碳市场 CCUS 减排项目可双倍抵销碳排放。

建议中碳登作为全国碳排放权交易市场的核心运营机构,在加强碳市场顶层机制设计方面,积极参与制定和完善碳市场相关政策法规。特别是在 CCUS(碳捕获、利用与封存)技术激励政策制定方面,通过在强制碳市场中设立专门的 CCUS 项目板块,降低 CCUS 技术的交易成本,提高市场流动性,激发企业投资 CCUS 技术的积极性。由中碳登推动建立 CCUS 技术认证和评估体系,确保技术的有效性和可靠性,为碳市场提供高质量的 CCUS 项目。

（二）出台和完善财税金融政策与市场化机制，形成明晰的国家激励政策体系

为了降低 CCUS 项目的初始投资和运营成本，建议财政主管部门采取以下措施：一是提供 CCUS 示范项目专项税收减免和财政补贴；二是建立专项基金和绿色信贷机制，以支持 CCUS 技术的研发和示范项目。同时，建议发展和改革主管部门与地方政府制定政策，鼓励私人资本通过公私合作模式（PPP）参与 CCUS 项目的投资，以分散投资风险。此外，建议碳金融领域积极探索市场化融资机制，如碳排放权质押融资和发行绿色债券，为 CCUS 项目提供多样化的融资渠道。

（三）加快 CCUS 项目技术研发，依托化工园区发展集群式示范项目

建议生态环境主管部门、财政主管部门尽早实施碳配额拍卖机制，通过拍卖机制，将部分拍卖资金用于设立碳中和技术研发基金，加大对 CCUS 关键技术的研发投入力度，推动技术创新和突破。建议中碳登等全国碳市场管理平台机构联合科技主管部门、高校科研机构和企业的力量，以市场为导向，建立政-产-学-研-用深度融合的绿色技术创新体系，探索成立国家级或区域级的 CCUS 产业技术创新战略联盟，协同组织力量进行 CCUS 技术攻关，加快 CCUS 技术的突破和升级，同时，积极推动化工园区等工业集聚区开展 CCUS 示范项目的落地，依托化工园区现有产业基础和发展优势，发展集群式 CCUS 示范项目，实现技术验证和规模化应用。通过集群式示范项目，形成产业链协同效应，降低成本，提高整体竞争力。

附表 1　2006~2023 年中国国家层面发布的 CCUS 有关政策及主要内容

序号	发布时间	发布单位	名称	主要内容
1	2006.2	国务院	《国家中长期科学和技术发展规划纲要（2006~2020年）》	在先进能源技术方向提出"开发高效、清洁和二氧化碳近零排放的化石能源开发利用技术"

续表

序号	发布时间	发布单位	名称	主要内容
2	2007.6	国家发改委	《中国应对气候变化国家方案》	确认加大 CCUS 技术开发和推广力度
3	2007.6	科技部等14部委联合发布	《中国应对气候变化科技专项行动》	将 CCUS 技术列为重点支持、集中攻关和示范的重点技术领域
4	2011.7	科技部	《国家"十二五"科学和技术发展规划》	提出发展 CCUS 等技术
5	2011.9	国土资源部	《国土资源"十二五"科学和技术发展规划》	开展 CCS 工艺及监测技术攻关,探索人工固碳增汇技术和途径。筛选战略远景区,实施地质碳储工程科技示范工程
6	2012.7	科技部、外交部等16部委联合发布	《国家"十二五"应对气候变化科技发展专项规划》	碳的增汇、CCUS 作为减缓重要方向。围绕发电、钢铁、水泥、化工等重点行业开展 CCUS 技术的综合集成与示范
7	2013.1	工信部、国家发改委、科技部和财政部4部委联合发布	《工业领域应对气候变化行动方案(2012~2020年)》	在重点行业加快推进拥有自主知识产权的 CCUS 示范应用并不断加强其能力建设
8	2013.1	环境保护部	《关于加强碳捕集、利用和封存试验示范项目环境保护工作的通知》	加强 CCUS 示范项目环境保护工作
9	2013.2	国务院	《国家重大科技基础设施建设中长期规划(2012~2030年)》	在化石能源方面,探索预研二氧化碳捕获、利用和封存研究设施建设,为应对全球气候变化提供技术支撑
10	2013.3	科技部	《"十二五"国家碳捕集利用与封存科技发展专项规划》	围绕 CCUS 各环节的技术瓶颈和薄弱环节,统筹协调基础研究、技术研发、装备研制和集成示范部署,突破关键技术开发,有序推动全流程示范项目建设
11	2013.3	国家发改委	《战略性新兴产业重点产品和服务指导目录》	明确先进环保产业的重点产品包括碳减排及碳转化利用技术、碳捕集及碳封存技术等减少或消除控制温室气体排放的技术

续表

序号	发布时间	发布单位	名称	主要内容
12	2013.5	国家发改委	《关于推动碳捕集、利用和封存试验示范的通知》	结合实际情况开展相关试验示范项目;开展示范项目和基地建设;探索建立相关政策激励机制;战略研究和规划制定;推动相关标准规范的制定;加强能力建设和国际合作
13	2014.9	国务院	《国家应对气候变化规划（2014～2020年)》	在火电、化工、油气开采、水泥、钢铁等行业实施碳捕集试验示范项目,在地质条件适合的地区,开展封存试验项目,实施二氧化碳捕集、驱油、封存一体化示范工程
14	2014.9	国务院	《中美气候变化联合声明》	推进 CCUS 重大示范:经由中美两国主导的公私联营体在中国建立一个重大碳捕集新项目,并就向深盐水层注入二氧化碳以获得淡水的提高采水率新试验项目进行合作
15	2014.12	国家能源局、环境保护部、工业和信息化部	《国家能源局、环境保护部、工业和信息化部关于促进煤炭安全绿色开发和清洁高效利用的意见》	大力推进科技创新方面提出"积极开展 CCUS 技术研究和示范"
16	2015.4	国家能源局	《煤炭清洁高效利用行动计划(2015～2020年)》	鼓励现代煤化工企业与石油企业及相关行业合作,开展驱油、微藻吸收、地质封存等示范
17	2015.12	国家发改委	《国家重点推广的低碳技术目录》(第二批)	国家重点推广的技术包括低碳技术涉及 CCUS
18	2015.12	环境保护部	《合成氨工业污染防治技术政策》	鼓励研发的新技术中提到 CCUS

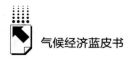
续表

序号	发布时间	发布单位	名称	主要内容
19	2016.1	国务院	《"十三五"控制温室气体排放工作方案》	提出煤基和油气开采行业开展CCUS的规模化产业示范;推进工业领域碳CCUS试点示范,并做好环境风险评价;研究制定重点行业、重点产品CCUS等
20	2016.4	国家发改委、国家能源局	《能源技术革命创新行动计划(2016~2030年)》	强调二氧化碳大规模低能耗捕集、资源化利用及二氧化碳可靠封存、检测及运输方面的技术攻关
21	2016.6	环境保护部	《二氧化碳捕集、利用与封存环境风险评估技术指南(试行)》	提出CCUS的术语与定义、环境风险评估工作程序、主要环境风险源、环境风险受体、确定环境本底值和环境风险评估
22	2016.7	国务院	《"十三五"国家科技创新规划》	重点加强燃煤CCUS的研发,开展燃烧后二氧化碳捕集实现百万吨/年的规模化示范
23	2016.12	国家发改委、国家能源局	《煤炭工业发展"十三五"规划》	列出燃煤CCUS等关键技术为煤炭科技发展的重点
24	2017.1	国家发改委	《战略性新兴产业重点产品和服务指导目录》(2016版)	将"控制温室气体排放技术装备:碳减排及碳转化利用技术装备、碳捕集及碳封存技术及利用系统、非能源领域的温室气体排放控制技术装备"单独列示
25	2017.4	科技部、环境保护部、气象局	《"十三五"应对气候变化科技创新专项规划》	设立大规模低成本CCUS技术专栏。继续推进大规模低成本CCUS技术与低碳减排技术研发与应用示范
26	2018.9	住建部、国家市场监督管理总局	《烟气二氧化碳捕集纯化工程设计标准》	适用于新建、扩建或改建的烟气二氧化碳捕集纯化工程设计
27	2019.9	科学技术部社发司、中国21世纪议程管理中心	《中国碳捕集利用与封存技术发展路线图(2019版)》	考虑能源约束、排放峰值、减碳需求等约束的背景下的中国CCUS技术的发展路线,明确优先行动方案,以及亟须突破的关键技术瓶颈

序号	发布时间	发布单位	名称	主要内容
28	2021.1	国务院	《中国应对气候变化的政策与行动》	成立 CCUS 创业技术创新战略联盟、专委会等专门机构,持续推动 CCUS 领域技术进步、成果转化
29	2021.1	国务院	《国家标准化发展纲要》	完善可再生能源标准,研究制定生态碳汇、碳捕集利用与封存标准
30	2021.4	人民银行、国家发改委、中国证券监督管理委员会	《关于印发〈绿色债券支持项目目录(2021年版)〉的通知(征求意见稿)》	将 CCUS 项目纳入支持目录
31	2021.9	国务院	《国务院关于完整准确全面贯彻新发展理念做好碳达峰碳中和工作的意见》	推进规模化碳捕集利用与封存技术研发、示范和产业化应用
32	2022.1	国家发改委、国家能源局	《关于完善能源绿色低碳转型体制机制和政策措施的意见》	完善火电领域 CCUS 技术研发和试验示范项目支持政策;加强 CCUS 推广示范,扩大二氧化碳驱油技术应用,并探索利用油气田地下空间封存二氧化碳
33	2022.6	科技部、国家发展改革委、工业和信息化部等九部门	《科技支撑碳达峰碳中和实施方案(2022~2030年)》	在低碳零碳技术示范方面,明确包括建设大型油气田 CCUS 技术全流程示范工程,推动 CCUS 与工业流程耦合应用、二氧化碳高值利用示范。加快推动 CCUS 等前沿低碳零碳负碳技术标准,加快构建低碳零碳负碳技术标准体系
34	2022.7	国务院	《国务院关于同意鄂尔多斯市建设国家可持续发展议程 创新示范区的批复》	集成应用荒漠化综合治理、水资源集约节约利用、煤炭清洁高效利用、零碳能源、CCUS。形成可操作、可复制、可推广的有效模式形成示范效应

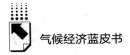

续表

序号	发布时间	发布单位	名称	主要内容
35	2023.1	国家发展改革委、国家能源局、工业和信息化部、生态环境部	《关于促进炼油行业绿色创新高质量发展的指导意见》	绿氢炼化、二氧化碳捕集利用与封存（CCUS）等技术完成工业化、规模化示范验证，建设一批可借鉴、可复制的绿色低碳标杆企业，支撑2030年前全国碳排放达峰。支持炼油企业加快CCUS示范应用，有效降低碳排放
36	2023.3	国家发展改革委	《政府投资项目可行性研究报告编制通用大纲（2023版）》《企业投资项目可行性研究报告编制参考大纲（2023版）》和《关于投资项目可行性研究报告编制大纲的说明（2023版）》	要求在项目影响效果分析中明确"在项目能源资源利用分析的基础上，预测并核算项目年度碳排放总量、主要产品碳排放强度，提出项目碳排放控制方案，明确拟采取减少碳排放的路径与方式，分析项目对所在地区碳达峰碳中和目标实现的影响"
37	2023.3	国家能源局	《关于加快推进能源数字化智能化发展的若干意见》	推进智能钻完井、智能注采、智能化压裂系统部署及远程控制作业，扩大二氧化碳驱油技术应用
38	2023.4	国家能源局	《2023年能源工作指导意见》	加强新型电力系统、储能、氢能、抽水储能、CCUS标准体系研究
39	2023.4	国家标准委等十一部门	《碳达峰碳中和标准体系建设指南》	围绕基础通用标准，以及碳减排、碳清除、碳市场等发展需求，建设碳达峰碳中和标准体系。其中碳清除标准子体系包括DACCS和CCUS
40	2023.6	国家发展改革委等部门	《关于推动现代煤化工产业健康发展的通知》	在资源禀赋和产业基础较好的地区，推动现代煤化工与可再生能源、绿氢、二氧化碳捕集利用与封存（CCUS）等耦合创新发展

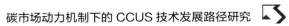
续表

序号	发布时间	发布单位	名称	主要内容
41	2023.6	国家能源局	《新型电力系统发展蓝皮书》	依托燃煤耦合生物质发电、CCUS 和提质降碳燃烧等清洁低碳技术的创新突破,加快煤电清洁低碳转型步伐
42	2023.7	生态环境部	《国家低碳城市试点工作进展评估报告》	开展低碳领域关键核心技术攻关与应用示范。广州聚焦可燃冰勘探开发、新能源电池技术等领域,持续推动绿色低碳、生态环境污染治理等领域在研科技项目实施。宁波重点围绕可再生能源与先进储能、重点行业节能降碳、固废资源高效利用、碳捕集利用与封存(CCUS)、生态碳汇等领域,启动实施"双碳"科技创新重大专项
43	2023.8	国家发展改革委等部门	《绿色低碳先进技术示范工程实施方案》	低碳(近零碳)产业园区示范项目。系统运用非化石能源开发、综合能源系统和智慧微网建设、能源系统优化和梯级利用、工艺流程再造、产业间物质流循环耦合、碳捕集利用与封存(CCUS)等多种方式,实现产业园区深度减排,建设绿色低碳产业园区。全流程规模化 CCUS 示范项目。以石化、煤化工、煤电、钢铁、有色、建材、石油开采等行业为重点,选择产业集聚度高、地质条件较好的地方,建设若干全流程规模化 CCUS 示范项目
44	2024.2	工信部等七部门	《关于加快推动制造业绿色化发展的指导意见》	要谋划布局氢燃料、储能、生物制造、碳捕集利用与封存(CCUS)等未来能源和未来制造产业发展

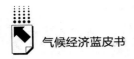
附表2 中国已建成/在建 CCUS 项目分布

序号	项目名称	序号	项目名称
1	包钢集团包头 200 万吨(一期 50 万吨)CCUS 示范项目	18	华能正宁电厂 150 万吨/年 CO_2 捕集封存项目
2	包融环保包头碳化法钢铁渣综合利用项目	19	华能上海 12 万吨/年相变型 CO_2 捕集工业装置
3	北京建材研究总院复杂烟气环境下 CO_2 捕集技术示范项目	20	华能北京热电厂 3000 吨/年二氧化 CO_2 捕集示范工程
4	赐百年盐城微藻固碳项目	21	华能长春热电厂 1000 吨/年相变型 CO_2 捕集工业装置
5	大唐北京高井热电厂 CO_2 捕集项目	22	华能洋浦热电燃气机组 2000 吨/年 CO_2 捕集工程
6	国电投重庆双槐电厂 CO_2 捕集示范项目	23	华能天津 IGCC 电厂 10 万吨/年燃烧前 CO_2 捕集工程
7	国家能源集团锦界电厂 15 万吨/年燃烧后 CO_2 捕集与封存全流程示范项目	24	华能北京密云燃气烟气 1000 吨/年 CO_2 捕集示范工程
8	国家能源集团泰州电厂 50 万吨/年 CCUS 项目	25	华能湖南岳阳低温法 CO_2 和污染物协同脱除工程
9	国家能源集团国电大同电厂 CO_2 化学矿化捕集利用示范项目	26	华润电力海丰碳捕集测试平台
10	国家能源集团鄂尔多斯 CO_2 咸水层封存项目	27	华中科大应城 35MW 富氧燃烧工业示范
11	海螺集团芜湖白马山水泥厂 CO_2 捕集与纯化示范项目	28	佳利达环保佛山 1 万吨/年烟气 CO_2 捕集与固碳示范工程
12	河钢集团张家口氢能源开发和利用工程示范项目	29	中科金龙泰州 CO_2 固化利用制备聚碳酸亚丙酯项目
13	河南开祥化工电石渣矿化利用 CO_2 弛放气项目	30	金隅集团琉璃河水泥厂 CO_2 捕集及应用项目
14	河南开祥化工 5 万吨/年化工合成气分离 CO_2 制干冰项目	31	金隅集团北京水泥厂 CCUS 项目
15	河南强耐新材料 CO_2 固废利用项目	32	中石油大庆油田三肇 CCUS 项目
16	泓宇环能北京房山水泥厂烟气 CO_2 捕集项目	33	通源石油库车百万吨 CCUS 一体化示范项目
17	华电集团句容 1 万吨/年 CO_2 捕集工程	34	清华大学运城中温变压吸附 H_2/CO_2 分离中试示范装置

续表

序号	项目名称	序号	项目名称
35	金恒吕梁钢渣及除尘灰间接矿化利用项目	53	中海油渤中 19-6 凝析气田 1 期开发工程
36	四川大学西昌 CO_2 矿化脱硫渣关键技术与万吨级工业试验	54	中石油南方油田澄迈 CCUS 项目
37	腾讯湛江玄武岩 CO_2 矿化封存示范项目	55	中海油恩平 15-1 油田群 CO_2 封存项目
38	天津大学鄂尔多斯 CO_2 电解制合成气项目	56	中科院长春应用化学研究所吉林 CO_2 基生物降解塑料项目
39	西南化工研究设计院太原瑞光电厂烟气 CO_2 捕集项目	57	中科院长春应用化学研究所瑞安 CO_2 制多元醇项目
40	西南化工研究设计院吉林佰诚发酵气 CO_2 捕集项目	58	中科院上海高研院 CO_2 长治工业废气大规模重整转化制合成气关键技术与示范
41	清华大学成都煤化学链燃烧全流程示范系统	59	中科院上海高研院鄂尔多斯 CO_2 微藻生物肥项目
42	中石化塔河炼化制氢驰放气 CCUS 全流程项目	60	中科院上海高研院东方千吨级 CO_2 加氢制甲醇工业试验装置
43	中石油塔里木 CCUS 项目	61	中联煤沁水 CO_2 驱煤层气项目
44	中石油吐哈哈密 CCUS 示范项目	62	中澳合作柳林煤层气注气增产项目
45	心连心 CCUS 全流程项目	63	齐鲁石化-胜利油田 CO_2 捕集利用与封存全流程项目
46	海融烟台蓬莱电厂微藻固碳项目	64	中石化中原油田濮阳 CO_2-EOR 示范工程
47	新区石化集团兰州液态太阳燃料合成示范项目	65	中石化华东油气田 CCUS 项目-南化合成氨尾气回收辅助装置(一期)
48	中煤鄂尔多斯液态阳光示范项目	66	中石化华东油气田 CCUS 项目-南化合成氨尾气回收辅助装置(二期)
49	浙能兰溪 CO_2 捕集与矿化利用集成示范项目	67	中石化华东油气-南化公司 CO_2 捕集项目(三期)
50	地调局水环中心阜康 CCUS 全流程项目	68	中石化华东油气-南化公司 CO_2 捕集项目(四期)
51	中国煤炭地质总局天津铁厂烟气 CO_2 捕集项目	69	中石化金陵石化-江苏油田 CO_2 捕集项目
52	中海油丽水 LS36-1 气田 CO_2 捕集提纯项目	70	中石油长庆油田姬塬 CCUS 先导试验项目

续表

序号	项目名称	序号	项目名称
71	中石油长庆油田宁夏 CCUS 项目	84	中建材(合肥)新能源光伏电池封装材料二期暨 CO_2 捕集提纯项目
72	中石油大庆油田大庆石化合作 CCUS 项目	85	徐钢集团徐州万吨级 CO_2 提纯-钢渣矿化综合利用工业试验项目
73	中石油大庆油田呼伦贝尔 CCUS 项目	86	京博集团邹城万吨级烟气直接矿化示范线
74	中石油吉林油田吉林石化合作 CCUS 项目	87	中国科学院大连化学物理研究所 1000 吨/年 CO_2 加氢制汽油项目
75	中石油吉林大情字井油田 CCUS 项目	88	华润电力(深圳)有限公司 3 号机组 100 万吨/年烟气 CO_2 捕集工程
76	中石油冀东油田 CCUS 项目	89	华润集团肇庆 10 万吨/年烟气 CO_2 捕集与矿化项目
77	中石油华北油田沧州 CCUS 项目	90	宁波钢铁 2 万吨/年石灰窑尾气 CO_2 捕集与矿化项目
78	中石油新疆油田 CCUS 工业化项目	91	清华大学盐城千吨级相变捕集技术示范项目
79	中石油辽河油田盘锦 CCUS 项目	92	中石油新疆油田 CCUS 先导项目
80	中石油南方油田临高 CCUS 项目	93	延长石油榆林煤化公司 30 万吨/年 CO_2 捕集装置项目
81	旭阳集团邢台焦炉烟气 CO_2 捕集示范项目	94	国电投长兴岛电厂 10 万吨级燃煤燃机 CCUS 项目
82	宝武集团乌鲁木齐欧冶炉冶金煤气 CO_2 捕集	95	华润集团深圳微藻固碳项目
83	鞍钢集团营口绿氢流化床直接还原技术示范项目	96	广东能源湛江生物质电厂烟气微藻固碳工程示范

B.8
碳交易视角下蓝碳生态价值实现研究

周杨森[*]

摘　要： 　随着气候变化问题的加剧，国际上对温室气体的管理越来越严格，碳排放权交易作为一种应对措施获得了广泛支持。与此同时，蓝碳开始受到关注，因为它在减少气候变化方面有着巨大的潜力。尽管如此，蓝碳在当前的碳市场中通常被低估。本报告旨在探讨如何在碳交易体系内实现蓝碳的生态价值，进一步分析了蓝碳的全球储量现状及其与碳市场的联系，并评估了蓝碳的经济价值，强调了开发蓝碳市场的潜力，并为其进一步的发展提供了依据。本报告通过研究国内外的蓝碳项目，讨论了中国蓝碳市场的潜力和挑战，并为政府、金融机构及企业等提出了促进蓝碳市场发展的策略建议，有助于蓝碳资源的保护和可持续使用，促进全球气候治理，同时也为碳市场的扩张提供了新思路。

关键词： 　蓝碳　蓝碳生态价值　碳排放权交易

一　引言

气候危机是当今地球面临的最大环境挑战之一。为了应对日益严峻的气候变化问题，国际社会积极行动，中国作为世界上最大的发展中国家，积极响应全球气候治理倡议。党的二十大报告指出，"实现碳达峰碳中和是一场广泛而深刻的经济社会系统性变革"。我国主动融入全球气候议程的讨论和国际规范的制定中，致力于构建一个公正、合理的全球气候治理结构，旨在

---

[*] 周杨森，中国社会科学院大学硕士研究生，主要研究方向为碳金融。

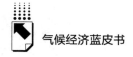
实现各方合作互利的气候治理新局面。①

但一直以来，无论是国际还是国内，碳汇科学和政策都主要侧重于陆地生态系统。近年来，国际社会逐渐认识到红树林、海草床、盐沼等蓝碳生态系统在应对全球气候变化中的重要性，尤其是其在碳汇方面的巨大潜力。相较于陆地生态系统，海洋生态系统对抗气候变暖则具有更大优势。蓝碳作为新兴的碳汇资源，在碳交易市场中的价值和潜力开始被认可和挖掘。企业通过碳排放权交易受到经济激励来减少温室气体排放，激发了对蓝碳价值的兴趣。在全球追求"碳中和"的背景下，从政策规划到地方实践，国际社会正着力推动蓝碳市场的构建和生态系统保护的进步。

本报告将主要从碳交易视角出发，对蓝碳生态价值实现展开深入探讨，以期能够进一步提升公众对蓝碳生态系统的认识和关注，加快推进全球碳市场建设进程，为全球气候治理提供中国方案。

二 碳交易视角下的蓝碳生态价值分析

（一）蓝碳生态系统界定

全球海洋面积约占地球表面积的 71%，联合国环境署公开资料显示，每年海洋生态系统固定了全球近 55% 的生物碳，每年吸收近 25 亿吨碳，海洋储碳量是陆地碳库的 20 倍左右。2019 年 9 月，联合国政府间气候变化专门委员会（IPCC）发布的《气候变化中的海洋和冰冻圈特别报告》（以下简称《特别报告》），将蓝碳定义为"易于管理的海洋生态系统所有生物驱动的碳通量及存量"。"海洋生态系统"主要指的是红树林、海草床和盐沼等湿地生态系统，这些生态系统不仅在全球碳循环中发挥着核心作用，迅速积聚有机碳，还能为全球蓝碳价值发现提供可测空间和数据。

① 李俊峰：《做好碳达峰碳中和工作，迎接低排放发展的新时代》，《财经智库》2021 年第 4 期，第 67~87、142 页。

本报告主要基于碳交易角度展开对蓝碳生态系统的价值分析与研究，结合《IPCC 国家温室气体清单指南（2013）：增补湿地》（以下简称《湿地指南》）中的概念内涵与我国《海洋碳汇核算方法》中的海洋碳汇范围，明确本报告中所说的蓝碳生态系统（海洋生态系统），是指包括红树林、盐沼、海草床三类典型在内的湿地生态系统。而蓝碳的可交易范畴，则指其中所有易于管理的生物驱动的碳通量[①]和碳储存量。

1. 红树林

红树林，主要分布于全球热带和亚热带地区，对于全球碳循环扮演着至关重要的角色。据《2022 年世界红树林状况报告》透露，全球现存的红树林面积约为 14.7 万平方公里，红树林土壤中储存了大约 83% 的碳。红树林虽然只占全球热带森林面积的 0.7%，但贡献了大约 10% 的全球森林砍伐造成的碳排放。这些生态系统除了通过红树林植物、沉积物和底栖动物的碳汇作用积极贡献碳的储存外，其生产力也与热带雨林媲美，其中储存的碳是其他热带森林的 4 倍多。

2. 滨海盐沼

滨海盐沼，存在于陆地与海洋的界线上，是极富生产力的生态系统。全球的盐沼覆盖面积大约是 5.1 万平方公里。然而，2022 年 11 月发表在《自然》杂志上的研究指明，自 21 世纪初以来，世界范围内已有 2733 平方公里的盐沼消失，尽管有 1278 平方公里得到恢复（包括人为恢复），但净损失为 1453 平方公里。[②] 盐沼的丧失不仅减少了其碳储存的能力，同时每年导致约 1630 万吨的碳排放。

3. 海草床

海草床生态系统，由一系列能进行光合作用的水生植物组成，主要散布在全球温带和热带的海域。2022 年统计数据表明，全球海草床面积约 30 万

[①] 碳通量（Carbon flux）是碳循环研究中一个最基本的概念，表述生态系统通过某一生态断面的碳元素的总量。海洋的碳通量，也就是单位时间和单位面积内碳增减的数量。

[②] G. L. Chmura, S. C. Anisfeld, Donald R. Cahoon, and J. C. Lynch, "Global carbon sequestration in tidal, saline wetland soils," *Global Biogeochemical Cycles*, 2003, 17（4）: 1-12.

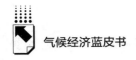
平方公里，占海洋总面积不足 0.2%。尽管覆盖面积有限，海草床却为全球海洋碳封存贡献了 10%~15%，其碳储存速度比热带雨林快 35 倍。海草床的单位面积碳储存量是陆地森林的两倍多。①

红树林、滨海盐沼和海草床，虽然在全球海洋生态系统中的总体面积占比不足 0.5%，但它们在海洋碳固定中所发挥的作用却不成比例的巨大，贡献了超过 70% 的海洋生态系统的碳固存。② 这一显著的碳储存能力凸显了这些蓝碳生态系统在全球碳交易市场中的巨大潜力与重要性。在蓝碳交易市场的背景下，投资这些生态系统的保护和恢复活动不仅是应对气候变化的必要途径，还是推动可持续发展目标的战略措施。具备高度的碳吸收效率和存储能力的这些生态系统，通过蓝碳信用或交易机制，可以为环境维护者提供经济激励，同时为减缓气候变化助力。

（二）全球蓝碳储存分析

沿海碳封存活动，特别是涉及红树林、海草床和盐沼的蓝碳生态系统，已被科学研究证实为地球上最有效的碳汇。21 世纪以来的研究成果表明，这些生态系统不仅碳埋藏率高得惊人，而且在吸收和储存碳方面的能力远超过许多其他类型的生态系统。具体来说，这些生态系统的沉积物碳埋藏率是极高的，单位面积下的海洋碳汇量达到了森林的 10 倍、草原的 200 倍。尽管这三大蓝碳生态系统覆盖的海床面积不到全球的 0.5%，植物生物量仅占陆地植被生物量的 0.05%，它们却贡献了超过海洋碳储量的一半。这一数据凸显了滨海蓝碳生态系统在全球碳循环中的独特和重要地位。但值得注意的是，一旦这些生态系统遭到破坏，原本封存的大量碳会被释放到大气中，对环境造成严重的后果。目前，20%~50% 的蓝碳生态系统已出现退化，其

---

① UNEP-WCMC, Short FT, *Global Distribution of Seagrasses* (*version 7.1*), *Seventh Update to the Data Layer Used in Green and Short* (2003), Cambridge (UK): UN Environment World Conservation Monitoring Centre, 2021.

② UNEP-WCMC, Short FT, *Global Distribution of Seagrasses* (*version 7.1*), *Seventh Update to the Data Layer Used in Green and Short* (2003), Cambridge (UK): UN Environment World Conservation Monitoring Centre, 2021.

释放的碳总量相当于陆地森林砍伐释放的碳总量的 8%，尽管它们的总面积仅占陆地森林的 1.5%。[①]

从全球视角来看，红树林、盐沼和海草床的蓝碳含量分别达到了24.0MtC/yr（百万吨碳每年）、13.4MtC/yr（百万吨碳每年）和 81.2MtC/yr（百万吨碳每年），这三者共同为全球年度碳封存做出了约 1.7% 的贡献（见图 1）。澳大利亚、美国和印度尼西亚由于其广阔的海岸线和高效的蓝碳系统，成为全球蓝碳含量的领头羊。对亚洲国家来说，尽管海岸线长度和蓝碳生态系统的规模各不相同，但它们的固碳效率通常更高，使得亚洲的蓝碳资源也十分丰富。

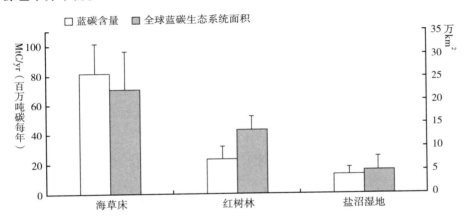

图 1　全球三大蓝碳生态系统面积及其碳含量

注：不确定性主要来源主要是面积测算差别大。

资料来源：期刊文献、NSR 和中科院院刊。

（三）碳交易与蓝碳生态价值的效应分析

1. 蓝碳价值对其交易市场的催化效应

蓝碳生态系统的碳汇潜力得到了科学研究和实践的验证。Grantham 等

---

① 段克等：《滨海蓝碳生态系统保护与碳交易机制研究》，《中国国土资源经济》2021 年第12 期。

的研究表明，尽管占海洋面积比例不大，这些生态系统却对海洋碳储存贡献巨大。[①] 由于其高效的碳捕获能力，红树林、海草床和盐沼等成为碳交易市场的新兴焦点。在澳大利亚，政府实施的"澳大利亚碳信用"（Australian Carbon Credit Units，ACCUs）计划就通过经济激励手段对蓝碳生态系统进行保护，从而在市场上创造了新的交易商品和吸引了投资。蓝碳项目被纳入碳市场后，为市场参与者提供了新的投资渠道，同时也加强了对相关生态系统保护的科学研究和监测。在市场规模不断扩大和吸引力不断增强的情况下，加利福尼亚州所实施的"森林碳信用"项目也表明了蓝碳项目在国际碳交易中的潜力。这种趋势预示着，随着碳市场对蓝碳项目的进一步认可和投资，蓝碳价值在全球碳市场中的地位将不断得到提升。

2. 碳市场对蓝碳价值发现的激励效应

随着碳市场的成熟与发展，蓝碳项目作为一种价值发现的渠道得到了增强。碳定价机制的完善，已经使蓝碳碳汇的经济价值变得更加可量化和可交易。Serrano 等的研究揭示了维多利亚州海草恢复项目参与碳市场后带来的积极影响，这不仅提升了该项目的碳汇能力，也提升了生态系统的整体健康水平，充分体现出碳市场如何通过为蓝碳项目提供激励，来加强这些重要生态系统的保护和可持续管理。[②]

碳市场的激励措施激发了全球各地对蓝碳项目的关注和投资。肯尼亚的红树林保护项目通过销售碳信用为本地社区带来了收入，同时也为红树林的长期保护提供了资金。此外，随着全球碳减排需求的增加，蓝碳生态系统成为投资者和资助者寻找高效减排途径的一个重要方向。Verra 等认证机构为蓝碳项目提供的认证标准，进一步增强了这些项目在碳市场上的可交易性和吸引力。

---

① H. S. Grantham, et al., "Ecosystem-based adaptation in marine ecosystems of tropical Oceania in response to climate change," *Pacific Conservation Biology*, 2011, 17 (3).

② O. Serrano, et al., "Australian vegetated coastal ecosystems as global hotspots for climate change mitigation," *Nat Commun*, 2019, 10, 4313.

三　蓝碳交易市场发展现状

（一）蓝碳生态价值评估

1.蓝碳相关国际国内法律及标准

在全球碳交易市场的背景下，评估蓝碳价值的方法是衡量其生态效益并将其转化为经济价值。目前，国际通行的方法主要侧重于量化蓝碳的捕获和存储能力以及它们在抵御气候变化中的作用。这些评估工具包括生物量测量、遥感分析以及生态系统服务的货币化。早在 1992 年，全球气候观测系统（GCOS）设立，为蓝碳价值估算提供全球气候系统变化所需的观测数据。2001 年，国际海洋碳循环研究计划（IMBER）的启动，推动了国际海洋碳汇核算方法和标准的进步。《湿地指南》提供了相关的排放因子和价值核算方法，帮助《联合国气候变化框架公约》的缔约方更好地监测红树林的排放或清除情况，并将这种价值核算和监测的覆盖范围扩大到滨海盐沼和海草床。2019 年，在《IPCC2019 年国家温室气体清单指南》（以下简称《清单指南》）中，发布了最新版海洋碳汇的核算方法和要求，为各国提供了国际认可的标准。目前有些国家，包括澳大利亚、美国、日本和加拿大，已经开始根据《清单指南》中海洋碳汇的核算方法估算蓝碳价值。

随着蓝碳在我国受到的关注度日益提高，蓝碳发展的相关政策得以陆续落实，相关的核算技术研究逐渐完善，当前我国的蓝碳法律标准制度已经初具雏形。自 2017 年起，历年《中国海洋生态经济统计公报》均会发布中国海洋生态经济的相关数据，包括海洋碳汇的情况，为海洋碳汇核算提供了数据支持。2021 年深圳大鹏新区发布《海洋碳汇核算指南》，作为地方性的核算指南，结合了深圳大鹏新区的实际情况，为深圳大鹏新区蓝碳价值核算地区标准，推动了当地海洋碳汇核算的规范化。而在 2022 年自然资源部批准发布的海洋碳汇行业标准《海洋碳汇核算方法》，作为我国首个海洋碳汇核算标准，为我国各地的海洋碳汇核算提供了统一规范与技术指引。《海洋碳汇核算方法》的实施，终结了此前我国没有契合国内实际的蓝碳价值核算行业标准的尴尬局面。同年，海南省自然资源和规划厅出台了《海南省海洋生态系统碳汇试点工作方案（2022~2024年）》，明确了海南省在海洋碳汇方面的试点工作内容和目标，为实践提供了指导。此外，在我国厦门市的蓝碳地方实践过程中，厦门政府联合专业团队发布了我国首个地方性的蓝碳项目方法标准《红树林碳汇造林项目方法学》，更契合我国红树林生态系统的特征与发展需求。[①]

2. 蓝碳生态价值

在当前全球气候变化与碳减排的背景下，对海岸带蓝碳生态系统的价值评估显得尤为重要。尽管有关蓝碳价值的研究日益增多，但实际的价值测算案例仍相对有限。冯翠翠等学者的研究成果，为这一领域提供了重要的实证数据。该研究基于全球范围内不同国家的碳定价机制（包括碳税和碳交易价格）以及海岸带蓝碳埋藏数据，揭示了全球海岸带蓝碳资源的年封存价值。在碳交易价格机制下，全球蓝碳资源的年埋藏价值达到了3.47亿美元，而碳税价格机制下的年埋藏价值为2.35亿美元。[②]

该研究估算出我国虽然在海岸带蓝碳资源的丰富度上全球排名第10，年封存量排名第21，但其蓝碳价值在碳交易价格机制下排名第27，在碳税价格机制下排名第39，表明了其在国际蓝碳交易市场中的潜在劣势。这一现象不仅出现在中国，亚洲其他国家如马来西亚、菲律宾、缅甸、泰国同样面临资源禀赋与价值实现不匹配的问题。但澳大利亚、巴西、印度尼西亚等在碳交易价格机制下的蓝碳价值实现情况相对较好，这主要得益于这些国家的市场机制较为成熟以及相对较高的碳价格。而在欧洲和北美，如美国、意大利、墨西哥、俄罗斯、法国、西班牙等，在碳税价格机制下的蓝碳价值排名显著提高，这表明碳税价格机制在这些地区发挥了较大作用。

---

① 易熙迩：《我国海岸带蓝碳发展法律制度研究》，江西财经大学，2023。
② 冯翠翠、龚语嫣、叶观琼、曾江宁、唐剑武、方秦华、杜建国：《全球海岸带国家蓝碳资源价值与类型研究》，《应用海洋学学报》2024年第1期，第1~11页。

蓝碳资源的丰富性与其在碳交易市场上的价值实现之间，存在着紧密的联系。通过深入研究蓝碳资源的分布、特征和价值，结合不同国家和地区的碳定价机制，冯翠翠等学者的研究为我们揭示了蓝碳作为一种重要的碳汇资源，在碳交易市场中具有巨大的潜力。然而，不同国家和地区在蓝碳价值实现上呈现明显的差异。我国虽然在海岸带蓝碳资源上排名靠前，但在国际蓝碳交易市场中的价值排名却相对较低，这反映出我国在蓝碳价值开发和利用上还存在一定的挑战和机遇。我们可以更好地开发和利用蓝碳资源，助力蓝碳交易市场发展，为应对全球气候变化和推动可持续发展做出更大的贡献。

（二）蓝碳交易市场的构建

1. 基于蓝碳生态价值的碳市场建设

建立蓝碳交易市场是一项需要坚实理论支撑的系统工作。基于生态资源资本化理论，有学者提出了构建蓝碳市场的总体思路和框架，以指导制度安排。生态资源资本化是将有限的、拥有明确产权的生态资源通过市场化手段实现增值的过程，蓝碳市场的建设正是推动蓝碳资源完成从"蓝碳资源—蓝碳资产—蓝碳产品或服务—蓝碳资本"的发展闭环。

在建设蓝碳交易市场的过程中，确权是首要步骤。通过法律手段明确蓝碳资源的产权归属，将其转化为具有法律认证的蓝碳资产，从而促进资源的有效资本化。明确的产权架构是防止"公地悲剧"和确保资源持续性管理的基石，此举同时为资源所有者提供稳定的经济回报预期，是价值转化的必经之路（见图2）。

其次，蓝碳资产的产品化需要将其与其他生产要素综合运用，通过创新和应用先进的生态技术，在经济活动中生成具体的产品或服务，此过程的核心在于创新能力，这决定了蓝碳资产能以多大的效率转换为有形的经济成果。

再次，蓝碳产品的市场化要求实施精确的价值核算和选择适宜的市场交易机制，确保产品或服务的实际价值能在市场上被兑换为相等的交换价值，

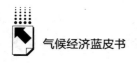

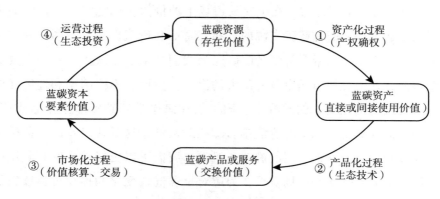

图 2　蓝碳生态资源资本化过程

并确立稳定的市场价格体系以及收益预期，这一过程是蓝碳产品价值实现的关键环节，也是市场信任的基础。

最后，蓝碳资本的有效运营涉及利用市场化成果对蓝碳资源进行再投资，以实现资源保护和资本增长的双重目标，这一策略要求建立和实施周全的生态补偿和激励机制，确保得到的经济利益能被重新用于对蓝碳资源的可持续管理与开发，促进蓝碳资本的健康循环以及存量的不断积累。

这种循环不仅反映了一个成熟的蓝碳市场的运作模式，也是实现长期生态和经济可持续性的关键。

2. 蓝碳市场交易机制

蓝碳市场的构建涉及多方参与者，包括需求方、供应方及监管方。

需求方由有履约责任企业、非履约责任企业以及合规的组织和个人构成，他们寻求通过蓝碳项目实现碳抵销或其他环境责任目标；供应方则由国家、集体及私人等拥有或开发蓝碳项目的实体组成，提供可交易的蓝碳信用；监管方，如政府部门、交易所及第三方认证机构，负责确保交易的合规性、透明度和真实性。蓝碳交易机制的设计应考虑项目的成熟阶段和所能提供的生态服务类型，以实现差异化管理。目前国际上统一认定的交易机制可分为两大类：基于碳的直接交易和基于非碳的间接交易。

基于碳的直接交易根据市场参与者的交易动机与主体性质进一步被细分

为自愿市场、履约市场和普惠市场，以满足不同参与者的需求。

（1）自愿市场在蓝碳项目碳信用的开发与交易中发挥了关键作用，提供了实践机遇。在该市场中，红树林保护项目、湿地公园、贝藻养殖场等多样化的蓝碳资源卖方，通过恢复和升级生态系统，创造了额外的碳汇。这些碳信用在满足不同认证标准后，可在市场上进行交易，所得收益有助于开展更广泛的蓝碳保护工作。

（2）履约市场为需要履行减排义务的排放企业提供了规模效益更大的交易渠道。企业购买碳信用不仅是为了达到政府制定的排放限额，也是为了在强制性碳市场中履行责任。同时，生态环境部发布的政策草案为将蓝碳及其他生态系统碳汇纳入国家碳市场提供了政策上的支撑。

（3）普惠市场的设立则是为了将各级规模的减排行为量化，并通过政策及商业激励机制促进减排，覆盖的对象包括小微企业、社区、家庭乃至个人。广州、北京的普惠制案例，以及"蚂蚁森林"这样的项目，展现了通过普惠市场鼓励个人和社区参与碳减排的巨大潜力。

基于非碳的间接交易则根据资本运作模式的差异，被划分为国际气候资金、绿色金融服务创新、产权权能交割及产业化运营等类别，旨在通过多元化的金融工具和市场机制，促进蓝碳资产的价值实现和生态效益的最大化。

（1）国际气候资金通过多渠道支持蓝碳项目，包括《联合国气候变化框架公约》的适应基金（FA）、绿色气候基金（GCF）、全球环境基金（GEF）、最不发达国家基金（LDCF）以及特别气候变化基金（SCCF）。这些资金帮助实施了海岸侵蚀、红树林恢复等重要项目，如塞内加尔和印度的相关工程。UNFCCC框架外的多双边开发银行、国际金融机构等也大力支持发展蓝碳项目。例如，亚洲开发银行等发展银行为海洋和沿海生态系统的保护提供财务支持。

（2）绿色金融服务创新带来了蓝碳资金筹集的多样化选择。绿色发展基金提供全周期资金支持，绿色债券、蓝色债券和气候债券吸引投资者参与低风险环境项目，例如塞舌尔和北欧投资银行发行的蓝色债券。绿色信贷和绿色保险推动资金流向绿色产业，并管理环境风险，进一步加强海洋生态系

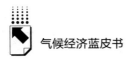

统保护。

（3）产权权能交割在自然资源资产产权制度改革深化的背景下，市场化的产权交易如招标、拍卖、挂牌等方式为海域使用权提供了增值机会。相关法律制度确保资产权利明晰，并结合海洋生态监测和价值核算体系，为蓝碳项目的资金来源开辟新途径。

（4）产业化运营整合生产经营，形成产业链，优化资源配置并提升品质。蓝碳资源丰富的地区可开发特色产业如废弃虾塘再造林、立体养殖等，推动生态产业发展，提高生态附加值，带动地区发展。[1] 蓝碳市场建设过程中可选择的交易机制如图3所示。

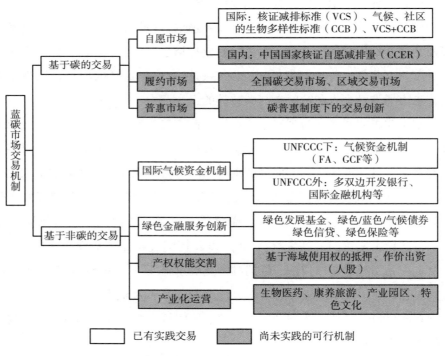

图3 蓝碳市场建设过程中可选择的交易机制

① 谢素美、罗伍丽、贺义雄、黄华梅、李春林：《中国海洋碳汇交易市场构建》，《科技导报》2021年第24期，第84~95页。

四　全球蓝碳交易案例分析

（一）国际蓝碳交易案例分析

随着对蓝碳潜力认识的加深，美国、澳大利亚、新加坡、阿联酋等国家已开始探索建立蓝碳交易机制。尽管全球尚未建立以蓝碳为核心的强制性碳排放权交易市场，但各国的初步尝试为该领域的发展积累了经验。例如，美国佐治亚州的蓝碳市场交易计划，澳大利亚的国家海洋生态系统核算账户的探索，以及印度尼西亚的国家蓝碳中心的建立等，均标志着蓝碳交易正向实践迈进。2021年12月，欧盟强调通过发起蓝碳倡议和加强海洋生态保护等措施，发展蓝碳经济，实现碳吸收与固定、粮食安全和就业扩大的有机结合。

1. 澳大利亚

在应对气候变化的全球行动中，澳大利亚扮演着积极的角色，尤其注重蓝碳资源的保护与开发。澳大利亚政府不仅计划在一个财年内对海洋公园和蓝碳项目投入高达1亿澳元的资金，而且正在积极开展相关政策研究，旨在通过潮汐能项目提升沿海湿地的生态质量，增加自然储存碳的能力。这些潮汐能项目预计会增加盐沼地带的面积，这些地区是蓝碳储存的重要场所。

除了金融投入，澳大利亚也致力于建立健全蓝碳资源的管理框架，并探索设立国家海洋生态系统核算账户。该账户将负责收集和分析海洋生态系统的数据，包括其生物多样性、旅游潜力以及碳封存能力等，以此来评估和显示这些生态系统的健康状况和它们对环境、经济的贡献。澳大利亚的蓝碳交易案例旨在不仅保护和恢复生态环境，而且进一步推进蓝碳资产的有效管理和利用，为全球气候治理贡献力量。

2. 印度尼西亚

印度尼西亚在全球环境基金的资助下，启动了为期四年的"蓝色森林计划"，这个项目标志着该国在蓝碳领域的重要进步。为了促进此项倡议的

落地，印度尼西亚成立了全国性的蓝碳中心，并制定了详尽的《印尼海洋碳汇研究战略规划》，旨在系统地研究和优化印尼海洋生态系统的碳汇潜力，特别是在红树林等关键区域。此外，印度尼西亚特别强调了对红树林生态系统的恢复和保护。在印尼泥炭地与红树林修复署的引导下，该国计划恢复200万公顷已经退化的泥炭地和红树林生态系统。

通过以上蓝碳计划，印度尼西亚不仅能够保护和恢复其宝贵的自然环境，还能在国际碳市场中占据有利地位，使其能够从碳汇交易中获得经济收益，同时为全球的环境可持续性做出贡献。

（二）国内蓝碳交易案例分析

在国际趋势的推动下，我国正关注并探索蓝碳交易，已在部分地区开展蓝碳项目，虽然市场尚处初级阶段，但试点项目为国内机制建设提供了宝贵经验。这反映了我国积极应对气候变化、推动绿色发展的姿态。沿海地区如福建、山东、广东通过政策支持和示范项目，将蓝碳作为可持续发展的工具。《广东省海洋经济发展"十四五"规划》将其视为发展重点，山东和漳州也分别出台了行动方案，漳州设立了国内首个研究中心——蓝碳司法保护与生态治理研究中心。青岛通过海藻养殖技术增加碳汇，威海实施蓝碳渔业项目促进经济发展。在交易方面，多个沿海城市探索海洋碳汇交易，青岛的湿地碳汇贷款和浙江、广西的金融产品展现了蓝碳金融创新。

1. 广东湛江红树林造林项目①

2019年启动的"广东湛江红树林造林项目"是我国首个经核证碳标准（VCS）评审的红树林碳汇及蓝碳交易项目，由山东青岛自然资源部第三海洋研究所、广东湛江红树林国家级自然保护区管理局和北京市企业家环保基金会共同发起。该项目利用市场机制，预计到2055年能减排约16万吨二氧化碳，其碳汇将资助红树林的持续修复与保护。作为中国首个获得核证碳标

---

① 陈光程：《我国成功交易首个"蓝碳"碳汇项目》，《应用海洋学学报》2021年第3期，第555~556页。

准（VCS）和气候社区生物多样性标准（CCB）的蓝碳项目，其不仅树立了国际标准认证的先例，还通过市场机制引入社会资金支持生态保护，减轻政府财政压力，并促进公私合作。此外，该项目的多方合作模式提供了一个可复制的范例，为其他地区的蓝碳发展提供了参考，推动了环境保护工作的创新。

2. 福建连江县海洋渔业碳汇交易①

连江县，位于福建省东部沿海，被誉为"中国鲍鱼之乡"和"中国海带之乡"，于 2022 年 1 月 1 日成功实施全国首个海洋碳汇交易项目，通过厦门产权交易中心完成 15 万吨海水养殖渔业碳汇交易，交易额达到 12 万元。渔业碳汇，是指通过渔业生产活动促进生物吸收并固定二氧化碳形成的碳汇，以非投饵料的贝类和藻类养殖为主。藻类、贝类通过光合作用或滤食浮游植物，吸收水体中的二氧化碳，从而降低大气中的二氧化碳浓度，减缓气候变暖。

福建亿达食品有限公司，在连江县政府、海洋渔业部门的推荐下，成了"第一个吃螃蟹的"。该企业是一家集海产品养殖、生产、精深加工、销售贸易于一体的省级农业产业化龙头企业，通过"公司+农户"模式养殖海带。2021 年底，自然资源部第三海洋研究所的专家来到该企业位于连江东洛岛海域的近 3000 亩养殖基地，对海带养殖的增汇量进行认证与核算。核算的依据正是 2021 年 6 月出台的《养殖大型藻类和双壳贝类碳汇计量方法》。通过采集幼苗与成熟海带样品并洗净、烘干后研磨，用元素分析仪测定藻类的含碳率，算出幼苗与成藻的含碳量，评估海带生物体一个生长周期内的碳储量变化。2022 年 1 月 1 日，该企业的这批 6000 吨的渔业碳汇作价 12 万元，售予厦门产权交易中心，用于兴业银行与厦门航空推出的"碳中和机票"活动，并由海洋三所出具核查报告。从碳汇认证、评估，到交易，再到碳中和，全国第一宗海洋渔业碳汇交易就此完成，实现海洋渔业碳汇交易零的突破。

这一重要突破不仅标志着连江县在海洋碳汇领域的领先地位，还体现了

---

① 《福建连江完成全国首宗海洋渔业碳汇交易》，《水产科技情报》2022 年第 2 期，第 105 页。

政策创新与商业模式的紧密结合。该项目不仅实现了经济效益，还展示了通过市场化途径实现环境保护与经济发展双赢的可能。

五 我国蓝碳交易市场发展分析

（一）我国蓝碳交易的发展潜力

1. 可观的碳汇储量

我国拥有 300 万平方公里管辖海域和 1.8 万公里岸线，是全球少数集海草床、红树林、盐沼三种蓝碳生态系统于一体的国家。这些生态资源与广阔的 670 万公顷滨海湿地共同为蓝碳储藏提供了优越条件。根据全球平均值估算，我国的蓝碳生态系统年碳汇量介于 126.88 万吨到 307.74 万吨二氧化碳之间，其中红树林每年可吸收 27.16 万吨，海草床能吸收 3.2 万~5.7 万吨，盐沼的吸收量最高，达到 96.52 万~274.88 万吨，表明我国在碳捕捉和储存方面的较大潜力。①

2. 逐渐标准的碳汇核算方法

由自然资源部第一海洋研究所主导编制的《海洋碳汇核算方法》（以下简称《标准》），已于 2022 年 9 月 26 日获自然资源部正式批准，并自 2023 年 1 月 1 日起施行。该《标准》作为我国首个海洋碳汇核算的综合性标准，旨在规范海洋碳汇核算的流程、内容和技术方法等，实现了我国在该领域的重大突破，不仅为海洋碳汇的研究与应用提供了科学方法，而且在促进海洋生态保护与修复以及海洋经济的高质量发展方面发挥了重要作用，此举标志着我国在制定全面的海洋碳汇核算标准方面迈出了关键一步。

3. 积极的行动实践

中国政府自党的十八大以来对蓝碳的重视程度显著提升，党中央和国务院出台了增强海洋碳汇、探索生态系统碳汇试点以及建立蓝碳标准和交易机

---

① 中国海洋发展研究中心公开数据。

制等战略措施。在此政策引导下，国家海洋局等部门积极响应，推进了蓝碳资源的调查、监测及保护修复工作，包括"蓝色海湾"整治、渤海生态治理以及南北湿地保护恢复等项目。在国际合作方面，中国通过发起21世纪海上丝绸之路蓝碳计划，增强了与共建"一带一路"国家在蓝碳生态系统监测、标准规范研究方面的联动。同时，通过发布《粤港澳大湾区发展规划纲要》，我国强调了对重要湿地的保护，并倡导滨海湿地跨境联合保护。

（二）中国蓝碳交易面临的困境与挑战

1. 蓝碳产权确权的法律挑战

在我国构建蓝碳交易市场中，确保产权分配的法律明确性成为关键挑战。我国在《海洋环境保护法》和《海域使用管理法》等相关法律方面已明确分隔开海域的所有权与使用权，让民事实体能通过审批获得海域使用权。然而，蓝碳资源及其生态服务价值的所有权、使用权、收益权和转让权的明确界定和流转机制仍然模糊，这些制度性障碍，影响了蓝碳资产市场化的进程并抑制了市场参与者的活跃度与创新性。目前，由于蓝碳产权界定不清与边界模糊，蓝碳交易面临困难。同时，也不同于基于私法的林业碳汇权益，蓝碳交易依托的海域长期受公法管辖，国家持有海洋资源的支配和管理权，使蓝碳更多地被视为不属于私法财产权的范畴。

2. 蓝碳价值核算体系的标准化问题

发展蓝碳市场的关键挑战之一是建立规范化的价值核算体系和生态产品数据库。国际上对于蓝碳核算的技术规范、评价方法、认证程序及市场运作还在探索中，缺乏成熟标准。这导致对红树林、盐沼、海草床等生态系统碳吸存能力研究的限制，大部分研究仍限于观测实验，缺乏操作性，限制了方法的推广和应用。统一测算方法的缺失和基础数据的不足，使得准确计算保护和修复工作的碳增汇量变得复杂，直接影响蓝碳交易项目的建立和实施。

3. 蓝碳的项目投资风险

在中国，蓝碳项目作为气候变化缓解的有效手段逐渐受到关注，但其投资风险的管控机制存在不足。对风险识别的研究不足，供需各方能力与动机的不

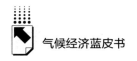

确定性，可能导致碳价的非周期性波动，进而影响蓝碳项目的市场温度。极端天气、人为干扰、管理经验不足等因素造成的生态和运营风险，以及市场供求失衡的交易风险，社会风险和政策法规变动带来的不确定性风险，都增加了项目的金融风险，削弱了投资者信心，阻碍了项目的顺利交易和长期发展。

4. 蓝碳交易市场：缺乏统一标准与成熟体制

中国的蓝碳交易市场尚处于起步阶段，缺乏统一的交易标准和成熟的碳排放权交易体制。尽管 2021 年 7 月 16 日全国碳排放权交易市场的启动标志着中国在碳交易领域的重要进展，但蓝碳市场的整合尚未实现。同时，国内蓝碳交易的准入条件、交易价格和方式尚未明确，导致市场标准不统一，价格波动可能引发投资者行为的不稳定性。此外，蓝碳市场的发展受制于相关规章制度和行业规范的缺失，市场化程度不足，价格差异不仅存在于不同标准之间，也体现在不同项目类别之间。尽管全国碳交易系统已上线，以碳配额为主的交易模式并未涵盖蓝碳项目，海洋碳汇方法学尚未被正式发布，蓝碳在国内碳交易中的参与还缺乏法规上的支持和引导。

5. 蓝碳生态系统的退化风险

中国的滨海生态系统正面临严峻的退化趋势，这一现象在全国范围内的沿海地区尤为明显。随着人口和经济活动的集中，海岸带生态系统的结构和功能遭到破坏，碳吸收能力减弱，蓝碳存量损失，将导致温室气体的重新释放。特别是在快速城市化的地区，如渤海湾、长江三角洲和珠江三角洲，围填海等活动对碳储存的影响尚未得到充分评估。

六 结论与建议

本报告综合分析了全球蓝碳生态系统的当前发展状况和蓝碳的储蓄情况，揭示了其在全球"碳中和"目标中的重要作用，即尽管存在一定的退化风险，但海洋蓝碳生态系统相较于陆地绿碳生态系统仍展现出了显著的优势，如更强的固碳持续性、较高的单位面积生产力、更大的碳储量以及更强的固碳速率和潜力。同时，随着对蓝碳交易标准法律的国内外逐渐完善和重视，全球蓝碳生态价值得到了广泛认可，特别是在应对气候变化和推动可持续发展方面的不可替代的作用，为全球蓝碳交易市场的发展和构建提供了坚实的交易基础。此外，通过分析国内外典型的蓝碳交易案例可知，尽管全球尚未建立机制统一的蓝碳交易市场，但随着各国的蓝碳交易项目的初步实施对全球气候治理仍具有重大意义。目前国内蓝碳交易市场仍处于起步阶段，存在产权界定不明确、价值核算体系不完善、投资风险较大、市场体制不健全以及生态系统退化等多重问题。基于此，本报告针对不同的主体范围如何加快全球蓝碳交易市场建设、促进蓝碳价值交易以及早日实现全球气候治理和可持续发展目标给出如下建议。

（一）政府层面

1. 加快推进完善蓝碳法律法规的顶层设计，与全球合作共同完善机制建设

基于我国具有鲜明的"自上而下"的政策推动及引导特点，可借鉴现已实行的试点案例关于蓝碳司法保护、行政治理、法理研究、技术支持等方面的研究及实践经验，进一步从顶层设计到地区政策及机制逐步建设及完善，以政策为引导，以地方经济为考量因地制宜推动蓝碳生态保护和经济价值转化。同时，应加强与各国的合作，协调各国的政策和行动，促进信息共享和技术合作，从而达成制定全球性的准则和标准、建立国际蓝碳交易机制的目标，以实现全球蓝碳的有效管理和利用。

2. 建立统一完善的海洋蓝碳碳汇核算指南，实现蓝碳国际合作互利共赢

从国内看，统一的碳汇计量核算标准是蓝碳市场发展的基础，能够确保蓝碳项目的准确性和可比性，也能保证金融机构和企业在项目开发和投资决策中有明确的参考标准，从而降低信息不对称和风险，增加投资的可预测性和可持续性。从全球看，海洋蓝碳是全球性资源，各国可通过共同遵循统一的核算指南，实现蓝碳资源的全球管理与合理分配，也将有助于建立国际蓝碳交易机制，促进全球蓝碳市场的互联互通。

3. 提升蓝碳理念引导，为市场投向蓝碳碳汇交易领域提供参照

蓝碳相较绿碳而言是较为新颖的领域，政府、金融机构及企业、研究机

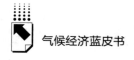
构等应从多角度积极推进蓝碳相关领域市场探索、方法学研究、专业人才培养等，为蓝碳项目开发及市场发展营造良好环境，为保护生态环境和平衡经济发展提供新视角。

（二）金融机构

1. 主动探索创新金融产品和服务，拓宽国际交易机制合作

我国蓝碳市场处于起步阶段，相关蓝碳产品交易品种较少，市场发展潜力巨大。首先，金融机构应当积极拓宽国内相关业务研究，掌握市场主动性；其次，积极参与国际蓝碳市场的建设与发展，与其他国家和地区开展碳汇交易合作；最后，与已建立碳市场的国家进行对接，探索建立蓝碳碳汇的交易机制，实现蓝碳资源的国际流动与转移。

2. 警惕投资与环境社会责任冲突风险

以银行业为主的授信、放贷机构与企业联系密切，应该主动探索建立ESG风险管控、投资标的筛选机制，监控放贷资金的流向，防止出现企业违反环境社会责任的情况，以及出现相关经营行为造成巨大环境破坏事故而产生的连带责任。

3. 加大对蓝碳交易项目的资金投入，引入国际资本

对于湿地碳汇贷等类似蓝碳碳汇交易创新的项目类型，通过放宽贷款条件等支持项目开发，利用好资本的时间配置效应，助力绿水青山变成金山银山。

（三）企业

1. 以蓝碳为代表探索多路径碳研究，助力企业减排降碳

响应国家"双碳"目标，积极寻求科技创新，探索企业碳减排方式。实现企业内部"碳中和"。可引入第三方评估机构对企业的可持续发展效益进行评估，助力企业积极进行减排降碳，使其能够获得广泛融资。同时，应当积极与全球企业进行包括共同研究项目、技术交流和共享、共同投资研发等形式在内的合作，通过整合各方的技术和创新能力，制定出更具效益和可持续性的碳减排解决方案。

2.沿海企业利用自身地理优势，积极拓宽业务领域

海岸带生态系统沿岸经济发达，沿海企业可以充分利用沿海海运便利、海洋资源丰富等优势，结合自身业务性质，探索海洋牧场、海洋渔业、地方生态系统旅游产业等，主动开发创新蓝碳交易项目，利用好红树林、盐沼、海草床等海岸生态系统巨大的碳减排量潜力。

3.把握全球"碳中和"目标机遇，主动寻求国际资本和企业合作

企业作为市场主体之一，应主动参与到我国蓝碳发展产业中来，积极承担企业的环境社会责任，实现生态效益和经济效益的双赢。同时应当把握当前国际战略机遇，成立全球联盟或合作网络，吸引不同行业和地区的企业共同参与，从而集中资源共同应对全球范围内的碳减排挑战。

4.加强企业资产风险控制，防范全球性风险

在当前国内外蓝碳发展政策收紧等情况下、自查企业是否有破坏海岸带生态系统保护的相关经营行为，寻求将企业业务转向有利于碳排放、碳抵销的方向。

B.9
中国碳相关人才培养情况研究

马莀迪　易　毅　张钰涵*

摘　要：　全球应对气候变化需求越发急迫，促使中国加快碳市场建设以应对减排压力。中国碳市场的迅速崛起增加了对高素质人才的强烈需求，碳相关人才缺口凸显，人才供需失衡，碳相关人才培养体系的建立迫在眉睫。本报告旨在深入探讨碳市场发展对人才的需求及相应的培养机制，着重揭示当前碳市场发展所面临的人才需求缺口还未得到充分满足、培养体系仍需完善、人才培养质量有待提升等问题。本报告通过借鉴欧盟、德国和美国的先进实践经验，采用案例分析方法，从实践角度出发，提出加大重点行业员工职业技能培训力度、加快培养高层次科技创新型人才、重视国际化人才培养等适用于我国碳相关人才培养的政策建议，为我国碳市场的可持续发展提供必要的人才支撑和政策指导。

关键词：　碳市场　人才培养　碳相关人才

作为全球最大的温室气体排放国之一，中国面临着巨大的减排压力和挑战。为了应对气候变化，近年来中国不断加大减排力度，积极参与国际合作，推动全球气候治理进程。碳市场作为应对气候变化的主要工具之一，发挥着重要作用。2011年起，中国先后建立8个试点碳市场，经过近十年的实践，全国碳市场于2021年启动上线交易。中国碳市场自建立以来发展迅

---

* 马莀迪，中国社会科学院大学硕士研究生，主要研究方向为可持续发展经济学；易毅，中碳登研究院副院长，中国人民大学经济学博士，高级经济师，主要研究方向为生态文明与区域发展；张钰涵，黑龙江工程学院英语专业学生。

速，截至 2023 年 12 月 29 日，全国碳市场碳排放配额累计成交 4.4 亿吨，累计成交额 249 亿元。[①] 碳市场的迅速崛起引发了对碳相关人才的庞大需求，但人才培养的不足使碳市场面临着巨大的人才缺口。通过分析，我们能更好地理解当前中国碳相关人才培养方面所面临的重要问题，并对解决这些问题提出有效的政策建议。

一　中国碳相关人才存在较大人才缺口

随着碳市场的持续壮大和全球碳减排的迫切需求，我国碳相关人才需求正以前所未有的速度增加，人才需求主要聚焦于碳管理、核算、交易等领域。学位教育、职业教育和职业培训等领域积极响应市场需求，加快了碳相关人才培养体系的构建和完善。

（一）碳相关人才需求快速增长

随着碳市场相关政策的逐步完善和推动，各类碳市场企业如雨后春笋般蓬勃发展，包括碳管理、碳核算、碳交易等多个领域。近年来，我国碳市场飞速发展，如图 1 所示，2021~2023 年，我国碳市场累计交易量和累计交易额的增速逐年加快。据北京理工大学能源与环境政策研究中心发布的《中国碳市场建设成效与展望（2024）》，到 2030 年底，全国碳市场年覆盖企业数量将提升至约 5500 家，年覆盖二氧化碳排放量将突破 96 亿吨，全国碳市场范围显著扩大。[②]

碳市场行业不断扩容，碳市场相关企业数目快速增长，随之引发的是对碳相关人才的迫切需求。尤其是钢铁、建材、有色、航空等碳减排重点行业，急需一批具备碳市场核心能力、从事碳管理的服务型人才以及在低碳、

[①]　上海环境能源交易所：《全国碳市场每年综合价格行情及成交信息（20230103~20231229）》，2023 年 12 月。

[②]　北京理工大学能源与环境政策研究中心：《中国碳市场建设成效与展望（2024）》，2024 年 1 月。

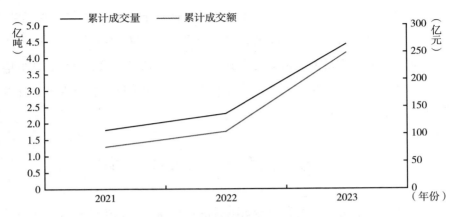

图1　2021~2023年我国碳市场累计交易数据

资料来源：上海环境能源交易所。

零碳、负碳技术开发、应用和推广方面具备创新能力的碳中和专业科技人才。如表1所示，各相关机构也就碳相关人才需求的增长趋势进行了预估。据相关机构测算，碳相关从业者目前有10多万人，预计到2025年会增长至近百万人，在零碳电力、可再生能源和氢能等新能源领域，将产生超过3000万个新增就业岗位。[①]

但同时，我国碳人才培养体系刚刚建立，碳相关人才培养仍处于起步阶段，人才供给不足以弥补急剧增长的碳相关人才需求，造成我国碳相关人才需求的巨大缺口。

表1　相关机构对碳相关人才的需求预测

发布机构及报告名称	碳相关人才需求趋势
安永碳中和课题组《一本书读懂碳中和》	在零碳电力、可再生能源和氢能等新能源领域,将产生超过3000万个新增就业岗位
领英全球《2022年全球绿色技能报告》	2021年,绿色人才在全球劳动力占比13.3%,5年来增长率达38.5%

① 安永碳中和课题组：《一本书读懂碳中和》，机械工业出版社，2021，第15~18页。

发布机构及报告名称	碳相关人才需求趋势
BOSS 直聘《2021 应届生就业趋势报告》	"碳达峰、碳中和"目标下,新能源和环保领域高学历人才需求量同期增长率为 225.4%
猎聘《2022Q1 中高端人才就业趋势大数据报告》	2022 年第一季度,碳中和领域的新发职位同比增长 408.26%

资料来源:作者根据现有报告整理。

(二)碳相关人才需求领域集中

碳相关人才需求领域的集中性主要体现在经济金融、政法公管、能源环境、农林生态、化工材料以及国际交流等各个专业领域,不同领域的碳市场所需人才背景各异。按照产业链条的不同环节,碳相关人才需求主要集中在碳排放管理(细分为企业碳管理和碳管理咨询)、碳排放核算、碳市场交易、碳中和技术、碳国际交流五大业务领域。[①] 其中,碳排放管理、碳排放核算、碳市场交易、碳国际交流业务的从业人员主要来自金融、政法和公管类专业,碳中和技术的从业人员主要来自能源类、环境类、农林类、化工类专业。具体而言,碳排放管理和碳管理咨询需要了解企业运营和管理的专业人才;碳排放核算需要擅长数据分析和环境科学的人才;碳市场交易需要金融和市场营销方面的专业人才;碳中和技术领域需要具备工程技术和创新能力的专业人才;碳国际交流则需要具备国际关系和外交能力的人才。

CAYA 气候行动青年联盟的调查报告显示,对于五大业务领域,排在首位的是碳管理咨询,近一半的从业者从事碳管理咨询业务,约有 2/3 的岗位在碳管理咨询业务领域招聘人才;其次是碳排放核算,碳中和技术的岗位需求排在第三位。[②] 然而,环境类、能源类、化工类人才的从业比例与招聘需求比例之间存在较大差异,尤其是能源类人才的需求缺口最为明显。此外,

---

① 张莉、刘天福:《如何加快"双碳"人才队伍建设》,《中国人才》2023 年第 9 期。
② CAYA 气候行动青年联盟:《"双碳"人才洞察报告》,2022 年 12 月。

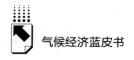

碳市场人才需求还包括法律、国际关系等其他相关领域。例如，碳市场法律法规的制定需要专业的法律顾问，碳捕集等新兴领域也涌现出新的人才需求。

（三）碳相关人才需求层次多元化

碳市场的发展迅速且复杂，需要不同层次人才的推动和支持。一是基础层次碳人才为碳市场核算提供基础支撑。基础型碳人才具备碳排放核算和基础管理技能，能够准确测算企业的碳排放量和碳足迹，为企业提供准确的碳排放数据和评估报告，为减排策略的制定和碳中和计划的实施提供基础支撑。基础型碳人才的参与，为碳市场的运作和碳减排工作的推进提供了理论数据基础。二是中层次应用型碳人才促进企业绿色转型。应用型碳人才具备碳市场应用和管理方面的专业知识和实践经验，通过经济学、管理学与环境科学、工程技术等领域知识的交叉综合运用，将碳市场理念与企业管理实践相结合，为企业推动绿色生产、提高资源利用效率、制定可持续发展战略提供专业指导，推动企业向低碳、绿色方向转型升级。三是高层次创新型碳人才将智能化技术融入碳市场发展。高层次创新型人才拥有碳减排技术和产品创新方面的前沿科学技术知识、独到的见解和创新能力，能够开发出高效节能、低碳排放的新技术和产品，推动碳市场的技术创新和产业升级，为碳市场提供更广阔的发展空间。四是普适性教育提高公众对碳市场的认知与理解。普适性教育是改变公众观念、塑造可持续价值观的重要手段之一。通过举办培训、开展宣传教育活动等方式，帮助公众了解碳市场的基本概念、运作机制和政策法规等内容，提高其对碳相关知识的认知程度，使公众认识到应对气候变化和建立碳市场的必要性，通过个人和集体行为共同推动碳市场的发展和碳减排目标的实现。

（四）我国碳相关人才培养体系初步建立

目前，我国包括高等教育、职业教育、继续教育、职业培训等在内的碳相关人才培养体系正在逐步建立。清华大学等高校纷纷成立碳中和研究院、技术创新研究院、低碳经济学院，中国社会科学院大学、中国人民大学等高校设立气候变化经济学等硕、博点，编写系列教材，并开设相关课程。2018年，教育部增设新能源汽车工程本科专业，研究碳减排相关工作。根据2024年2月教育部发布的《普通高等学校本科专业目录（2024年）》，2020~2022年三年间，共增设可持续能源、氢能科学与工程、碳储科学与工程等9个碳相关本科专业，如表2所示。相关政府部门、高校、协会、碳交易和注册登记机构、培训机构等纷纷举办碳中和能力培训班，如2023年生态环境部组织了134场培训，重点排放单位和技术服务机构等市场参与主体约1.1万人参加了培训，相关人员的碳排放核算和管理能力得到了明显提升。同时，我国已将碳排放管理员、碳汇计量评估师、建筑节能减排咨询师、综合能源服务员等新职业纳入《中华人民共和国职业分类大典》。[①]

表2　2018~2022年教育部增设碳相关本科专业

年份	学位授予门类	专业门类	专业名称
2018	工学	机械类	新能源汽车工程
2020	理学/工学	大气科学类	气象技术与工程
	工学	能源动力类	能源服务工程
	工学	电气类	能源互联网工程
2021	工学	能源动力类	氢能科学与工程
	工学	电气类	智慧能源工程
	工学	能源动力类	可持续能源
	工学	矿业类	碳储科学与工程
	工学	轻工类	生物质能源与材料
2022	理学	化学类	资源化学

资料来源：教育部发布的《普通高等学校本科专业目录（2024年）》，2024年2月。

---

① 郭茹、刘佳、黄翔峰：《加快培养高质量"双碳"专业人才，支撑经济社会绿色低碳转型》，光明网，2022年7月7日，https://share.gmw.cn/www/xueshu/2022-07/07/content_35868224.htm。

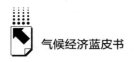

二 碳相关人才培养的核心影响因素

（一）教育体系支持

教育体系支持在人才培养中的关键作用不可忽视。教育体系，即各级各类教育构成的学制，或称教育结构体系，还包含人才预测体系、教育管理体系、师资培训体系、课程教材体系、教育科研体系、经费筹措体系等。高校、科研机构以及培训机构通过设立相关专业课程、培训项目，开展系统化、专业化的碳市场知识和技能培训，为培养碳市场所需人才提供了多样化的学习渠道、必要的理论基础和实践技能。教育科研体系和师资培训体系的建立，确保学术界能够接触到碳市场相关的前沿研究，提升教学质量，为学生提供参与实际科研项目的机会，有助于将研究成果转化为实际应用，推动碳市场的发展。人才预测体系能及时根据市场需求调整专业教学方向，确保培养出真正符合市场要求的专业人才。继续教育和职业培训则提供专业技能提升平台，帮助从业人员更快适应碳市场的发展变化。同时，行业企业的参与也为人才培养提供了实践机会和现实场景。通过搭建实习和实训平台，人才可在真实的工作环境中应用所学知识，增强解决实际问题的能力和经验积累，更好地了解碳市场的运作机制和行业实践，为未来的职业发展做好准备。

若想弥补碳市场发展中产生的巨大人才需求缺口，需重视发挥教育体系在碳相关人才培养中的关键作用。首先，教学内容的更新和交叉创新专业及课程的设置，可以培养跨学科的综合思维能力，使碳相关人才在面对复杂的碳市场问题时能够提出开创性的解决方案。其次，在教学方法方面，以参观和实习为主的实践教学环节，可以充分培养相关人才的实际操作能力，使其与实际工作场景的需要更加匹配。培养适应碳市场需求的高素质专业人才，离不开教育体系的优化与支持。

（二）国家政策支持

国家政策支持在碳相关人才培养中扮演着至关重要的角色。政府通过制定相关政策法规，为培养和吸引碳相关人才提供资金支持、人才培训、教育资源等方面的有力保障，不仅能够激发企业和个人参与碳市场的积极性，也能促进高校等教育机构开展相关专业课程和科研项目，推动碳相关人才培养体系的建立和完善。

2021年起，中国相继出台《高等学校碳中和科技创新行动计划》、《2023年前碳达峰行动方案》、《加强碳达峰碳中和高等教育人才培养体系建设工作方案》、《教育部办公厅 国家发展改革委办公厅 国家能源局综合司关于实施储能技术国家急需高层次人才培养专项的通知》和《绿色低碳发展国民教育体系建设实施方案》等政策文件，鼓励高校及科研机构增设碳相关专业课程和科研项目，与行业企业合作开展相关培训项目，将绿色低碳理念贯彻融入国民教育体系的各个层次和各个方面，做好碳达峰、碳中和的人才保障工作。具体政策及主要思想如表3所示。

表3　中国碳人才培养政策及主要思想

发布日期	政策文件	主要思想
2021年7月12日	《高等学校碳中和科技创新行动计划》	要引导高校把发展科技第一生产力、培养人才第一资源、增强创新第一动力更好地结合起来，为做好碳达峰、碳中和工作提供科技支撑和人才保障
2021年10月24日	《2030年前碳达峰行动方案》	应创新人才培养模式，鼓励高等学校加快新能源、储能、氢能、碳减排、碳汇、碳排放权交易等学科建设和人才培养，建设一批绿色低碳领域未来技术学院、现代产业学院和示范性能源学院
2022年4月19日	《加强碳达峰碳中和高等教育人才培养体系建设工作方案》	实现碳达峰碳中和，对加强新时代各类人才培养提出了新要求。要推进高等教育高质量体系建设，提高碳达峰碳中和相关专业人才培养质量

续表

发布日期	政策文件	主要思想
2022年8月10日	《教育部办公厅 国家发展改革委办公厅 国家能源局综合司关于实施储能技术国家急需高层次人才培养专项的通知》	储能行业是高科技战略产业,是国家达成"双碳"目标的重要技术保障。要加快培养一批支撑储能领域核心技术突破和产业发展的高层次紧缺人才,为提升国家储能领域自主创新能力和战略核心科技做出更大贡献
2022年10月26日	《绿色低碳发展国民教育体系建设实施方案》	要求把绿色低碳发展理念全面融入国民教育体系各个层次和各个领域,培养践行绿色低碳理念、适应绿色低碳社会、引领绿色低碳发展的新一代青少年,发挥好教育系统人才培养、科学研究、社会服务、文化传承的功能,为实现碳达峰碳中和目标做出教育行业的特有贡献

资料来源:中国政府网。

(三)社会文化影响

社会文化影响个人对环境问题和碳市场的认知、态度和价值观,重视环保、低碳生活的社会文化氛围能够激发人们对碳市场领域的兴趣,促使更多人投身于相关专业的学习和培训。

中国重视生态文明建设,环境保护和碳减排是国家发展的重要方向之一。我国积极推进环境保护宣传教育,通过举办环境保护主题活动、开展碳减排科普宣传、加强环保教育在学校教育中的普及等多种途径向公众传递碳减排知识和环保理念,提升公众对环境问题的认知水平,逐渐形成了重视环保、低碳生活的价值观念。价值观的转变激发了人们对碳市场领域的兴趣,社会对碳相关职业的认可提高了碳人才的社会地位,促使更多人投身于相关专业的学习和培训,为碳相关人才培养提供了源源不断的人才支持。此外,企业在招聘员工时也更加重视环保观念,青睐具有环保价值观和专业技能的人才,反向推动了碳相关人才培养体系的完善与发展。

三 中国碳相关人才培养存在的主要问题

我国碳市场交易规模较小，尚无法支撑众多服务机构发展，无法充分吸引创新资本投入。除碳管理咨询和碳排放核算领域外，其他如碳金融、碳信息披露细分行业尚未形成成熟的商业模式，人才需求无法充分释放。此外，我国碳相关人才培养体系仍需完善，人才培养质量还有待提升，碳相关人才的供需存在失衡现象，特别是创新型、应用型和国际型人才的供给相对不足，需要进一步加强培养和引进，以满足碳市场发展的需求。

（一）全国碳市场处于起步阶段，人才需求还未充分释放

截至 2023 年底，全国碳排放权交易市场累计成交量达到 4.4 亿吨，成交额约 249 亿元，与第一个履约周期相比，第二个履约周期的各项指标取得了巨大突破。但与证券市场等相比，我国碳市场除了电力行业之外，目前工业、建筑业、交通运输业等其他七个重点行业尚没有纳入配额管控，对于政府部门、行业乃至重点排放单位而言，还属新生事物。这导致碳相关人才的需求主要集中在碳管理咨询和碳排放核算等领域，而企业碳管理、碳中和技术等核心领域的岗位需求并没有被充分释放。

以纳入全国碳市场的火电行业为例，发电集团中一般由碳资产公司集中从事碳核算、管理，2000 多家火电企业中配合相关工作的一般是节能环保或市场营销岗，大多没有专门的碳管理岗位。据国际能源署的预测，在 21 世纪中叶实现碳中和所需的技术中，有一半左右尚处于示范或原形期，且这些技术主要集中在西方发达国家，据调研我国约 55% 的绿色低碳技术研发应用仍处于跟跑阶段，领跑、并跑比例分别约为 10%、35%，[1] 有研发实力的企业少，研发投入的风险大，对相关岗位的需求还有待释放。

---

[1] 武汉大学国家发展战略研究院课题组：《中国实施绿色低碳转型和实现碳中和目标的路径选择》，《中国软科学》2022 年第 10 期。

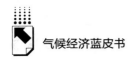
（二）人才培养体系有待完善，碳相关人才供需失衡

"双碳"目标提出后，人才需求剧增，但职业培训、学校教育具有一定的滞后性，短期难以满足市场需求。目前，学校的学科设置与当下碳管理、碳核算等社会职业分类衔接不紧密，缺乏对口的专业，当前教育体系新设立的碳相关专业基本集中于工学、理学等学科类别，经济社会等方面的"软"课程不足，而目前碳市场需求较多的专业恰恰是金融、政法和公管类的"软"学科，供需错配较为严重。

有研究表明，我国有五分之一的招聘岗位不限专业，[①] 侧面反映了当前碳相关人才市场供需的失衡。同时，新求职者往往看重行业风口，但行业实践经验和对口专业知识不足，对行业和岗位了解不够充分，成长为中高级人才需要接受较长时间的系统培训。一方面，需求方招聘困难，中高级人才缺乏，专业对口的应聘者很少，应聘者能力与岗位不匹配；另一方面，求职者入行困难，行业信息的获取渠道少，岗位类型不符合预期，个人的专业水平和能力不足。

（三）人才培养质量有待提升，中高级人才不足

与欧盟相比，我国碳市场发展起步晚，活跃度不高，碳金融产品不丰富，非控排企业参与少，削弱了对资本的吸引力，这些导致现阶段碳相关人才培养投入的不足。同时，我国教育体系中未充分融入生态文明教育理念，绿色教育体系不够完善，大部分专业都很少考虑绿色发展相应课程的设置，产教融合、校企合作的深度和广度不足，学生低碳实践环节缺失，[②] 碳相关人才在学校、企业、政府、社会组织等机构间流转的渠道不畅。

因此，与发达国家重视 STEM（科学、技术、工程、数学）学科教育，以能力培养为目标、以学科交叉为手段、以实践技能为导向的教育体系相

---

① CAYA 气候行动青年联盟：《"双碳"人才洞察报告》，2022 年 12 月。
② 王如志等：《"双碳"目标视角下"四位一体"本科教育模式创新》，《中国大学教学》2022 年第 4 期。

比，我国碳相关人才培养体系刚搭建起来，人才培养质量有待提升，专业型、创新型、应用型、国际型人才不足，还没有培养出一批能在碳中和技术领域突破"卡脖子"技术，或开展重大原始创新的高层次创新型人才和战略科学家，具有工匠精神的中高技能应用型人才，以及能在各类气候、环境、能源类国际组织中任职，或参与全球气候治理和国际碳市场建设的国际化人才。

四　国际碳相关人才培养经验借鉴

全球气候变暖趋势不仅威胁着生态平衡，也给人类社会和经济的可持续发展带来了前所未有的挑战。加快培养绿色人才，尤其是碳市场领域的专业人才，成为各国和经济体应对气候变化的关键战略之一。欧盟、德国、美国等国家和地区在绿色人才培养方面率先进行探索，借鉴和学习这些国家绿色人才培养的先进做法，对我国构建碳相关人才培养体系、打造绿色人才队伍意义重大。

（一）欧盟

2023 年 2 月，欧盟推出了《净零时代的绿色新政工业计划》（*A Green Deal Industrial Plan for the Net-Zero Age*），该计划分为四个部分，其中把人才培养放在绿色经济转型的第三大支柱的位置。欧盟对绿色人才的培养主要有以下特点。

1. 多层次的人才培养计划

针对未来人才的培养，欧盟提出了多层次的人才培养计划。一是基础教育方面，欧盟与高等教育部门合作，提出了"伊拉斯谟+欧洲大学"倡议，与高等教育院校建立紧密联系，设立新的学科和科研院校，共同培养绿色创新型人才。如建立净零工业学院，在原材料、氢和太阳能技术等战略行业推出人才培养计划。二是对既有劳动力的技能提升，欧盟从公平转型的角度出发，启动了《欧洲技能议程》（Skills Agenda for Europe），为劳动力提供向碳中和与数字经济过渡所需的技能，支持个人学习账户和微型证书、学徒制以及职业教育领域改革，

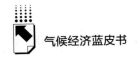

为欧洲工业生态系统中的大型合作伙伴提供人力培训的支持。三是人才引进方面，通过发展欧盟人才库，促进第三国公民进入欧盟优先部门的劳动力市场，吸引国际顶尖人才，为欧盟成员国提供更广泛的人才选择。

2. 多方资金配合

为了使人才培养政策改革能够在整个欧洲取得具体成果，欧盟采取多种方式广泛吸纳资金。一是提供大量财政支持。在 2019 年和 2020 年对"伊拉斯谟+欧洲大学"的两轮试点中，欧洲大学委员会为每个获批联盟提供了 500 万欧元用于开展建立伙伴关系的活动，以及 200 万欧元用于开展为期三年的联合研究。① 对"伊拉斯谟+欧洲大学"倡议提供总计 11 亿欧元的财政支持。二是设立专项基金支持技能培训。欧洲社会基金+（ESF+）是欧盟支持技能投资的主要工具，为绿色技能和绿色工作提供了 58 亿欧元的支持。欧洲区域发展基金（ERDF）通过对技能、教育和培训（包括基础设施）的投资来补充 ESF+。公平转型机制（JTM）为工人提供 30 亿欧元的技术升级培训以适应绿色转型经济的发展。复兴基金（Recovery and Resilience Facility）的 14 个成员国将绿色技能和就业培训措施纳入其国家复兴计划中，支持总额约为 15 亿欧元。

3. 多主体协同

欧盟在搭建绿色人才平台时采取多主体协同策略。一是通过政府政策引导、高校研究支持、行业组织推动以及社会团体反馈等方式，建立多层次、多方位的合作网络，共同推动绿色人才培养工作。二是推动成员国开展跨国合作项目。欧盟通过"伊拉斯谟+"计划等项目，支持成员国在绿色人才培养领域的交流合作和经验分享，为绿色人才培养提供了更广阔的发展平台。三是鼓励高校、企业和社会组织等各方积极参与绿色人才培养。通过建立绿色教育平台、提供资金支持、设立奖项激励等方式，鼓励各方共同承担绿色人才培养责任，形成全社会共同参与的局面，为绿色转型提供人才支持。

---

① 《"欧洲大学"意味着什么》，《光明日报》2021 年 9 月 16 日。

（二）德国

德国作为制造业强国，对专业技能人才需求十分庞大，职业教育在德国专业技能人才培养中发挥着关键作用。德国的职业教育体系兴起于 18 世纪的工业化时期，自 1919 年起德国先后颁布《学徒制度管理宣言》、《联邦职业教育法》、《联邦职业教育促进法》、新《联邦职业教育法》和新《职业教育法》，明确规定政府、企业和职业院校在职业教育与职业培训中的责任和义务（见图 2）。

1919年	1969年	1981年	2005年	2021年
《学徒制度管理宣言》	《联邦职业教育法》	《联邦职业教育促进法》	新《联邦职业教育法》	新《职业教育法》
职业教育和职业培训的第一个草案	职业教育的基本法正式确立了"双元制"的培养模式	进一步明确了企业在职业教育和职业培训中的职责、义务及权利	明确规定职业教育包含职业准备教育、职业教育、职业进修教育、职业改行教育四种形式	明确职业晋升性进修教育的层次，实现职业教育与高等教育的融合，标志着德国现代学徒制趋向法制化和制度化

图 2　德国职业教育和职业培训法律法规

资料来源：王梦云、庞琦《德国企业参与现代学徒制的运行机制及思考》，《继续教育研究》2024 年第 3 期。

德国完善的职业教育和职业技能培训体系，为其能源转型中绿色人才的培养提供了有力支持。德国对绿色人才的教育培养主要有以下几个特点。

1. 重视应用型人才培养

在职业教育中，德国十分重视培养全方位应用型专业人才，其闻名全球的"双元制"的培养模式的重心即为产教融合，将传统的学徒培训与现代职业教育相结合，[①] 通过校企合作，学生可以获得特定行业理论知识和实践经验的双重培养，提高了职业教育的针对性与实用性，解决了专业知识与行

---

① 丁立群：《德国双元制对中国职业教育运行机制创新的启示》，《中国储运》2024 年第 1 期。

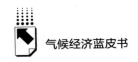

业需求不匹配的问题。如德国的农业职业教育培训中，明确规定农民需要学习商业战略、市场营销、农场管理、机械设备操作和动物养殖等方面的知识和技能，并通过专业考试获得证书，[①] 以期培养农业实用型人才。

此外，德国也十分重视对已有劳动力的技能培训。通过鼓励企业对内部员工根据行业需求进行有针对性的培训，提高劳动力绿色技能水平，使其能够适应行业绿色转型的要求。如德国可再生能源公司 BayWa r. e. 于 2023 年开办内部工程学院，每月约有 40 名员工参加技能培训，其中大部分为太阳能工程师。这种企业内部职业技能培训模式，可以更低成本实现绿色人才的快速培养，且能完美符合企业自身需求，弥补人才培养体系不完善造成的人才缺口。

2. 重视高层次人才国际交流

面对日益增加的绿色人才需求，德国采取"双管齐下"的策略，除了培养应用型技能人才，还十分重视高层次绿色创新型人才的国际交流与引进。2009 年，德国联邦教研部资助设立"绿色精英奖"，每年颁发一次，专门针对外籍青年科学家，表彰其在可持续发展领域做出的突出贡献。截至 2021 年，已表彰来自 72 个国家的 307 名青年科研人员。"绿色精英奖"的设立，为创新型绿色人才提供了国际学术科研交流平台，建立起绿色人才交流网络，为德国的绿色人才培养和绿色目标的实现提供了有力支持。

3. 将绿色人才培养融入基础教育中

德国积极将绿色人才培养融入基础教育的各个阶段。"节能冠军中学"是德国的一个科技创新大赛，由来自 16 个州的中学投票评选出能源之星学校。半年多的时间里，参赛者要测算碳排放量、设计节能方案、安装新能源设备、发布实施成果等。此外，参赛者还可以自行联系政府或新能源企业，获得合作和支持。通过创新大赛，绿色环保理念深深融入青少年的成长中，培养了他们的环保意识和责任感，营造出积极向上的环保文化氛围，促使德国一代又一代的年轻人不断投身绿色环保和能源转型领域，为行业绿色转型和可持续发展提供有力的人才支撑。

---

① 景琴玲、沈楒琪：《基于"双元制"的德国职业教育》，《留学》2024 年第 2 期。

（三）美国

美国作为世界上第一个开设创新创业教育的国家，在创新创业教育研究和实践方面处于领先地位。其中，《斯坦福大学 2025 计划》中倡导的"开环大学"、"自定节奏的教育"和"先能力后知识"的院系构架，[①] 以及开放互动式的创新创业教学模式和科技成果转化模式，为高等教育理念和实践教学创新开辟了先河，培养出大批高层次创新型人才，为全球高科技创新产业区——硅谷的崛起奠定了基础。美国高层次创新型人才培养主要有以下几个特点。

1. 前瞻性的创新教育模式

美国对创新型碳人才的培养着眼于实践能力的培养，注重培养学生适应未来社会发展的企业家精神和专业素质。2008 年，美国环保协会（EDF）启动"气候拓新者"人才培养项目，旨在培养碳市场和可持续发展人才，十五年来共招募 1500 余名学生，与 40 余家国际知名企业达成合作。该项目不局限于传统的培养方式，要求学生独立完成 EDF 与各企业共同制定的学习任务，包括制定碳中和目标及实施路径、开发适用于节能减排的管理工具等，有利于培养学生解决复杂挑战的实践能力和创新思维。

2. 多层次的创新创业支持体系

多层次的创新创业支持体系为创业者提供了全方位的支持和服务。美国政府通过制定《拜杜法案》《联邦技术转移法》等鼓励性政策法规，为创新创业活动提供法律保障和政策支持。资金方面，美国逐年加大对创新创业教育活动的资金扶持力度，通过等额捐助减免等税收优惠政策，促进创新创业活动的持续开展。此外，美国还建立了 150 个创业教育中心，作为高校与外界联系的纽带，致力于推动高校与政府、企业、社会组织的合作，为创业者提供创业观念传授、创业学术课程、咨询服务等全方位支持，促进大学创新创业研究和产业化发展，为创业者提供更加完善的创业生态环境。

---

① 王佳、翁默斯、吕旭峰：《〈斯坦福大学 2025 计划〉：创业教育新图景》，《世界教育信息》2016 年第 29 期。

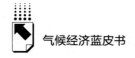

3. 系统性的创新课程体系

美国建立了系统性的创新创业课程体系，以"创业过程"为核心，以培养创业精神和实践能力为目标，根据不同类型、不同内容和不同层次的需求，对绿色创新课程进行多维度、多层次、多渠道的系统化设计。目前，美国已有超过 1800 所高校开设了 2500 多门创新创业课程，[①] 形成了跨学科的课程体系。2023 年塞迪斯·史蒂文斯理工学院响应市场需求，将招生名额增加了一倍，在现有课程基础上增加 80% 的绿色行业相关课程，包括水质监测、新能源汽车维护等。此外，学院还增加资金投入，建造实验室、材料和供应链为课程教学提供实践支持，使学生们在学校就能接触到行业前沿动态。[②]

五 加快我国碳市场人才培养的政策建议

针对我国碳相关人才的供需现状，以及存在的主要问题，我们建议通过财政政策、高端智库建设、碳足迹管理体系建设、国际交流与合作，以及关键核心技术攻关和科技成果转化等方式，加大重点行业员工职业技能培训力度，加快培养高层次科技创新型人才，更加重视国际化人才培养，引导全社会绿色低碳消费，提升碳市场产业链韧性和安全水平，助力全国碳市场建设。

（一）当务之急是加大重点行业员工职业技能培训力度，引导全社会形成低碳消费、行为方式，推动全国碳市场建设步伐

建议由中央财政安排 100 亿元以上奖补资金，用于在未来 5 年补贴重点行业职业技能培训项目，培训项目由生态环境主管部门组织，中碳登、中碳所等第三方权威机构分期承办，清华大学、中国人民大学、中国社会科学院大学等大中专院校、碳核查机构、碳中和领域"专精特新"企业、各试点省份碳交易所、相关行业协会和社会组织参与，培训范围包括发电、钢铁、建材、有色、

---

① 许超：《国外高校创新创业教育实践经验与启示》，《创新与创业教育》2018 年第 1 期。
② 《美国：没有"绿色人才"就没有"绿色经济"》，《中国青年报》2023 年 7 月 26 日。

石化、化工、造纸、航空八大重点行业企业，师资来自上述领域的全国权威实战专家以及院士、教授等，培训内容涉及碳资产管理、碳核算与核查、碳交易与碳金融，以及碳中和技术、碳国际交流等，推动各行业的碳市场知识交流与普及，为尽快解决我国碳市场的行业扩容、机构入市等问题打好基础。

同时，建议尽快建立碳足迹管理体系，筹建国家碳足迹数据库，建立低碳产品标签制度，并针对主要消费品生产企业和消费者开展大范围的职业培训，推动主要工业产品强制披露碳足迹、进行低碳认证，获得低碳认证的产品可以减税，逐步提高我国工业产品的国际竞争力，打破国际碳税壁垒，引导低碳消费行为。

（二）重中之重是加快培养高层次科技创新型人才，突破碳减排、碳零排、碳负排关键核心技术，实现科技自立自强

建议教育主管部门、财政主管部门支持在所有双一流高校中设置碳中和学院，在《研究生教育学科专业目录》中交叉学科门类下，除集成电路科学与工程、智能科学与技术等 7 个一级学科以外，新增"碳中和科学与技术"一级学科，支持各高校自主设置相关交叉学科和专业学位硕、博点，并支持碳中和学院与相关行业的龙头企业、中碳登等碳市场管理机构，共同合作建立概念验证中心、制造业创新中心等创新平台，推动碳相关技术创新，培养碳相关领域高层次人才。

同时，建议支持中碳登研究院等碳市场领域的国家新型高端智库发展，建设国家双碳技术交易中心和碳相关人才培养基地，积极开展智库成果与高校科研成果转化，开办碳中和技术经纪人培训班，为交易者提供技术受理、公开交易、交易鉴证等服务，对接金融机构，提供绿色基金、知识产权质押融资等金融服务，赋能双碳技术创新团队发展，推动前沿技术产业转化。

（三）破题之举是更加重视国际化人才培养，积极参与并主导国际组织工作和全球气候治理，提升国际话语权

建议国家为双一流高校引进海外优秀人才建立绿色通道，同时鼓励国家

大基金和股权投资机构支持优质企业在海外设立研发机构和生产基地，汇聚海外高层次人才参与碳中和学科建设和科学研究，开展人才联合培养、清洁能源与气候变化科技创新和智库咨询等合作项目，学习借鉴国外优秀碳中和技术和碳市场经验，推动中国先进新能源技术和产品在海外的推广应用，拓宽我国碳相关人才的国内外就业渠道，实现各国碳相关人才的优势互补。

同时，为在全球气候治理和全球碳市场建设方面赢得战略主动，建议我国聚焦气候、能源、环境、金融等领域的国际组织，鼓励高校加强与国际组织的合作，邀请其专家授课或购买相应课程。以相关自然科学或工学学科为基础，以国际关系、国际法、国际经济与金融、外语、国际传播专业为辅，培养跨学科的复合型、复语型人才。拓宽我国高校及相关科研机构赴国际组织实习的渠道，利用真实的工作环境学习和提升技能，实现知识技能在国际组织场景的应用。① 不断提升中国在相关国际组织以及国际峰会与交流平台的影响力，增强在全球低碳技术标准和碳中和认证标准制定中的话语权，切实维护我国的合法权益，为全球气候治理贡献中国智慧。

---

① 赵源等：《全球治理视角下"碳市场"人才培养机制——基于能源环境类国际组织职员的数据》，《华侨大学学报》（社会科学版）2024 年第 1 期。

Abstract

Responding to climate change has become a common challenge for countries worldwide. Carbon markets serve as crucial tools in addressing climate change through market mechanisms, playing an increasingly vital role in climate governance processes. This book comprehensively and systematically presents various aspects of global carbon market development from both a global perspective and a Chinese viewpoint. The book is divided into three parts—General Report, Sub-reports, and Special Reports—comprising a total of nine chapters.

The first part, the General Report (Chapters B1 and B2), presents the practical experiences of carbon market mechanisms from international and domestic perspectives. Chapter B1, "Latest Developments, Challenges, and Trends in the Global Carbon Market," reviews the development trajectory of the global carbon market from the latest developments in international climate governance. It highlights the significant expansion in the scale and coverage of global carbon markets over the past decade, alongside the growing diversity of national interests and differences in market mechanisms, which have further fragmented the carbon market. It further explores the challenges and trends facing the global carbon market development, proposing key measures such as continuous improvement of market mechanisms, strengthening regulatory systems, and promoting international cooperation. Chapter B2, "Chinese Carbon Market Survey Report," based on the experience summary of CRC as a builder of carbon markets and frontline investigations, comprehensively summarizes the background, institutional system construction, and operation of carbon markets nationwide. It particularly discusses the significant impact of the CBAM mechanism on China and presents the results of the nationwide survey of key emission units in the carbon market for the first time,

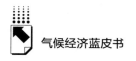

providing references for a comprehensive assessment of the effectiveness of national carbon market construction and future development prospects.

The second part, Sub-reports (Chapters B3 – B6), presents the practice and development of carbon trading mechanisms in different international and domestic fields from four perspectives: carbon emission trading mechanism design, global voluntary emission reduction market development, retrospective evaluation of China's pilot carbon market construction, and the dynamic development of global carbon finance. "Trends in the Development of Global Carbon Emission Trading Mechanisms" longitudinally reviews the development trajectory of mature carbon trading systems and emerging carbon markets. It conducts horizontal comparative analysis by selecting core elements of mechanism design such as coverage, total quota, and quota allocation to explore mainstream ideologies and practical approaches in the design process of mechanism elements, further proposing innovative trends in global carbon trading mechanisms. "Current Status and Prospects of Global Voluntary Emission Reduction Markets" analyzes the development trends of global voluntary emission reduction markets based on data and comprehensively reviews China's voluntary emission reduction market construction, revealing the challenges and opportunities for China's voluntary emission reduction market development based on summarizing the experience of global voluntary emission reduction market construction. "Retrospective Evaluation of China's Pilot Carbon Emission Trading Market Construction" systematically reviews the operational effectiveness of China's pilot carbon market, evaluates the operational efficiency of local carbon markets based on indicators such as quota allocation, compliance, and turnover rate, and discusses the future development direction of local carbon markets. The chapter "Dynamic Development of Global Carbon Finance" defines and distinguishes concepts such as carbon finance, climate finance, and green finance for the first time, predicts and forecasts the development trend of China's carbon finance through analysis of international and domestic carbon finance system construction practices.

The third part, Special Reports (Chapters B7 – B9), extends from the core of the carbon market to explore key technologies, emerging fields, and talent cultivation related topics. Chapter B7 analyzes the development path of CCUS technology under the dynamic mechanism of the carbon market, discussing how the carbon market and its incentive policies promote the advancement of CCUS technology. Chapter B8 analyzes the potential and challenges of China's blue carbon trading market and proposes strategic suggestions to promote the development of the blue carbon market. Chapter B9 focuses on the situation of talent cultivation related to carbon in China, pointing out the current "talent gap" issue and proposing policy recommendations to accelerate talent cultivation.

Overall, this book systematically presents the development trends and practical progress of the global carbon market and related fields, providing a wealth of reference information, cases, and data for readers' understanding and application. It offers practical guidance for policymakers and market participants, aiming to provide theoretical basis and practical references for optimizing China's carbon market mechanisms and related policies and vigorously promoting the transformation of China's green and low-carbon economy.

Keywords: Carbon Market; Carbon Finance; Voluntary Emission Reduction; Global Carbon Market; National Carbon Market

Contents

I General Reports

Abstract: Addressing climate change is a common course for mankind. The ecological and socio-economic risks caused by climate change have been considered as one of the greatest risks with the highest probability of occurrence in the future. Carbon market is an important market-oriented tool to respond to climate change. By releasing price signals, optimizing resource allocation, and promoting the research, development and application of low-carbon technologies, the carbon market guides enterprises to reduce greenhouse gas emissions, accelerate low-carbon transformation, and achieve the "carbon peaking" goal and the "carbon neutrality" commitment. In the past decade, the scale and coverage of global carbon market have increased rapidly while its vitality grown significantly. However, the diversity and differences in interests among countries have posed major challenges to implement the Paris Agreement. Countries struggled with cooperation, collaboration and communication of carbon pricing mechanisms, quota allocation, market supervision and other aspects. The global carbon market needs to persistently improve market mechanisms, reform regulatory systems, integrate social forces and deepen international cooperation. Develop both compliance and voluntary carbon market, deploy various carbon markets and optimize carbon pricing mechanisms. Establish a sound carbon market system, build a standardized system, provide policy guarantees, increase the transparency, accuracy, and credibility of the carbon market. Encourage individuals, public institutions and enterprises to support low-carbon development and participate in emission reduction governance. Strengthen policy coordination, standard interoperability and exchange, data sharing and technological cooperation among international carbon markets. Effectively utilize the advantage of resource allocation of market to subsidize low-carbon technologies, expand the scale of carbon finance, enhance market vitality and ensure a just transition.

Keywords: Global Carbon Market; International Collaborative Negotiations; Carbon Market System; Carbon Pricing Mechanism

B.2 Research Report of China Carbon Emission Trading Market (2024)

Li Quanwei, Wu Di, Zhou Zhongming, Yi Xinfei, Liu Chenglin,

Xiao Lin, Chen Yuxuan and Xie Lingyi / 038

Abstract: The construction of a unified national carbon emissions trading market is an important institutional innovation for China to use market mechanisms to control and reduce greenhouse gas emissions, promote green and low-carbon transformation of the economic development mode, and an important policy tool for strengthening the construction of an ecological civilisation and the implementation of international emission reduction commitments. The national carbon market was formally launched on line in July 2021, and has been operating for two compliance cycles so far, with work underway for the third compliance cycle. This report summarises the work of the national carbon market. This report comprehensively assesses the effectiveness of the construction of the national carbon market and summarises the valuable experience by collating and summarising the

background of the construction of the national carbon market, the construction of the institutional system and the work and operation of the two compliance cycles, and analysing the results of the questionnaire survey of key emission units. At the same time, it explores the impact of CBAM mechanism on China's carbon market and puts forward the response ideas based on the national carbon market. On this basis, it anchors the goal of building a more effective, dynamic and internationally influential national carbon market, and looks forward to the role of the national carbon market in the high-quality development of China's economy and society in the future.

Keywords: National Carbon Market; Institutional Innovation; Green and Low-carbon Transition

II Sub-reports

B. 3 Study on the Development Trend of Global Carbon Emission Trading Mechanism

Tian Yiran, Wang Anyu, Chen Yuxuan, Tan Xu and Cai Nianjie / 082

Abstract: The carbon trading mechanism establishes the essential framework for the effective operation of the carbon market, serving as its cornerstone. This mechanism's design is pivotal to the construction and advancement of the carbon market. This study centers on the proposition of carbon trading mechanism design, undertaking a vertical review of the developmental trajectory of existing mature carbon trading systems and burgeoning carbon markets. Additionally, it consolidates the historical exploration and practical experiences across various regions. By focusing on fundamental elements of mechanism design including coverage, cap setting, allowance allocation, market trading, and compliance offsetting, this report conducts a comparative analysis. This analysis delves into the mainstream ideologies and associated considerations within the design process of each mechanism element. Moreover, it elucidates innovative trends and future developmental prospects of the global carbon trading mechanism. This endeavor aims to furnish insights that could inform enhancements within the framework of the Chinese carbon market mechanism.

Keywords: Carbon Emissons; Carbon Market; Carbon Trading

B.4   Global Voluntary Carbon Market Status and Prospects

Yi Yi, *Liu Shu*, *Wu Fei*, *Chen Yuxuan*,

Wei Ying and Yang Yiming / 137

Abstract: With the acceleration of the global climate governance process, the voluntary carbon market has deeply participated in the international carbon pricing, ushering in new challenges and opportunities in the post-Paris Agreement era. This report firstly gives a comprehensive introduction to the development course of the global voluntary carbon market, reviews the international crediting mechanisms, independent crediting mechanisms and domestic crediting mechanisms in detail, and analyzes the development trend of the global voluntary carbon market based on data. Secondly, the paper reviews China's voluntary carbon development process in detail, and innovatively summarizes the local carbon inclusive market situation in China in three perspectives: government-led carbon inclusive platform, enterprise carbon inclusive platform and financial institution carbon inclusive platform. On this basis, this report summarizes the experience and inspiration of the global voluntary carbon market, reveals the development challenges and opportunities of China's voluntary carbon market, and puts forward the development prospects of the global voluntary carbon market.

Keywords: Voluntary Emission Reduction; Carbon Credit; Carbon Inclusive

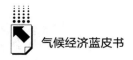
B.5　Review and Evaluation of Pilot Construction of Carbon Emission Trading in China

He Changfu, Zhang Yan, Liu Yang, Bai Xue and Zhang Yajing / 168

Abstract：Peaking and neutralizing the greenhouse gas emission is a widespread and profound systemic revolution of China's society and economy. In 2011, 7 provincial emissions trading system (ETS) launched, under the permission of China's National Development and Reform Commission (NDRC). This report summarizes the progress in policy design, technical standard and market volume for 7 provincial ETS, during the past decade. Furthermore, the efficiency of these 7 provincial ETS are tested by the method for allowance allocation, the performance of allowance repayment and the turnover rate. In accordance to the summary and test, this report concludes the implications during the past decade, which potentially contributes to China's national ETS. Thus, some discussions regarding the development direction of the 7 provincial ETS are proposed.

Keywords：Carbon Market Pilot; Carbon Emission Rights; Allocation of Allowances

B.6　Status Report on the Global Carbon Finance Development

Li Hui, Ma Yanna, Niu Lanjia, Chen Yuxuan and Yi Han / 193

Abstract：Under the goal of carbon peaking and carbon neutrality, the development of carbon finance is an important driving force for the continuous and vigorous development of the carbon market and a key part of the realization of the two-carbon goal. This paper first reviews the origin of carbon finance and defines the concept of carbon finance. Secondly, it expounds on the development of the carbon finance system from both international and domestic aspects. The analysis finds that in the international aspect, carbon trading in the European Union is increasingly popular, and its internal development is quite different. Germany and the Netherlands actively promote carbon finance by establishing funds and improving relevant regulatory mechanisms, and carbon finance develops rapidly. North America has rich experience in carbon financial product innovation and institutional design, and actively encourages private sector participation. The UK, Japan, and New Zealand are also actively involved in carbon finance practices. At the same time, social organizations and international organizations are also important drivers for actively promoting the innovation and development of carbon finance. In the domestic aspect, the pilot carbon market has good practices in carbon financial instruments such as carbon emission right pledge loan, carbon bond, carbon emission right long-term, carbon index, and carbon fund, among which Hubei region has played an important role in promoting the development of carbon finance. The development of the regional carbon market has laid a good foundation for the national carbon market finance, but at the same time, it puts forward higher requirements for risk prevention and control. Finally, based on the analysis of the international and domestic status quo, the development trend of China's carbon market is predicted and prospected.

Keywords: Carbon Market; Carbon Finance; Carbon Assets; Carbon Bonds

III   Featured Topics

B.7   Research on the Development Path of CCUS Technology under the Carbon Market Mechanism

Wang Siyang, Huang Dai / 228

Abstract: In the context of global warming and increasingly serious environmental problems, the carbon market is gradually gaining global consensus as an effective mechanism for emission reduction. Carbon capture, utilization, and storage (CCUS) technology, as a key CO_2 emission reduction technology, is attracting worldwide attention. The development path of CCUS technology under

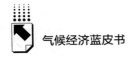
the dynamic mechanism of the carbon market holds great theoretical and practical significance. Research on the development trajectory of CCUS technology under the incentive mechanism of the carbon market not only has profound theoretical value but also provides guiding significance for practice. This report conducts an in-depth analysis of international and domestic CCUS technology development and its industrial growth stage. It discusses how carbon markets and incentive policies promote the progress of CCUS technology by referencing foreign experiences in promoting the development of CCUS industry through carbon markets. Furthermore, it puts forward corresponding policy recommendations for CCUS industry development.

Keywords: Carbon Market; Carbon Negative Technology; Carbon Capture Utilization and Storage (CCUS)

B.8 Research on Ecological Value Realization of Blue Carbon from the Perspective of Carbon Trading *Zhou Yangsen* / 259

Abstract: As the problem of climate change intensifies, the management of greenhouse gases becomes increasingly stringent internationally, and carbon trading has gained widespread support as a response measure. At the same time, blue carbon is starting to gain traction because of its huge potential to reduce climate change. Despite this, blue carbon is generally undervalued in current carbon markets. This study aims to explore how to realize the ecological value of blue carbon within the carbon trading system, further analyze the current status of global reserves of blue carbon and its connection with the carbon market, and evaluate the economic value of blue carbon, emphasizing the development of blue carbon. market potential and provide a basis for its further development. By studying blue carbon projects at home and abroad, the potential and challenges of China's blue carbon market were discussed, and strategic suggestions for promoting the development of the blue carbon market were put forward for the government, financial institutions and enterprises, which will contribute to the protection and sustainability of blue carbon resources. Continued use promotes global climate governance and also provides new ideas for the expansion of the carbon market.

Keywords: Blue Carbon; Blue Carbon Ecological Value; Carbon Trading

B . 9   Research on the Cultivation of Carbon-related Talents in China

Ma Randi, Yi Yi and Zhang Yuhan / 280

Abstract: The rapid rise of China's carbon market has intensified the demand for high-quality talents, highlighting the gap in carbon-related talents and the imbalance between talent supply and demand. The establishment of a carbon-related talent training system is urgently needed. This report aims to explore in depth the demand for talents in the development of the carbon market and the corresponding training mechanisms, focusing on the current shortage of carbon-related talents and the incomplete training system. By drawing lessons from the European Union's experience in carbon neutrality talent training and New Zealand's vocational education practices, and using a case study method from a practical perspective, this report proposes policy recommendations applicable to China's carbon-related talent training. It aims to provide necessary talent support and policy guidance for the sustainable development of China's carbon market.

Keywords: Carbon Market; Talent Cultivation; Carbon-related Talents

皮 书

智库成果出版与传播平台

❖ 皮书定义 ❖

皮书是对中国与世界发展状况和热点问题进行年度监测，以专业的角度、专家的视野和实证研究方法，针对某一领域或区域现状与发展态势展开分析和预测，具备前沿性、原创性、实证性、连续性、时效性等特点的公开出版物，由一系列权威研究报告组成。

❖ 皮书作者 ❖

皮书系列报告作者以国内外一流研究机构、知名高校等重点智库的研究人员为主，多为相关领域一流专家学者，他们的观点代表了当下学界对中国与世界的现实和未来最高水平的解读与分析。

❖ 皮书荣誉 ❖

皮书作为中国社会科学院基础理论研究与应用对策研究融合发展的代表性成果，不仅是哲学社会科学工作者服务中国特色社会主义现代化建设的重要成果，更是助力中国特色新型智库建设、构建中国特色哲学社会科学"三大体系"的重要平台。皮书系列先后被列入"十二五""十三五""十四五"时期国家重点出版物出版专项规划项目；自2013年起，重点皮书被列入中国社会科学院国家哲学社会科学创新工程项目。

皮书网

（网址：www.pishu.cn）

发布皮书研创资讯，传播皮书精彩内容
引领皮书出版潮流，打造皮书服务平台

栏目设置

◆ 关于皮书

何谓皮书、皮书分类、皮书大事记、
皮书荣誉、皮书出版第一人、皮书编辑部

◆ 最新资讯

通知公告、新闻动态、媒体聚焦、
网站专题、视频直播、下载专区

◆ 皮书研创

皮书规范、皮书出版、
皮书研究、研创团队

◆ 皮书评奖评价

指标体系、皮书评价、皮书评奖

所获荣誉

◆ 2008 年、2011 年、2014 年，皮书网均
在全国新闻出版业网站荣誉评选中获得
"最具商业价值网站"称号；

◆ 2012 年，获得"出版业网站百强"称号。

网库合一

2014 年，皮书网与皮书数据库端口合
一，实现资源共享，搭建智库成果融合创
新平台。

皮书网

"皮书说"
微信公众号

权威报告·连续出版·独家资源

皮书数据库
ANNUAL REPORT(YEARBOOK)
DATABASE

分析解读当下中国发展变迁的高端智库平台

所获荣誉

- 2022年，入选技术赋能"新闻+"推荐案例
- 2020年，入选全国新闻出版深度融合发展创新案例
- 2019年，入选国家新闻出版署数字出版精品遴选推荐计划
- 2016年，入选"十三五"国家重点电子出版物出版规划骨干工程
- 2013年，荣获"中国出版政府奖·网络出版物奖"提名奖

皮书数据库　　　"社科数托邦"
　　　　　　　　微信公众号

成为用户

　　登录网址www.pishu.com.cn访问皮书数据库网站或下载皮书数据库APP，通过手机号码验证或邮箱验证即可成为皮书数据库用户。

用户福利

- 已注册用户购书后可免费获赠100元皮书数据库充值卡。刮开充值卡涂层获取充值密码，登录并进入"会员中心"—"在线充值"—"充值卡充值"，充值成功即可购买和查看数据库内容。
- 用户福利最终解释权归社会科学文献出版社所有。

社会科学文献出版社 皮书系列
SOCIAL SCIENCES ACADEMIC PRESS (CHINA)

卡号：258786441321
密码：

数据库服务热线：010-59367265
数据库服务QQ：2475522410
数据库服务邮箱：database@ssap.cn
图书销售热线：010-59367070/7028
图书服务QQ：1265056568
图书服务邮箱：duzhe@ssap.cn

中国社会发展数据库（下设 12 个专题子库）

　　紧扣人口、政治、外交、法律、教育、医疗卫生、资源环境等 12 个社会发展领域的前沿和热点，全面整合专业著作、智库报告、学术资讯、调研数据等类型资源，帮助用户追踪中国社会发展动态、研究社会发展战略与政策、了解社会热点问题、分析社会发展趋势。

中国经济发展数据库（下设 12 专题子库）

　　内容涵盖宏观经济、产业经济、工业经济、农业经济、财政金融、房地产经济、城市经济、商业贸易等 12 个重点经济领域，为把握经济运行态势、洞察经济发展规律、研判经济发展趋势、进行经济调控决策提供参考和依据。

中国行业发展数据库（下设 17 个专题子库）

　　以中国国民经济行业分类为依据，覆盖金融业、旅游业、交通运输业、能源矿产业、制造业等 100 多个行业，跟踪分析国民经济相关行业市场运行状况和政策导向，汇集行业发展前沿资讯，为投资、从业及各种经济决策提供理论支撑和实践指导。

中国区域发展数据库（下设 4 个专题子库）

　　对中国特定区域内的经济、社会、文化等领域现状与发展情况进行深度分析和预测，涉及省级行政区、城市群、城市、农村等不同维度，研究层级至县及县以下行政区，为学者研究地方经济社会宏观态势、经验模式、发展案例提供支撑，为地方政府决策提供参考。

中国文化传媒数据库（下设 18 个专题子库）

　　内容覆盖文化产业、新闻传播、电影娱乐、文学艺术、群众文化、图书情报等 18 个重点研究领域，聚焦文化传媒领域发展前沿、热点话题、行业实践，服务用户的教学科研、文化投资、企业规划等需要。

世界经济与国际关系数据库（下设 6 个专题子库）

　　整合世界经济、国际政治、世界文化与科技、全球性问题、国际组织与国际法、区域研究 6 大领域研究成果，对世界经济形势、国际形势进行连续性深度分析，对年度热点问题进行专题解读，为研判全球发展趋势提供事实和数据支持。

法律声明

"皮书系列"（含蓝皮书、绿皮书、黄皮书）之品牌由社会科学文献出版社最早使用并持续至今，现已被中国图书行业所熟知。"皮书系列"的相关商标已在国家商标管理部门商标局注册，包括但不限于LOGO（▉）、皮书、Pishu、经济蓝皮书、社会蓝皮书等。"皮书系列"图书的注册商标专用权及封面设计、版式设计的著作权均为社会科学文献出版社所有。未经社会科学文献出版社书面授权许可，任何使用与"皮书系列"图书注册商标、封面设计、版式设计相同或者近似的文字、图形或其组合的行为均系侵权行为。

经作者授权，本书的专有出版权及信息网络传播权等为社会科学文献出版社享有。未经社会科学文献出版社书面授权许可，任何就本书内容的复制、发行或以数字形式进行网络传播的行为均系侵权行为。

社会科学文献出版社将通过法律途径追究上述侵权行为的法律责任，维护自身合法权益。

欢迎社会各界人士对侵犯社会科学文献出版社上述权利的侵权行为进行举报。电话：010-59367121，电子邮箱：fawubu@ssap.cn。

社会科学文献出版社